装配式
混凝土结构施工

主　编　尧国皇　叶成浩　王加鑫
副主编　付灿华　杨　建　邢建见
参　编　孙　明　钟儒勉　黄　霞　郭永伟　林　禧　徐伟伟

哈爾濱工業大學出版社
HARBIN INSTITUTE OF TECHNOLOGY PRESS

内 容 简 介

本教材根据现行国家标准和行业规范，结合实际教学经验编写而成。它不仅可以帮助学生掌握知识点，而且能培养学生的创新思维，提高学生分析问题、解决问题的能力。

本教材主要内容包括绪论、装配式混凝土结构、装配式混凝土结构钢筋连接技术、预制构件的生产制作、预制构件的安装工艺流程及技术要点、套筒灌浆连接、装配式混凝土结构质量验收、信息化管理技术、装配式混凝土结构识图基础、装配式混凝土结构施工常见问题与防治、装配式建筑智能建造技术应用及工程案例、混凝土模块化建筑应用及工程案例，以及附录。

为配合教学、突出重点，教材附有装配式构件施工实操视频、装配式混凝土结构构件施工虚拟仿真操作图解和装配式混凝土结构施工技能测试题。本教材章节结构安排合理，内容注重理论联系实际，凝力于培养学生综合能力。本教材提供的教学环节丰富，便于教师教学和学生阅读。

本教材既可作为高等职业院校智能建造技术、装配式施工技术、建筑工程技术、建设工程管理、工程造价等土木建筑类专业的教材，也可作为应用型本科智能建造、建筑工程、土木工程、工程管理、交通土建、水利工程等相关专业的教材，还可作为相关专业科研、设计、施工、监理和管理人员的参考书。

图书在版编目(CIP)数据

装配式混凝土结构施工/尧国皇，叶成浩，王加鑫主编. —哈尔滨：哈尔滨工业大学出版社，2025. 8.

ISBN 978 - 7 - 5767 - 2259 - 8

Ⅰ. TU755

中国国家版本馆 CIP 数据核字第 2025J1K864 号

策划编辑　李艳文　范业婷
责任编辑　李佳莹
出版发行　哈尔滨工业大学出版社
社　　址　哈尔滨市南岗区复华四道街 10 号　邮编 150006
传　　真　0451 - 86414749
网　　址　http://hitpress. hit. edu. cn
印　　刷　哈尔滨市石桥印务有限公司
开　　本　787 毫米×1 092 毫米　1/16　印张 15. 5　字数 377 千字
版　　次　2025 年 8 月第 1 版　2025 年 8 月第 1 次印刷
书　　号　ISBN 978 - 7 - 5767 - 2259 - 8
定　　价　59. 80 元

前言

“装配式混凝土结构施工”是高职高专土建类专业的一门重要专业课程。本教材根据高职高专院校土建类专业的人才培养目标和教学标准,以现行的国家规范(规程)、国家建筑标准设计图集、行业标准等为主要依据编写而成。

本教材分为12章及2个附录,涵盖了装配式混凝土结构施工技术的主要内容。结合编者多年来的教学经验,针对高职高专学生的基础和学习特点,在内容叙述上循序渐进、由浅入深,既有通俗易懂的常识性知识,又有必要的理论知识。同时,教材中给出了大量实际工程案例图片,重点施工技能部分以二维码链接方式给出省级技术能手录制的操作视频,以提高学生的实践应用能力。本教材具有实用性、系统性和先进性的特点,适合立体化教学的开展。

本教材编写组深入学习党的二十大精神,积极推进党的二十大精神“进教材、进课堂、进头脑”创新教材呈现形式。本教材可以提升学生政治素养、职业道德、工匠精神,实现“三全育人”。本教材特色如下:

(1)落实“立德树人根本任务”,有机融入课程思政元素。在党的二十大报告关于“加快发展方式绿色转型”的指导下,深挖大国工匠、家国情怀、职业担当、创新思维等课程思政元素,并与知识点结合,树立学生精益求精的大国工匠精神和勇于创新的科学精神。

(2)注重理论与实践的结合。在教材编写过程中,结合了编者多年来的教学经验和工程项目实践,尤其附有省级技术能手录制的装配式混凝土施工关键工艺实操视频,将理论与工程实践紧密结合。

(3)紧贴行业现行标准和规范,紧跟装配式混凝土施工技术新发展。教材中包含了装配式混凝土建筑典型工程案例和混凝土模块化建筑应用章节,体现了教材“新规范、新技术、新工艺”的编写理念。

本教材由深圳信息职业技术大学、深圳市特区建工钢构有限公司、深圳市合新建造科技有限公司和深圳市建筑产业化协会相关教师和专家共同编写。

在教材编写过程中,参考了大量专家学者编写的教材和著作,已在参考文献中注明。同时,还参考了大量装配式建筑领域专家的报告和讲座资料,他们是龙玉峰、郭正兴、赵晓龙、谷明旺、赵宝军、陈立民、王晓锋、田春雨、易新亮、李伟兴、孙敏、郭正廷、蒋勤俭、张桦、马云飞、肖超、黄拥军、张原、钱晓倩等,在此一并致谢,如有遗漏,深表歉意。深圳市现代营造科技有限公司协助录制了装配式施工视频,深圳市合新建造科技有限公司和深圳市众凌科技有限公司协助制作了部分施工工艺动画,本书第4.4节引用了山东百库教育科技有限公司提供的部分预制构件生产工序动画,特此致谢!

鉴于编者的时间和编写水平有限,书中难免存在疏漏和不足之处,恳请广大读者批评指正,以便及时修订和完善。

编者

2025 年 6 月

目录

第 1 章　绪论

【学习目标】

1. 了解建筑工业化的基本内容。
2. 了解建筑工业化的主要特征。
3. 了解建筑工业化的优势。
4. 了解国内外建筑工业化发展概况。

【能力目标】

1. 了解早期我国建筑工业化发展的经验和教训。
2. 掌握我国发展装配式建筑的相关政策。

1.1　建筑工业化概念与特征

建筑工业化是随西方工业革命萌生的概念，工业革命让造船、汽车生产效率大幅提升。随着欧洲兴起的新建筑运动，实行工厂预制、现场机械装配的建造方式，逐步形成了建筑工业化最初的理论雏形。第二次世界大战后，西方国家亟须解决大量的住房问题但又面临劳动力的严重缺乏，这为推动建筑工业化提供了实践基础，并因建筑工业化的工作效率高而在西方国家风靡一时。1974 年，联合国出版的《政府逐步实现建筑工业化的政策和措施指引》中定义了“建筑工业化”的概念：按照大工业生产方式改造建筑业，使之逐步从手工业转向社会化大生产的过程。它的基本途径是建筑标准化，并逐步采用现代科学技术的新成果，以提高劳动生产率，加快建设速度，降低工程成本，提高工程质量。

建筑工业化采用在工厂内大规模预制的生产方式，像墙板、叠合梁、楼梯、阳台等部品构件均在工厂内生产，强调利用现代科学技术、先进的管理方法和工业化的生产方式，将建筑生产全过程连接为一个完整的产业系统。这一生产方式使得传统建筑业由高污染、高能耗、低效率、低品质的传统粗放模式，向低污染、低能耗、高品质、高效率的现代集约模式转变。

1.1.1　建筑工业化的基本内容

建筑工业化的基本内容包括以下几个方面：

①采用先进、适用的技术、工艺和装备，科学合理地组织施工，发展施工专业化，提高机

械化水平,减少繁重、复杂的手工劳动和湿作业。

②促进建筑构配件、制品及设备工业化,并形成适度的规模经营,为建筑市场提供各类可使用的、系列化的通用建筑构配件和制品。

③制定统一的建筑模数和重要的基础标准(如模数协调、公差与配合、合理建筑参数、连接等),妥善处理标准化和多样化的关系,建立并完善产品标准、工艺标准、企业管理标准等,不断提高建筑标准化水平。

④采用现代管理的方法和手段,优化资源配置,实行科学的组织和管理,培育和发展技术市场和信息管理系统。

具体来讲,建筑工业化的主要标志是:建筑设计标准化与体系化,建筑构配件生产工业化,建筑施工机械化和组织管理信息化。

(1)建筑设计标准化与体系化。

建筑设计标准化是将建筑构件的类型、规格、质量、材料、尺度等规定统一标准。将其中建造量大、使用面积广、共性多、通用性强的建筑构配件及零部件、设备装置或建筑单元,经过综合研究编制配套的标准设计图,进而汇编成建筑设计标准图集。标准化设计的基础是采用统一的建筑模数,减少建筑构配件的类型和规格,提高通用性。建筑设计体系化是根据各地区的自然特点、材料供应和设计标准的不同要求,设计出多样化和系列化的定型构件与节点。建筑师在此基础上灵活选择不同的定型产品,组合出多样化的建筑体系。

(2)建筑构配件生产工业化。

将量多面广、易于标准化设计的建筑构配件由工厂进行集中批量生产(图1.1),采用机械化手段,提高劳动生产率和产品质量,缩短生产周期。批量生产出来的建筑构配件成为社会化的商品,促进建筑产品质量提高,生产成本降低,最终推动建筑工业化发展。

(3)建筑施工机械化。

建筑设计的标准化、构配件生产的工业化和产品的商品化,使建筑机械设备和专用设备得以充分开发应用(图1.2)。专业性强、技术性高的工程(如桩基、钢结构、张拉膜结构、预应力混凝土等项目)可由具有专用设备和技术的施工队伍承担,使建筑生产进一步走向专业化和社会化。

(4)组织管理信息化。

组织管理信息化指的是生产要素的合理组织,组织管理信息化的核心是“集成”,而建筑信息化模型是“集成”的主线。这条主线串联起设计、生产、施工、装修和管理的全过程,服务于设计、建设、运维、拆除的全生命周期,可以数字化虚拟、信息化描述各种系统要素,实现信息化协同设计、可视化装配、工程量信息的交互、节点连接模拟及检验等全新运用。通过整合建筑全产业链,实现全过程、全方位的信息化集成。

图 1.1　预制构件的工业化生产

图 1.2　预制构件机械化施工

1.1.2　建筑工业化的主要特征

传统建筑生产方式是将设计与建造环节分开，设计环节仅从目标建筑体及结构的设计角度出发，而后将所需建材运送至目的地，采用露天施工、竣工验收的方式完成建造。而建筑工业化生产是设计施工一体化的生产方式，包括标准化的设计、构配件的工厂化生产，以及现场装配等过程。其主要特征包括以下几个方面：

（1）设计和施工的系统性。

在实施一项工程的每一个阶段，从市场分析到工程竣工都必须按计划进行。

（2）施工过程和施工生产的重复性。

只有当构配件能够适用于不同规模的建筑、不同使用目的和环境才有可能实现构配件生产的重复性。构配件如果要进行批量生产就必须具有一种规定的形式，即标准化。

（3）建筑构配件生产的系列化。

没有任何一种确定的工业化结构能够适用于所有的建筑建造需求，因此，建筑工业化必须提供一系列构配件，这些构配件能够组成各种不同建筑类型所需的部件。

1.1.3　建筑工业化的优势

建筑工业化颠覆传统建筑生产方式，将设计施工环节一体化。建筑工业化使设计环节成为关键，该环节不仅是设计蓝图转化为施工图的过程，还需要将构配件标准、建造阶段的配套技术等都纳入设计方案，从而使设计方案成为构配件生产标准及施工装配的指导文件。与传统建筑生产方式相比，建筑工业化具有不可比拟的优势（图 1.3）。

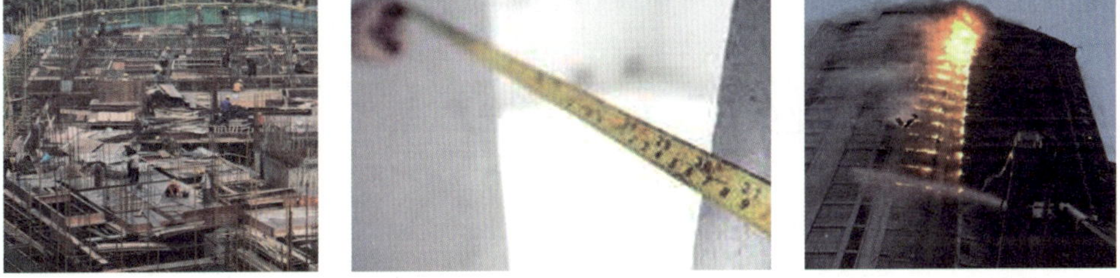

(a)传统建筑生产方式

图 1.3　传统建筑生产方式与建筑工业化的对比

(b)建筑工业化

续图 1.3

建筑工业化的优势主要体现在以下几个方面:

(1)提高工程建设效率。

建筑工业化采取设计施工一体化的生产方式,从建筑方案的设计开始,就遵循一定的标准,为大规模重复制造与施工打下基础。构配件可以实现工厂化的批量生产及后续短暂的现场装配,建造过程大部分在工厂进行。与传统的现场混凝土浇筑、缺乏培训的劳务工人手工作业相比,建筑工业化将极大提升工程的建设效率。较为成熟的预制装配建造方式与现场手工方式相比,可节约工期30%以上。

(2)提高工程建设质量。

工厂化预制的生产方式具有设备精良、工艺完善、技术工人操作熟练等优点,确保构配件生产稳定且有质量保障。混凝土能得到更好的养护,具备更好的工作性能和耐久性。

(3)节能减排,实现可持续发展。

我国民用建筑在生产、建造使用过程中,能耗占全社会总能耗的49.5%。在2009年哥本哈根世界气候大会上,我国向国际社会庄严承诺:到2020年单位国内生产总值CO_2排放量比2005年下降40%~45%。为实现这一目标,能耗大户建筑业在低碳环保、绿色节能发展方面责无旁贷,而建筑工业化将助推建筑业走向低碳、低能耗、可持续发展道路。据万科工业化实验楼建设过程的统计数据显示,与传统施工方式相比,工业化方式每平方米建筑面积的水耗降低64.75%,能耗降低37.15%,人工减少47.35%,建筑垃圾减少58.89%,污水排放减少64.75%。其他统计数据显示,工业化建造方式比传统方式减少能耗60%以上,减少建筑垃圾80%以上,对资源节约的贡献非常显著。

(4)降低建筑的综合成本。

通过大规模、标准化的生产,建筑工业化将在劳务用工、材料节约、能耗减少等维度降低建筑的综合成本。

1.2 国外建筑工业化的发展历程和现状

1.2.1 国外建筑工业化的发展历程

建筑工业化的概念起源于欧洲。18世纪产业革命以后,随着机器大工业的兴起、城市的发展与技术的进步,建筑工业化的思想开始萌芽。20世纪二三十年代,有人提出,应当改革传统的房屋建造工艺，由专业化的工厂成批生产可供安装的构件，通过现场组装的方式完成房屋建造，不再把全部工艺过程都安排到施工现场完成，这就基本形成了早期的建筑工业化模式。第二次世界大战后，欧洲国家面临住房紧缺和劳动力匮乏两大困难，促使建筑工业化迅速发展。其中，法国和苏联的发展最快。到 20 世纪 60 年代，欧洲各国、美国、日本等经济发达国家的建筑工业化也都迅速发展。

建筑工业化在国外的发展历程主要分为 3 个阶段：

第一阶段：1950—1970 年，主要发展预制式大板和工具式模板现浇技术。然而，当时结构体系混杂，难以形成通用的标准体系，导致产品质量水平不高。

第二阶段：1970—1990 年，主要发展通用构配件制品和设备，形成统一且多样化的建筑体系，新产品质量、施工机械化与自动化水平明显提高。

第三阶段：1990 年至今，开始向大规模通用体系转变，以标准化、体系化、通用化的建筑构配件和建筑部品为中心。新产品质量认定体系逐步完善，各国的模数协调标准逐步向国际标准靠拢。工业建筑被赋予了环保、节能、耐久、多功能及舒适性等更多内涵，也标志着建筑工业化进入更高的发展阶段。

1.2.2　国外建筑工业化的发展现状

装配式建筑技术体系在美国、德国、英国、日本等发达国家已是相当成熟，应用非常广泛。在欧美等发达国家由于人工成本高，需要尽量发挥工厂预制生产价格低、现场施工效率高的优势，主要目的是提高建筑的经济性。各国主流的预制混凝土（precast concrete，PC）技术差异很大，技术应用方法不同，一般根据项目特点出发，进行合理选择。由于各国经济水平、资源条件、劳动力状况等不同，其建筑工业化的发展模式也有所不同。以下分别从欧洲、亚洲、北美等地的发达国家和地区的建筑工业化历程进行简要的概述。

（1）瑞典、芬兰、丹麦等北欧国家。

瑞典、芬兰、丹麦等北欧国家，独栋住宅以一层或两层的木结构为主，多层住宅以轻钢结构为主。其中，瑞典的钢结构尤其是轻钢结构最为发达，是当今世界上最大的轻钢结构住宅制造国，产品供应欧洲各国。住宅采用以通用部件为基础的建筑通用体系，形成了复合墙体、门窗、楼梯、厨卫标准件等系列建筑工业化产品的标准体系，使建筑部品部件的规格、尺寸、连接等标准化、系列化。

芬兰处于极度严寒地区，全装配式结构体系才能加快建设速度，因此垂直构件和水平构件都采用预制方式，现场湿作业的工作量很少，装配式建筑技术的应用广泛。这类技术在我国地震设防烈度较低的地区也可使用。丹麦的建筑产业化发达，产业链完整，建筑以混凝土结构为主，受法国影响，强制要求设计模数化；预制构件产业发达，结构、门窗、厨卫等构件实现标准化。

目前，瑞典和丹麦新建住宅中通用部件占 80%，既满足多样性的需求，又达到了 50%以上的节能率，这种新建建筑的能耗比传统建筑有大幅度的下降。瑞典的装配式建筑如图 1.4 所示。丹麦是一个将模数法制化应用在装配式住宅的国家，国际标准化组织（ISO）模数协调标准以丹麦的标准为蓝本编制。丹麦推行建筑工业化实际上是以“产品目录设计”为标准的体系，使部件达到标准化，在此基础上实现多元化的需求，故丹麦建筑实现了多元化与标准化的和谐统一。

(2)德国、法国、英国等西欧国家。

德国是世界上住宅装配化发展最快的国家。德国建筑业基于全绿色生态产业链、环保与节能全系统的可持续发展,正在加快装配式住宅建筑工业化的产业组织、生产技术、管理维护与环保回收等环节的进一步工业优化进程。德国的装配式住宅与建筑主要采取叠合板、混凝土、剪力墙结构体系,以及剪力墙板、梁、柱、楼板、内隔墙板、外挂板、阳台板等构件。其构件预制与装配建设已经进入标准化、模块化、通用化生产阶段。其构件部品易于仓储、运输,可多次重复使用、临时周转并具有节能低耗、绿色环保的永久性能。

德国在推广装配式产品技术、推行环保节能的绿色装配方面已有较多且成熟的经验,建立了非常完善的绿色装配及其产品技术体系。从大幅度的节能到被动式建筑,德国都采用装配式住宅,其与节能标准充分融合,形成涵盖研发、设计、生产、施工等环节的强大的预制装配式建筑产业链:高校、研究机构和企业研发提供技术支持;建筑、结构、水暖电协作配套,进行构件的审核设计;施工企业与机械设备供应商紧密合作,机械设备、材料和物流先进,摆脱了固定模数尺寸限制。另外,还形成了盒子式、单元式(图 1.5)和大板装配体系等工业化住宅形式,建造过程中需要工业化程度高的生产、运输、起吊等设备。

图 1.4　瑞典的装配式建筑案例

图 1.5　德国的装配式建筑案例

在德国,双面预制剪力墙结构体系是较为成熟的体系,也是一种典型的免模板技术。在该技术中,墙板的两层预制混凝土通过桁架钢筋连接,构件中间的空腔部位在现场装配完成后进行混凝土浇筑,一般采用叠合楼板现浇层与墙身现浇层同时浇筑的方法,再加上桁架钢筋使得预制构件和现浇层紧密结合,因此建筑的整体性、防水性都比较好,如图 1.6 所示。

法国自 1891 年就开始实行装配式混凝土技术,至今已有 130 多年的历史。法国建筑以混凝土体系为主,钢、木结构体系为辅,多采用框架或者板柱体系,并向大跨度体系发展。焊接连接等干法作业流行,结构构件与设备、装修工程分开,减少了预埋工序,生产和施工质量高。主要采用预应力混凝土装配式框架结构体系,装配率达到 80%,脚手架用量减少 50%,节能可达到 70%。如图 1.7 所示为法国巴黎的某幼儿园项目,该项目于 2012 年建造在紧凑的巴黎街道内,处于一个稍微陈旧的环境中。通过混合和瓦解的设计理念,该建筑成为典型的巴黎城郊区的异质结构。该建筑立面采用两种规格的构件,通过建筑立面的凹凸变化营造丰富的光影效果。

图 1.6　德国采用的双面预制剪力墙结构

图 1.7　法国的装配式建筑案例

法国的预制混凝土结构道路从 1959 年开始，20 世纪 80 年代后形成体系。绝大多数为预制混凝土构造体系，尺寸模数化，构件标准化，同时包含少量钢结构和木结构。在装配式连接方面，多采用焊接和螺栓连接的方式。法国世构体系（图 1.8）的装配式框架结构采用了预应力技术，可以节省梁柱的钢筋混凝土用量，适合于公建（如学校、医院、商场等）项目，具有较好的经济性。

图 1.8　法国世构体系的预制三层高的“多节柱”安装

英国政府积极引导装配式建筑的发展，明确提出英国建筑生产领域需要通过新产品开发、集约化组织、工业化生产，以实现“成本降低 10%，时间缩短 10%，缺陷率降低 20%，事故发生率降低 20%，劳动生产率提高 10%，最终实现产值利润率提高 10%”的具体目标。同时，英国政府出台了一系列鼓励政策和措施，大力推行绿色节能建筑，以对建筑品质、性能的严格要求，促进行业向新型建造模式转变。英国装配式建筑的发展，需要政府主管部门与行业协会等紧密合作，共同完善技术体系和标准体系，促进装配式建筑项目的实践。此外，可根据装配式建筑行业的专业技能要求，建立专业水平和技能的认证体系，推进全产业链人才队伍的建设。英国除了关注开发、设计、生产与施工外，还注重扶持材料供应和物流等全产业链的发展。

（3）日本、新加坡等亚洲国家。

日本的建筑工业化始于 20 世纪 60 年代初期。彼时，住宅的需求急剧增加，然而建筑技术人员和熟练工人数量明显不足。为了使现场施工简化，提高产品质量和效率，日本对住宅实行部品化、批量化生产。20 世纪 70 年代，日本住宅产业步入成熟期，大企业联合组建集团进入住宅产业，产生了盒子住宅、单元住宅等多种形式（图1.9、图1.10）。同时，日本设立了产业化住宅性能认证制度，以保证产业化住宅的质量和功能。这一时期，产业化方式生产的住宅占竣工住宅总数的10%左右。20世纪80年代中期，为了提高工业化住宅体系的质量和功能，日本设立了优良住宅部品认证制度，这时产业化方式生产的住宅占竣工住宅总数的15%~20%，住宅的质量和功能有所提高。到20世纪90年代，采用产业化方式生产的住宅占竣工住宅总数的25%~28%。

图1.9　日本的装配式建筑案例（20世纪70年代）

日本由于地震设防烈度高，剪力墙结构难以计算分析，所以装配式建筑一般以预制混凝土框架结构为主。在现场装配环节，日本非常注重施工现场管理流程。企业的安全管理措施十分到位，施工进度遵循从上至下的流水作业线路，线路清晰，工序间衔接紧密、不相互干扰。

图1.10　日本的装配式建筑案例（预制钢筋混凝土框架结构）

新加坡是世界上公认的住宅问题解决较好的国家，其住宅多采用建筑工业化技术加以建造（图1.11），其中，住宅政策及装配式住宅发展理念促使其工业化建造方式得到广泛推广。在新加坡的装配式建筑推广应用中，政府作用显著，建筑结构以剪力墙结构体系为主。新加坡80%的住宅由政府建造，经历了20年快速建设，组屋项目强制装配化施工，装配率大于70%。大部分为塔式或板式混凝土多高层建筑。按照“居者有其屋计划”，组屋全部采用预测混凝土构件建设,因其设计标准、技术成熟、市场可控,有效解决了百姓的住房需求。

新加坡开发出 15~30 层的单元化的装配式住宅,占全国总住宅数量的 80%以上。通过平面的布局、部件尺寸和安装节点的重复性来实现标准化。以设计为核心,设计和施工过程相互配套融合,装配率达到 70%。新加坡建设局对工业化的推进极为重视,早在 2000 年就制定了法规——*Code of Practice*(《建筑实践准则》),规定了不同建筑物易建性的最低计分要求,也就是给工业化方法打分的制度,不达到最低标准不发施工执照。

近几年,新加坡的采用箱式预制模块化技术(prefabricated prefinished volumetric construction,PPVC)的项目如雨后春笋般涌现,在私人住宅、政府组屋、商业建筑中均有广泛应用。2016 年 2 月,在新加坡樟宜国际机场附近的皇冠假日酒店工地,最后一个房间模块吊装完成,这是新加坡第一座使用 PPVC 技术建成的五星级酒店,如图 1.12 所示。

图 1.11 新加坡采用建筑工业化技术的建筑案例

图 1.12 新加坡樟宜国际机场皇冠假日酒店

(4)美国、加拿大等北美国家。

早在 20 世纪三四十年代的美国,由于贫民住宅需求及战争等因素,出现了大量汽车拖车式的、用于野营的汽车房屋。当时的汽车住宅十分简易,几乎就是一辆汽车,算不上真正的房子。但受其启发,一些住宅生产厂家也渐渐开始生产外观像传统住宅,且可用大型汽车拉到各个地方并直接安装的工业化住宅。

到了 20 世纪 70 年代,人们对住宅的要求更高了,期待住宅面积更大,功能更全,外形更美观。于是,美国国会在 1976 年通过了《国家工业化住宅建造及安全法案》;美国住房和城市发展部(HUD)同年出台了一系列严格的行业规范标准,简称 HUD 标准。

自 1976 年后,美国所有工业化住宅都必须符合 HUD 标准。只有达到 HUD 标准,并拥有独立第三方检查机构出具的证明,工业化住宅才能出售。此后,HUD 又颁发了联邦工业化住宅安装标准,这是全美所有新建工业化住宅进行初始安装的最低标准,用于审核所有生产商的安装手册和州立安装标准。对于没有颁布安装标准的州,该条款将成为强制执行的标准。这些严格的规范和标准,自出台一直沿用到今天。正因为政策的推动,美国建筑工业化走上了快速发展的道路。据美国工业化住宅协会统计,2001 年,美国的工业化住宅已达到 1 000 万套,占美国住宅总量的 7%,为 2 200 万的美国人解决了居住问题。2007 年,美国的工业化住宅总值达到 118 亿美元。目前,在美国每 16 个人中就有 1 个人居住的是工业化住宅。

美国住宅构件和部品的标准化、系列化、专业化、商品化、社会化程度很高,几乎达到 100%(图 1.13)。这些构件结构性能好,有很大通用性,也易于机械化生产。其特点是:

钢-木结构别墅、钢结构公寓较为常见，建材产品和部品部件种类齐全，构件通用化水平高、商品化供应。

加拿大的装配式建筑与美国发展相似，从 20 世纪 20 年代开始探索预制混凝土的开发和应用，到 20 世纪六七十年代该技术得到大面积应用。装配式建筑在居住建筑和学校、医院、办公楼等公共建筑，以及停车库、单层工业厂房等建筑中得到广泛的应用。在工程实践中，由于大量应用大型预应力预制混凝土构建技术，使装配式建筑更充分地发挥其优越性。

加拿大多采用剪力墙+空心楼板体系（图 1.14），在严寒地区，混凝土装配化程度高。与美国类似，其构件通用性高；大城市多为装配式混凝土和钢结构；小镇多为钢或钢-木结构；抗震系数较小的地区，采用全预制混凝土（含高层）。此外，加拿大完全取消了脚手架和模板，施工现场干净整洁，施工快捷且经济性很好。

图 1.13　美国的装配式建筑

图 1.14　加拿大的多层全预制剪力墙+预应力空心楼板

（5）澳大利亚。

在澳大利亚，几乎所有的建筑材料都是工厂按照国家标准生产的半成品或成品，建筑商只是采购这些住宅构件和部品，并按照设计图纸组装。为实现建筑节能，澳大利亚政府修改了住宅墙体标准，如要求和允许使用特殊化纤板和隔热填充材料，并与保险制度挂钩。

建筑商如果不按设计标准建房，则增加保险费或不予保险，没有质量保险的房子就会失去市场。于是，建筑商就只能购买符合标准的建筑部品，这就有效地引导了市场需求。因此，澳大利亚住宅部品的市场化是在政府和私人机构的双重干预下建立和运行起来的。

以澳大利亚浪花大厦（图1.15）为例，该项目采用了500个曲边结构阳台板，且不加任何装饰，而是利用建筑各层间预制阳台本身的排列组合，形成了一个螺旋状上升的"海浪"样式。浪花大厦只用预制阳台这一种预制构件，结合当地的气候环境条件，采用曲线形的阳台，组合出结构美、空间美、功能美和非装饰的美，代表了装配式建造方式的技术美学发展方向。

图1.15 澳大利亚的浪花大厦

1.3 国内建筑工业化的发展历程和现状

1.3.1 国内建筑工业化的发展历程

我国的建筑工业化始于20世纪50年代第一个五年计划时期，大致经历了4个发展阶段。

第一阶段：20世纪50年代至20世纪70年代，尝试发展期。发展预制构件和大板预制装配建筑，初试建筑工业化发展之路。

第二阶段：20世纪70年代至20世纪80年代中期，摸索发展时期。推广了一系列新工艺，如大板和升板体系、苏联和南斯拉夫体系、预制装配式框架体系等，对建筑工业化发展起到了有益的推进作用。

第三阶段：20世纪80年代末期至21世纪初，萎缩期。工业化发展停滞不前，预制构件及建筑部品在建筑领域几乎消亡。

第四阶段：21世纪初至今，推动期。建筑工业化重新崛起，多种工业化结构体系探索发展。多地出台政策，地方政府积极推动，企业积极参与。

1956年5月，国务院在《关于加强和发展建筑工业的决定》中明确提出："为了从根本上改善我国的建筑工业，必须积极地有步骤地实行工厂化、机械化施工，逐步完成对建筑工业的技术改造，逐步完成向建筑工业化的过渡。"随后，我国迅速建立起建筑生产工厂化和机械化的初步基础，对完成当时的国家建设起到了显著的作用，如图1.16~图1.18所示的国内早期典型装配式建筑案例便是这一时期的成果体现。

(a)北京洪茂沟住宅区(1957 年,装配式大型砌块试验住宅)

(b)北京前三门住宅区(1973 年)

图 1.16 北京早期装配式住宅建筑

图 1.17 北京民族饭店(1959 年,预制装配式框架-剪力墙结构)

图 1.18 国内早期的升板建筑案例

经过 20 多年的实践,1978 年国家基本建设委员会(现已撤销)正式提出,建筑工业化建筑设计标准化、构件生产工业化、施工机械化及墙体材料改革为重点。在以后的很长一段时间内,我国一直遵循建筑工业化的发展思路,将建筑工业化作为我国建筑业发展的指导思想,也将其视为我国建筑业追赶世界先进水平的着眼点和着力点。

然而,令人遗憾的是,自 20 世纪 80 年代后期起,建筑工业化的概念淡出人们的视野,建筑工业化的进程也随之中断,没能伴随改革开放和我国工业化、城市化、市场化大发展同步前行。特别是建筑业大发展时期,建筑工业化与我国发展轨迹渐行渐远,取而代之的是所谓的住宅产业化,其着力点是设计标准化、施工大机械化,以及要求墙体材料改革适应住宅产业化。

纵观 20 世纪我国推行建筑工业化的得失与成败,积累了宝贵的经验教训,具体如下:

(1)市场要求户型多样化、装饰个性化,而大板结构体系未能解决设计标准化与多样化的矛盾,造成工厂生产难度增加,成本增加。

(2)大板结构体系未能很好地解决防水问题,在建筑建成 15 年后,大量建筑出现了渗漏现象(图 1.19)。

(3)现浇混凝土建造技术迅速发展,同时大量农民工进城,人工成本低廉,这些因素加速了大板结构体系的消亡。

(4) 未能及时采用新的技术、工艺及材料。

图 1.19　早期大板建筑的渗漏情况

1.3.2　国内建筑工业化的发展现状

1995 年，国家启动重大科技产业工程项目——2000 年国家小康型城乡住宅科技产业工程，标志着住宅产业重新受到国家关注。同年，建设部（现住房和城乡建设部）下发了《建筑工业化发展纲要》（1995 年 4 月 6 日　建建字第 188 号文发布），加快了我国建筑工业化发展步伐。

1999 年，国务院办公厅转发建设部等部门的《关于推进住宅产业现代化提高住宅质量若干意见》的通知（国发〔1999〕72 号），提出了住宅产业化的发展目标：为了满足人民群众日益增长的住房需求，加快住宅建设从粗放型向集约型转变，推进住宅产业现代化，提高住宅质量，促进住宅建设成为新的经济增长点。

2006 年，建设部下发的《国家住宅产业化基地试行办法》（建住房〔2006〕150 号）开始正式实施。2011 年住房和城乡建设部制定的《建筑业发展“十二五”规划》（建市〔2011〕90 号）、2012 年财政部与住房和城乡建设部发布的《关于加快推动我国绿色建筑发展的实施意见》（财建〔2012〕167 号）、2013 年国家发展和改革委员会、住房和城乡建设部联合下发的《绿色建筑行动方案》（国办发〔2013〕1 号）等文件中都明确指出要大力发展和推动建筑工业化。

2016 年，中共中央、国务院在《关于进一步加强城市规划建设管理工作的若干意见》中提出：力争用 10 年左右时间，使装配式建筑占新建建筑的比例达到 30%。

上述政策举措表明，我国的建筑工业化工作正在积极有效地向前推进，近年来，在以下几个方面取得较大进展：

(1) 工业化整体技术水平得到了较大提升。大力推进建筑工业化，推动了我国工程建设的技术进步，同时也促进了新技术、新材料、新产品、新设备在工程建设中的广泛应用。

(2) 建筑工业化尤其是住宅产业化的组织框架基本形成。全国各主要省市都成立了住宅产业化工作机构，并将住宅产业化工作列入日常工作中。北京、上海、河北、江苏、沈阳、深圳、济南、合肥等省（市）相继出台了关于推进住宅产业化的指导意见及相应的鼓励政策，有些城市已经在实践中取得了较好成绩，并在全国产生了积极影响。

(3) 推动建筑工业化的市场动力逐步增强。随着我国经济社会的发展，建筑业生产成本不断上升，劳动力与技工日渐短缺。这从客观上促使越来越多的开发企业、设计单位、施工企业积极投身到建筑工业化工作中，把推进建筑工业化作为促进企业转型升级、降低成本、提高劳动生产率、实现可持续发展的重要途径。

(4)发展装配式建筑在节能、节材和减排方面的成效已在实际项目中得到证明。在能源消耗和污染排放方面，根据住房和城乡建设部科技与产业化发展中心对多个装配式混凝土建筑项目的跟踪调研和统计分析，装配式建筑相比现浇建筑，其在建造阶段可以大幅减少木材模板、保温材料(寿命长，更新周期长)、抹灰水泥砂浆、施工用水、施工用电的消耗，并减少80%以上的建筑垃圾排放，减少碳排放和对环境造成的扬尘和噪声污染，有利于改善城市环境、提高建筑综合质量和性能、推进生态文明建设。

从2022年发布的《中国建筑行业装配式建筑发展研究报告》可知，全国装配式建筑新开工建筑面积和装配式混凝土预制构件企业保持较快的速度增长(图1.20、图1.21)。2023年发布的《中国建筑业装配式建筑发展研究报告》指出：华东、华北、华南地区是预制构件厂较为集中的地区，其中华东地区的市场份额最高，约占全国市场的40%。珠三角、海南受香港北部都会区大规模开发建设的带动，装配式建筑市场非常活跃，仍有新建预制构件工厂。各地工厂建设需要注意避免产能过剩、资源浪费等问题，合理规划布局，提高生产效率和产品质量。

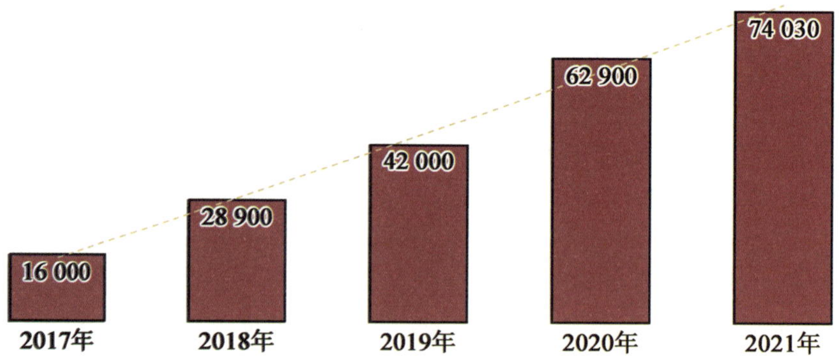

图1.20　2017—2021年全国装配式建筑新开工建筑面积(万m^2)

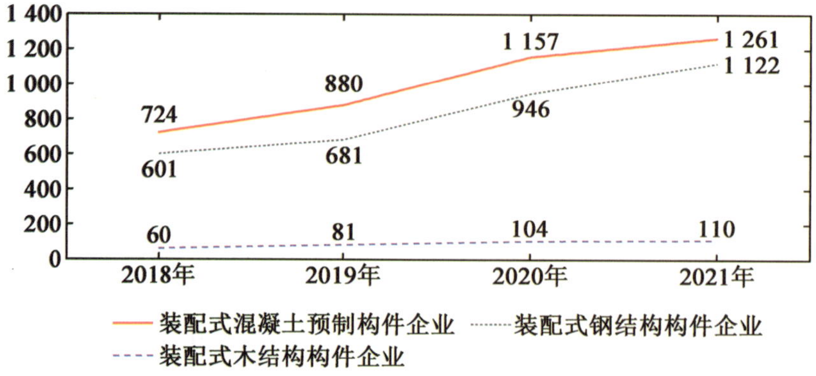

图1.21　2018—2021年装配式建筑预制构件产业发展情况

1.4 我国发展装配式建筑的相关政策

1. 国务院办公厅《关于大力发展装配式建筑的指导意见》(国办发〔2016〕71 号)

2016 年 9 月,国务院办公厅印发的《关于大力发展装配式建筑的指导意见》中提出,以京津冀、长三角、珠三角三大城市群为重点推进地区,常住人口超过 300 万的其他城市为积极推进地区,其余城市为鼓励推进地区,因地制宜发展装配式混凝土结构、钢结构和现代木结构等装配式建筑。力争用 10 年左右的时间,使装配式建筑占新建建筑面积的比例达到 30%。

按照《关于加快新型建筑工业化发展的若干意见》(建标规〔2020〕8 号)要求,发展新型建筑工业化是一项复杂的系统工程,要重点开展以下工作:一是加强系统化集成设计;二是优化构件和部品部件生产;三是推广精益化施工;四是加快信息技术融合发展;五是创新组织管理模式;六是强化科技支撑;七是加快专业人才培育;八是开展新型建筑工业化项目评价;九是强化政策扶持力度。

2. 住房和城乡建设部《"十三五"装配式建筑行动方案》

住房和城乡建设部于 2017 年 3 月制定了《"十三五"装配式建筑行动方案》,明确了以下目标:"到 2020 年,全国装配式建筑占新建建筑的比例达到 15%以上,其中重点推进地区达到 20%以上,积极推进地区达到 15%以上,鼓励推进地区达到 10%以上。鼓励各地制定更高的发展目标。建立健全装配式建筑政策体系、规划体系、标准体系、技术体系、产品体系和监管体系,形成一批装配式建筑设计、施工、部品部件规模化生产企业和工程总承包企业,形成装配式建筑专业化队伍,全面提升装配式建筑质量、效益和品质,实现装配式建筑全面发展。到 2020 年,培育 50 个以上装配式建筑示范城市,200 个以上装配式建筑产业基地,500 个以上装配式建筑示范工程,建设 30 个以上装配式建筑科技创新基地,充分发挥示范引领和带动作用。"

3. 国务院《"十三五"节能减排综合工作方案》(国发〔2016〕74 号)

2017 年 1 月,国务院出台了《"十三五"节能减排综合工作方案》,明确提出了加强建筑节能的目标,"实施建筑节能先进标准领跑行动,开展超低能耗及近零能耗建筑建设试点,推广建筑屋顶分布式光伏发电。编制绿色建筑建设标准,开展绿色生态城区建设示范。到 2020 年,城镇绿色建筑面积占新建建筑面积比重提高到 50%。实施绿色建筑全产业链发展计划,推行绿色施工方式,推广节能绿色建材、装配式和钢结构建筑。强化既有居住建筑节能改造,实施改造面积 5 亿平方米以上,2020 年前基本完成北方采暖地区有改造价值城镇居住建筑的节能改造。推动建筑节能宜居综合改造试点城市建设,鼓励老旧住宅节能改造与抗震加固改造、加装电梯等适老化改造同步实施,完成公共建筑节能改造面积 1 亿平方米以上。推进利用太阳能、浅层地热能、空气热能、工业余热等解决建筑用能需求。"

4. 住房和城乡建设部《建筑业发展"十三五"规划》

2017 年 4 月,住房和城乡建设部印发《建筑业发展"十三五"规划》,提出推广智能和装配式建筑的要求:"加大政策支持力度,明确重点应用领域,建立与装配式建筑相适应的工程建设管理制度。鼓励企业进行工厂化制造、装配化施工、减少建筑垃圾，促进建筑垃圾资源化利用。建设装配式建筑产业基地，推动装配式混凝土结构、钢结构和现代木结构发展。大力发展钢结构建筑，引导新建公共建筑优先采用钢结构，积极稳妥推广钢结构住宅。在具备条件的地方，倡导发展现代木结构，鼓励景区、农村建筑推广采用现代木结构。在新建建筑和既有建筑改造中推广普及智能化应用，完善智能化系统运行维护机制，逐步推广智能建筑。”

5. 住房和城乡建设部等部门《关于推动智能建造与建筑工业化协同发展的指导意见》（建市〔2020〕60 号）

2020 年 7 月，住房和城乡建设部等部门印发《关于推动智能建造与建筑工业化协同发展的指导意见》（以下简称《指导意见》），明确提出了推动智能建造与建筑工业化协同发展的指导思想、基本原则、发展目标、重点任务和保障措施。《指导意见》是指导建筑业转型升级、实现高质量发展的重要文件。

《指导意见》指出，围绕建筑业高质量发展总体目标，以大力发展建筑工业化为载体，以数字化、智能化升级为动力，创新突破相关核心技术，加大智能建造在工程建设各环节应用，形成涵盖科研、设计、生产加工、施工装配、运营等全产业链融合一体的智能建造产业体系。到 2025 年，我国智能建造与建筑工业化协同发展的政策体系和产业体系基本建立，建筑产业互联网平台初步建立。推动形成一批智能建造龙头企业，打造“中国建造”升级版。到 2035 年，我国智能建造与建筑工业化协同发展取得显著进展，建筑工业化全面实现，迈入智能建造世界强国行列。同时，《指导意见》从加快建筑工业化升级、加强技术创新、提升信息化水平、培育产业体系、积极推行绿色建造、开放拓展应用场景、创新行业监管与服务模式 7 个方面，提出了推动智能建造与建筑工业化协同发展的工作任务。

6. 国务院《2030 年前碳达峰行动方案》

为深入贯彻落实党中央、国务院关于碳达峰、碳中和的重大战略决策，扎实推进碳达峰行动，2021 年 10 月国务院印发《2030 年前碳达峰行动方案》（以下简称《方案》），聚焦 2030 年前碳达峰目标，对推进碳达峰工作作出总体部署。

《方案》聚焦“十四五”和“十五五”两个碳达峰关键期，提出了提高非化石能源消费比重、提升能源利用效率、降低二氧化碳排放水平等方面主要目标。比如，到 2025 年，非化石能源消费比重达到 20%左右，单位国内生产总值能源消耗比 2020 年下降 13.5%，单位国内生产总值二氧化碳排放比 2020 年下降 18%，为实现碳达峰奠定坚实基础。到 2030 年，非化石能源消费比重达到 25%左右，单位国内生产总值二氧化碳排放比 2005 年下降 65%以上，顺利实现 2030 年前碳达峰目标。《方案》指出，将碳达峰贯穿于经济社会发展全过程和各方面，重点实施能源绿色低碳转型行动、节能降碳增效行动、工业领域碳达峰行动、城乡建设碳达峰行动、交通运输绿色低碳行动、循环经济助力降碳行动、绿色低碳科技创新行动、碳汇能力巩固提升行动、绿色低碳全民行动、各地区梯次有序碳达峰行动等“碳达峰十大行动”。

7. 住房和城乡建设部、国家发展改革委《城乡建设领域碳达峰实施方案》（建标〔2022〕53 号）

为深入贯彻落实党中央、国务院关于碳达峰碳中和决策部署，控制城乡建设领域碳排放量增长，切实做好城乡建设领域碳达峰工作，根据《中共中央 国务院关于完整准确全面贯彻新发展理念做好碳达峰碳中和工作的意见》《2030 年前碳达峰行动方案》，住房和城乡建设部、国家发展改革委于 2022 年 7 月印发《城乡建设领域碳达峰实施方案》（以下简称《实施方案》），旨在推动城乡建设绿色转型，为实现碳达峰、碳中和目标提供方向性指导。

《实施方案》明确指出，2030 年前，城乡建设领域碳排放要达到峰值。力争到 2060 年前，城乡建设方式实现全面绿色低碳转型，系统性变革全面实现，美好人居环境全面建成。《实施方案》表示，大力发展装配式建筑，推广钢结构住宅，到 2030 年装配式建筑占当年城镇新建建筑的比例达到 40%。推广智能建造，到 2030 年培育 100 个智能建造产业基地，打造一批建筑产业互联网平台，形成一系列建筑机器人标志性产品。推广建筑材料工厂化精准加工、精细化管理，到 2030 年施工现场建筑材料损耗率比 2020 年下降 20%。

8. 住房和城乡建设部《培育新时代建筑产业工人可复制经验做法清单（第一批）》（建办市函〔2024〕10 号）

按照《关于加快培育新时代建筑产业工人队伍的指导意见》（建市〔2020〕105 号）要求，各地围绕推进农民工向新时代建筑产业工人转型、完善建筑工人实名制管理、提升建筑工人技能水平、加强统筹协作和政策支持、保障建筑工人合法权益等方面，积极探索、大力推进新时代建筑产业工人队伍建设，取得了积极成效，编写可复制经验做法清单。

1.5　我国现行装配式建筑技术标准

装配式建筑相关政策清单

我国现行的工程建设标准主要包括国家标准、行业标准、地方标准等。20 世纪七八十年代是我国装配式建筑的快速发展时期，国家标准《预制混凝土构件质量检验评定标准》（GBJ 321—90，现替代为《混凝土结构工程施工质量验收规范》（GB 50204—2015））、行业标准《装配式大板居住建筑设计和施工规程》（JGJ 1—91，现替代为《装配式混凝土结构技术规程》（JGJ 1—2014）），以及协会标准《钢筋混凝土装配整体式框架节点与连接设计规程》（CECS：43—921）等先后出台。之后，由于种种原因，装配式建筑的应用迎来了一个相对低潮的阶段。

近年来，我国装配式建筑的研究与应用逐渐增加，地方政府积极推进其发展，一些地方企业积极响应，开展相关的技术研究，装配式建筑领域形成了良好的发展态势，并出台了一系列行业标准及图集。

与装配式建筑相关的主要现行标准、规程及图集见表 1.1。

表 1.1　我国装配式混凝土结构相关标准及图集

序号	文件名称	标准号/文号	类别
1	《混凝土结构工程施工规范》	GB 50666—2011	国家标准
2	《装配式建筑评价标准》	GB/T 51129—2017	国家标准
3	《装配式混凝土结构技术规程》	JGJ 1—2014	行业标准

续表

序号	文件名称	标准号/文号	类别
4	《建筑轻质条板隔墙技术规程》	JGJ/T 157—2014	行业标准
5	《装配式住宅建筑设计标准》	JGJ/T 398—2017	行业标准
6	《装配式整体卫生间应用技术标准》	JGJ/T 467—2018	行业标准
7	《建筑工程设计信息模型制图标准》	JGJ/T 448—2018	行业标准
8	《装配式整体厨房应用技术标准》	JGJ/T 477—2018	行业标准
9	《装配式钢结构住宅建筑技术标准》	JGJ/T 469—2019	行业标准
10	《预制混凝土外挂墙板应用技术标准》	JGJ/T 458—2018	行业标准
11	《预制保温墙体用纤维增强塑料连接件》	JG/T 561—2019	行业产品标准
12	《城市轨道交通预应力混凝土节段预制桥梁技术标准》	CJJ/T 293—2019	行业标准
13	《装配式建筑工程消耗量定额》	TY 01-01(01)—2016	行业标准
14	《预制混凝土剪力墙外墙板》	15G365-1	国家标准图集
15	《预制混凝土剪力墙内墙板》	15G365-2	国家标准图集
16	《桁架钢筋混凝土叠合板(60 mm 厚底板)》	15G366-1	国家标准图集
17	《预制钢筋混凝土板式楼梯》	15G367-1	国家标准图集
18	《预制钢筋混凝土阳台板、空调板及女儿墙》	15G368-1	国家标准图集
19	《装配式混凝土建筑设计示例(三)》	24G124-3	国家标准图集
20	《装配式混凝土建筑设计示例(二)》	24G124-2	国家标准图集
21	《装配式混凝土建筑结构技术规程》	DBJ 15—107—2016	广东省地方标准
22	《装配式建筑评价标准》	DBJ/T 15—163—2019	广东省地方标准
23	《装配式混凝土建筑深化设计技术规程》	DBJ/T 15—155—2019	广东省地方标准
24	《装配式市政桥梁工程技术规范》	DBJ/T 15—169—2019	广东省地方标准
25	《装配式钢结构建筑技术规程》	DBJ/T 15—177—2020	广东省地方标准
26	《装配式混凝土建筑工程施工质量验收规范》	DBJ/T 15—171—2019	广东省地方标准
27	《装配式建筑混凝土结构耐久性技术标准》	DBJ/T 15—217—2021	广东省地方标准
28	《建筑室内装配式轻质隔墙技术规程》	DBJ/T 15—208—2020	广东省地方标准
29	《广东省装配式建筑工程综合定额(试行)》	—	—
30	《蒸压陶粒轻质混凝土墙板墙体构造》	粤 11J/T 136	广东省建筑设计推荐性通用图集
31	《装配式混凝土结构保障性住房、人才房套型及组合平面》	粤 20J/010-1	广东省建筑设计推荐性通用图集
32	《装配式混凝土结构保障性住房、人才房施工图案例》	粤 20G/010-1	广东省建筑设计推荐性通用图集

续表

序号	文件名称	标准号/文号	类别
33	《装配式混凝土结构保障性住房、人才房装修施工图案例》	粤 20J/010-2	广东省建筑设计推荐性通用图集
34	《预制装配整体式钢筋混凝土结构技术规范》	SJG 18—2009	深圳市地方标准
35	《预制装配钢筋混凝土外墙技术规程》	SJG 24—2012	深圳市地方标准
36	《建筑工程铝合金模板技术应用规程》	SJG 72—2020	深圳市地方标准
37	《居住建筑室内装配式装修技术规程》	SJG 96—2021	深圳市地方标准
38	《混凝土模块化建筑技术规程》	SJG 130—2023	深圳市地方标准
39	《钢结构模块化建筑技术规程》	SJG 129—2023	深圳市地方标准
40	《中小学校建筑装配式装修技术规程》	SJG 131—2023	深圳市地方标准
41	《装配式装修评价标准》	SJG 159—2024	深圳市地方标准
42	《钢结构装配式住宅技术规程》	SJG 160—2024	深圳市地方标准
43	《装配式装修部品部件标识标准》	SJG176—2024	深圳市地方标准
44	《装配式建筑工程消耗量标准》	SJG 172—2024	深圳市标准
45	《预制混凝土构件生产企业星级评价标准》	T/BIAS 1—2017	团体标准
46	《灌浆套筒剪力墙应用技术标准》	T/BIAS 2—2018	团体标准
47	《预制混凝土构件产品标识标准》	T/BIAS 3—2019	团体标准
48	《装配式混凝土建筑设计文件编制深度标准》	T/BIAS 4—2019	团体标准
49	《预制混凝土构件制作与检验规程》	T/BIAS 5—2019	团体标准
50	《玻璃纤维增强水泥（GRC）饰面混凝土预制构件制作与质量检验规程》	T/BIAS 6—2019	团体标准
51	《深圳市装配式建筑项目应用指引》	T/BIAS 7—2019	团体标准
52	《深圳市装配式混凝土建筑信息模型技术应用标准》	T/BIAS 8—2020	团体标准
53	《深圳市住宅建筑一体化装修技术规程》	T/BIAS 9—2020	团体标准
54	《建筑工业化评价标准》	T/BIAS 10—2024	团体标准
55	《深圳市保障性住房标准化设计图集》	SJG 27—2015	深圳市工程建筑标准图集
56	《装配式建筑标准化产品系列图集(预制内墙条板)》	SJT 03—2023	深圳市工程建筑标准图集
57	《装配式建筑标准化产品系列图集(叠合楼板)》	SJT 04—2023	深圳市工程建筑标准图集
58	《装配式建筑标准化产品系列图集(预制混凝土楼梯)》	SJT 05—2023	深圳市工程建筑标准图集
59	《装配式建筑标准化产品系列图集(整体卫生间)》	SJT 06—2023	深圳市工程建筑标准图集

［工程案例］：悉尼歌剧院（一座精彩的装配式建筑）

悉尼歌剧院（图 1.22）是 20 世纪最伟大的建筑之一，也是一座精彩的装配式混凝土建筑。除了基础柱、柱台和基础梁为现浇混凝土外，地面以上结构系统和围护系统，还有室外地坪，都是由预制混凝土构件装配而成，包括拱肋、屋面板、柱、梁、外挂墙板和地面板等。

悉尼歌剧院的形体很不规则，屋顶围护系统由十几个形态各异、高低不同的“贝壳”组成。

“贝壳”表面是盖在 V 形拱肋上的预制混凝土瓷砖反打屋面板。

悉尼歌剧院一共用了 105.5 万块瓷砖，4 228 块瓷砖反打预制混凝土板。其中最大的板，长 10 米，宽 2.3 米，重达 4 吨。

…………

悉尼歌剧院用的其他预制混凝土构件包括梁、柱、外挂墙板和室外地坪板。

柱和梁是清水混凝土，外挂墙板是露明的彩色混凝土，也就是水刷石。预制室外地坪板与外挂墙板一样，也是水刷石板。

悉尼歌剧院 1973 年建成，至今已使用 46 年了。其艺术形象大放光彩；富有创新的装配式技术所实现的精致品质受到好评；大胆的构件连接技术，也经受住了时间的考验。

（《混凝土世界》2019 年 05 期）

图 1.22　悉尼歌剧院

思想提升：“知者创物，巧者述之，守之世，谓之工。”

——《周礼·考工记》

释义：智者创造了器物，心灵手巧之人将其记录了下来，这种技艺代代相传，世人将这种技艺称为工艺。

思考题

1. 建筑工业化的基本内容包括哪几方面？
2. 建筑工业化的主要特征有哪些？

3. 建筑工业化的主要优势有哪些？
4. 简述国外建筑工业化的发展历程。
5. 简述国内建筑工业化的发展历程。
6. 国内建筑工业化发展过程中存在的问题有哪些？
7. 简述我国发展装配式建筑的相关政策。
8. 简述你对我国目前建筑工业化的认识。

第 2 章　装配式混凝土结构

【学习目标】

1. 了解装配式混凝土结构的基本内容。
2. 了解装配整体式混凝土框架结构的主要特征。
3. 了解装配整体式混凝土剪力墙结构的主要特征。
4. 了解装配整体式混凝土框架-剪力墙结构的主要特征。

【能力目标】

1. 了解装配式混凝土结构的应用范围。
2. 掌握装配式混凝土结构的技术体系。

2.1　装配式混凝土结构概述

装配式混凝土结构（在建筑工程中，简称装配式建筑；在结构工程中，简称装配式结构）是采用标准化设计、工厂化生产的建筑构件，用现场装配的方式建成的住宅和公共建筑等。建造装配式建筑是一个系统集成过程，即以工业化建造方式为基础，实现建筑结构系统、外围护系统、内装系统、设备管线系统一体化，以及策划、设计、生产和施工等一体化的过程。

装配式建筑的核心内容是 4 大系统，即建筑结构系统、建筑外围护系统、建筑设备与管线系统、建筑内装系统。装配式建筑应采用模数与模数协调、模块与模块组合的标准化设计方法，实现 4 大系统的系统集成。

装配式建筑的概念始于 20 世纪初，到 20 世纪 60 年代终于实现。装配式建筑具有工业化水平高、便于冬季施工、减少施工现场湿作业量、减少材料消耗，以及减少工地扬尘和建筑垃圾等优点，有利于提升建筑质量、提高生产效率、降低成本、实现节能减排和环境保护。装配式建筑在欧洲、美国、日本、新西兰等处于高烈度地震区的国家和地区都得到了广泛的应用。在我国，由于节能减排要求的提高，以及劳动力价格的大幅度上涨等因素，预制混凝土构件的应用开始走出低谷，呈现迅速上升的趋势。与上一代的装配式结构相比，新一代的装配式结构采用了许多先进技术。

根据建筑的使用功能、建筑高度、造价及施工要求等不同，组成建筑结构构件的梁、柱、墙等可以选择不同的建筑材料及材料组合，如钢筋混凝土、钢材、钢骨混凝土、型钢混凝土、木材等。装配式建筑根据主要受力构件和材料的不同可以分为装配式混凝土结构建筑、装配式钢结构建筑、装配式钢-混凝土组合结构建筑和装配式木结构建筑等。

装配式建筑是以预制混凝土构件(简称预制构件)为主要构件,经装配、连接,结合部分现浇而形成的混凝土结构。通俗来讲,就是按照统一、标准的建筑部品规格制作房屋单元或构件,然后运至工地现场装配就位而生产的建筑。JGJ 1—2014 中对装配式混凝土结构的定义为:由预制混凝土构件通过可靠的连接方式装配而成的混凝土结构,包括装配整体式混凝土结构、全装配混凝土结构等。这个定义给出了装配式混凝土结构的两个基本特征:一是采用预制构件;二是通过可靠的连接方式。

装配整体式混凝土结构(简称装配整体式结构)由预制构件通过可靠的方式进行连接并与现场后浇混凝土、水泥基灌浆料共同形成整体的装配式混凝土结构。简而言之,装配整体式结构的连接以“湿连接”为主要方式(图 2.1)。装配整体式结构具有较好的整体性和抗震性。目前大多数多层和全部高层装配式建筑采用装配整体式结构,有抗震要求的低层装配式建筑也大多采用装配整体式结构。全装配混凝土结构是由预制构件采用干式连接(如螺栓连接)方式形成整体的结构形式。通常,一些预制钢筋混凝土单层厂房、低层建筑或非抗震地区的多层建筑采用干式连接这种结构形式。例如,图 2.2(a)所示为某装配式混凝土化工厂管廊,底层和中段采用预制框架结构,梁柱采用螺栓干式连接,施工安装不需临时支撑;图 2.2(b)所示为某多层工业厂房干式连接的预制外挂墙板。

图 2.1　湿连接方式

(a)某装配式混凝土化工厂管廊

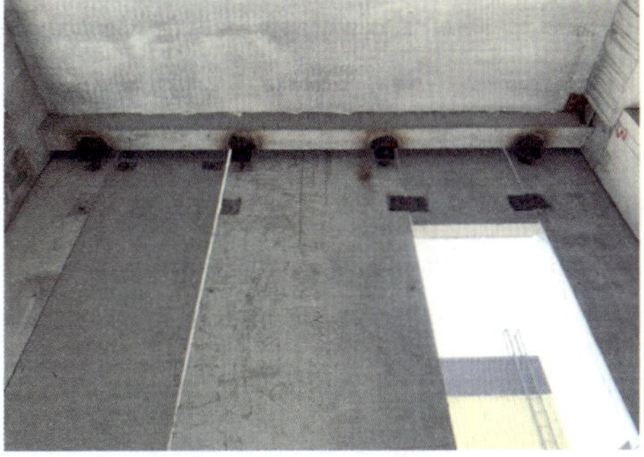

(b)某多层工业厂房干式连接的预制外挂墙板

图 2.2　干式连接方式

2.2 装配整体式混凝土框架结构

2.2.1 装配整体式混凝土框架结构主要特征

装配整体式混凝土框架结构(简称装配整体式框架结构)按照材料可分为装配式混凝土框架结构、装配式钢框架结构和装配式木框架结构。我国的装配整体式框架结构是近年来发展起来的,是参考了日本的相关技术,同时结合我国特点进行吸收和研究而形成的结构技术体系。

装配整体式框架结构(图2.3)传力路径明确,装配效率高,现浇湿作业少,是最适合进行预制装配化的结构形式。由于技术和使用习惯等原因,我国装配整体式框架结构的适用高度较低,适用于低层、多层和高度适中的高层建筑。这种结构形式有一定的适用范围,在需要开敞大空间的建筑中比较常见。装配整体式框架结构在我国主要应用于厂房、仓库、商场、停车场、办公楼、教学楼、医务楼、商务楼等建筑。这些建筑要求具有开敞的大空间和相对灵活的室内布局,同时对于建筑总高度的要求相对适中。但总体而言,目前装配整体式框架结构较少应用于民用住宅建筑。而在我国台湾等地区,装配整体式框架结构则大量应用于包括民用住宅建筑在内的高层、超高层民用建筑。

图2.3 装配整体式框架结构

相较于其他装配整体式结构,装配整体式框架结构的主要特点是:连接节点单一、简单,结构构件的连接可靠,方便采用等同现浇的设计概念;框架结构布置灵活,容易满足不同的建筑功能需求;结合外墙板、内墙板及预制楼板或预制叠合楼板应用,预制率可以达到很高水平,较为适合装配式建筑发展。

根据梁柱节点连接方式的不同,装配整体式框架结构可划分为等同现浇结构与不等同现浇结构。其中,等同现浇结构是节点刚性连接(图2.4(a)),不等同现浇结构是节点柔性连接(图2.4(b))。在结构性能和设计方法方面,等同现浇结构和现浇结构基本一样,区别在于前者的节点连接快速简单,后者则更加复杂。与等同现浇结构和现浇结构相比,不等同现浇结构的耗能机制、整体性能和设计方法具有不确定性,需要适当考虑节点的工作机制。

(a)刚性连接

(b)柔性连接

图 2.4　装配整体式框架结构梁、柱连接方式

2.2.2　装配整体式框架结构类型

对目前国内有研究和应用的装配整体式框架结构，根据构件形式及连接形式不同，可大致分为以下几种：

(1)框架柱现浇，梁、楼板、楼梯等采用预制叠合构件或预制构件，是装配整体式框架结构的初级技术体系。

(2)在上述结构中框架柱也可采用预制构件，并通过节点刚性连接，其性能接近于现浇框架结构，即装配整体式框架结构。根据连接形式，可细分为：

①框架梁、柱预制，通过梁柱后浇节点区进行整体连接，是 JGJ 1—2014 中纳入的结构。

②梁、柱节点与构件一同预制，在梁、柱构件上设置后浇段连接(图 2.5)。

③采用现浇或多段预制混凝土柱，预制预应力混凝土叠合梁、板，通过钢筋混凝土后浇部分将梁、板、柱及节点连成整体的框架结构。

④采用预埋型钢等进行辅助连接的框架结构。通常采用预制框架柱、叠合梁、叠合板或预制楼板，通过梁、柱内预埋型钢螺栓连接或焊接，并结合节点区后浇混凝土，形成整体结构(图 2.6)。

图 2.5　梁、柱节点与构件一同预制的构件

图 2.6　预埋型钢的装配整体式框架结构节点

(3)框架梁、柱均为预制，采用后张预应力筋自复位连接，或者采用预埋件和螺栓连接等形式，节点性能介于刚性连接与铰接之间。

(4)装配整体式框架结构应用钢支撑或者消能减震装置(图 2.7)。这种形式可提高结构的抗震性能,增大结构的使用高度,扩大其适用范围。目前,这些技术还有待于进一步研究。

(a)整体形象　　(b)梁、柱节点与钢斜撑连接处的细部构造

图 2.7　应用消能减震装置的装配整体式框架结构

各种装配整体式框架结构的外围护结构通常采用预制混凝土外挂墙板构件,楼面主要采用预制叠合楼板,楼梯为预制楼梯。

随着装配式工程项目的不断发展,一些新型的装配整体式框架结构也随之产生。例如,采用预制钢筋混凝土柱+钢梁的框架结构(图 2.8);采用带牛腿预制柱+预制叠合梁的结构(图 2.9),可实现梁底免支撑施工;采用预制钢筋混凝土梁柱+大跨预应力双 T 板叠合楼盖的结构(图 2.10);采用预制钢筋混凝土梁柱+大跨预应力空心板叠合楼盖的结构(图 2.11),等等。

图 2.8　预制钢筋混凝土柱+钢梁的框架结构

(a)混凝土牛腿

(b)钢牛腿

图 2.9　带牛腿预制柱+预制叠合梁的结构

图 2.10　预制钢筋混凝土梁柱+大跨预应力双 T 板叠合楼盖的结构

图 2.11　预制钢筋混凝土梁柱+大跨预应力空心板叠合楼盖的结构

2.2.3　装配整体式框架结构的连接方式

装配整体式框架结构目前应用得最多。大量的理论、试验研究和实际震害经验表明，装配整体式框架结构具有良好的整体性能，以及足够的承载力、刚度和延性，总体表现如同现浇框架结构。只要保证连接构造满足要求，结构构件的设计可以按照现浇混凝土结构的准则进行。装配整体式框架结构的后浇区可以设在梁、柱节点区域或梁、柱跨内受力较小的部位。

对装配式结构而言，预制构件之间的连接是最关键的核心技术。在我国，常用的连接方式为钢筋套筒灌浆连接和自主研发的钢筋浆锚搭接连接技术。试验研究和工程实践表明，当结构层数较多时，柱的纵向钢筋采用套筒灌浆连接可保证结构的安全；对于低层和多层框架结构，柱的纵向钢筋连接也可以采用一些相对简单且造价较低的方法，如约束浆锚搭接连接技术。

(1)节点区后浇。

这类结构大多采用"一"字形预制梁、柱构件，梁内纵筋在后浇梁柱节点区进行搭接或锚固。施工时，先定位安装预制梁和叠合楼板，在梁上部、楼板表面和梁柱节点区布置钢筋，然后浇筑混凝土，待后浇混凝土达到设计强度后，安装上柱，将上、下柱纵筋通过套筒灌浆连接在一起。

这类结构中，预制构件的传力清晰、合理，加工及安装较为简单，运输方便，现场浇筑工作量少，可以节省大量模板，施工速度快，节能环保，是我国应用最广的装配整体式框架结构。但由于梁的纵向受力钢筋在现浇节点区进行锚固或者连接，会造成节点区钢筋排布密集及混凝土浇捣困难等问题。为了解决这个难题，JGJ 1—2014 建议可在此类结构的预制梁柱内使用大间距、大直径高强纵筋，并通过相关构造措施，在保证构件和节点受力性能与普通配筋形式构件等同的基础上，可以简化节点构造、方便施工，保证浇筑质量。此外，由于预制梁上部钢筋需要在节点区贯通，采用传统封闭箍筋不便于上部钢筋的安装，JGJ 1—2014 提出可以采用封闭组合箍筋的形式，通过后装封顶箍筋的方式，解决纵筋现场安装问题。

(2)节点整体预制。

梁柱节点后浇带设在梁中部的"一"字形构件，这种结构有时为保证整体性，会在节点区采用部分现浇混凝土，待混凝土达到设计强度后，通过套筒灌浆安装上柱。另一种形式为节点随梁(也称莲藕梁)或柱整体预制，再通过套筒灌浆连接其他构件，如图 2.12 所示。

梁柱节点与构件整体预制时，构件可采用一维构件、二维构件和三维构件(图 2.13)。但二维、三维构件因安装、运输困难而应用较少。

图 2.12　预制莲藕梁及安装示例

图 2.13　三维构件实例

连接处设在节点交界面时，梁、柱的纵向受力钢筋主要采用套筒灌浆连接，根据结合面的位置不同又分为柱面连接和梁面连接。这种连接方式通常会与后浇带连接结合使用，即在节点区贯通的梁或柱在截断处会采用跨中现浇或节点现浇的方式。

(3)世构体系。

世构体系于 20 世纪 90 年代从法国引入我国,此体系采用现浇或多段预制混凝土柱、预制预应力混凝土叠合梁、板,通过后浇带连成整体。世构体系的独特性在于除了采用预制预应力混凝土叠合梁、板外,梁根部采用如图 2.14 所示的键槽设计。施工时,在键槽中设置贯通节点的 U 形钢筋,使用强度等级高一级的无收缩或微膨胀细石混凝土填平键槽,然后利用后浇混凝土将梁、楼板浇筑在一起形成梁柱节点。

图 2.14　法国世构体系键槽设计

U 形钢筋的制作及施工极为重要,它对于节点的抗震性能有很大的影响。世构体系相应的行业标准《预制预应力混凝土装配整体式框架结构技术规程》(JGJ 224—2010)已于 2010 年颁布实施。

2.2.4　装配整体式框架结构的技术特点与设计方法

1. 技术特点

(1)装配整体式框架结构的主要受力构件(如梁、柱、楼板等)在工厂预制(生产)并在现场组装建造而成。预制构件之间通过现浇节点连接在一起,有效保证了建筑物的整体性。

(2)装配整体式框架结构可大大提高结构尺寸的精度和住宅的整体质量;结合成品内隔墙、外挂墙板及预制叠合楼板使用,可大大减少使用模板和脚手架作业,提高施工安全性;外围护实现墙保温、结构、装饰复合一体工厂化生产,节能保温效果明显,保温系统的耐久性得到极大的提高。

(3)装配整体式框架结构的构件通过标准化生产,土建和装修一体化设计,减少浪费;房屋使用面积相对较高、节约土地资源;采用装配式建造,减少现场湿作业,降低施工噪声和粉尘污染,减少建筑垃圾和污水排放。

2. 设计方法

作为混凝土结构的一种类型,装配整体式框架结构的设计应该符合现行国家标准《混凝土结构设计标准》(GB/T 50010—2010)、《建筑抗震设计标准》(GB/T 50011—2010)、《高层建筑混凝土结构技术规程》(JGJ 3—2010)中的相关规定。

装配整体式框架结构的设计、最大适用高度和最大宽度比还应遵循现行行业标准 JGJ 1—2014 中的有关规定。若 JGJ 1—2014 中没有规定的,可以按照其他相关标准及地方标准中的规定进行设计。

针对装配整体式框架结构的特点，结构设计时还应该注意以下几点：

(1)应采取有效措施加强结构的整体性。本教材中所述的装配整体式框架结构，是在选用可靠的预制构件受力钢筋连接技术的基础上，采用预制构件与后浇混凝土结合的方法，通过合理的连接节点构造措施，将预制构件连接成一个整体，保证其具有与现浇混凝土结构等同的延性、承载力和耐久性能，达到与现浇混凝土结构性能基本等同的效果。其整体性主要体现在预制构件之间、预制构件与后浇混凝土之间的连接节点上，包括接缝混凝土粗糙面及键槽的处理、钢筋连接锚固技术、设置的各类附加钢筋、构造钢筋等。

(2)装配整体式框架结构的材料宜采用高强混凝土、高强钢筋。预制构件在工厂生产，便于高强混凝土技术的采用，且可以提早脱模，提高生产效率；采用高强混凝土可以减小构件尺寸，便于运输吊装。采用高强钢筋，可以减少钢筋数量，简化连接节点，便于施工，降低成本。

(3)装配整体式框架结构的节点和接缝应受力明确、构造可靠，一般采用经过充分的力学性能试验研究、施工工艺试验和实际工程检验的节点做法。节点和接缝的承载力、延性和耐久性等一般通过对构造、施工工艺等的严格要求来满足，必要时单独对节点和接缝的承载力进行验算。如果采用相关标准、图集中均未涉及的新式节点连接构造，应该进行必要的研究及论证。

(4)在装配整体式框架结构中，为避免节点钢筋过分拥挤，应适当放大梁柱截面，控制配筋率，并适当集中布置纵筋。

2.2.5 装配整体式框架结构的深化设计

与传统的现浇混凝土结构设计相比，在装配整体式结构设计中需要增加一道设计流程，即深化设计。装配整体式结构的深化设计是装配式建筑设计的关键环节，包括了构件的深化设计、构件的拼装连接设计及构件的加工深化设计。

装配整体式框架结构的构件深化设计主要针对柱、梁、楼板、外墙板及楼梯等构件。构件的深化设计需要确定预制构件的使用范围及预制构件的深化设计形式。为满足工业化建造的要求，预制构件的深化设计应充分考虑预制构件的制作、运输、安装各环节对预制构件深化设计的限制，遵循受力合理、连接简单、施工方便、少规格、多组合的原则，选择适宜的预制构件尺寸和质量，尽可能减少构件规格和连接节点种类，使预制构件易于加工、堆放、运输及安装，保证工程质量，控制建造成本。

1. 柱的深化设计

柱一般按层高进行深化设计。根据 JGJ 224—2010 中的相关规定，柱也可以拆分为多节柱。由于多节柱的脱膜、运输、吊装、支撑都比较困难，且吊装过程中钢筋连接部位易变形，从而使构件的垂直度难以控制。设计中柱多按层高拆分为单节柱，以保证对柱垂直度的控制调节，简化预制柱的制作、运输及吊装，保证质量。

2. 梁的深化设计(图 2.15)

装配整体式框架结构中的梁包括主梁和次梁。主梁一般按柱网拆分为单跨梁，当跨距较小时可拆分为双跨梁；次梁以主梁间距为单元拆分为单跨梁。

图 2.15　梁的深化设计

3. 楼板的深化设计

楼板按单向叠合板和双向叠合板进行深化设计。深化设计为单向叠合板时，楼板沿非受力方向划分，预制底板采用分离式接缝，可在任意位置拼接；深化设计为双向叠合板时，预制底板之间采用整体式接缝，接缝位置宜设置在叠合板的次要受力方向上，且该处受力较小，预制底板间宜设置宽度为 300 mm 的后浇带用于预制板底钢筋连接，如图 2.16 所示。

图 2.16　预制叠合楼板的整体式接缝

为方便卡车运输，预制底板宽度一般不超过 3 m，跨度一般不超过 5 m。在一个房间内，预制底板应尽量选择等宽深化设计，以减少预制底板的类型。当楼板跨度不大时，板缝可设置在有内隔墙的部位，这样板缝在内隔墙施工完成后可不用再处理。预制底板的深化设计还需考虑房间照明位置，一般来说板缝要避开灯具位置。卫生间、强弱电管线密集处的楼板一般采用现浇混凝土楼板的施工方式。

预制底板的厚度，根据预制过程、吊装过程及现场浇筑过程的荷载确定。一般来说，预制底板厚度不小于 60 mm，现浇混凝土厚度不小于 70 mm。预制叠合楼板底板如图 2.17 所示。

图 2.17　预制叠合楼板底板

4. 外挂墙板的深化设计

外挂墙板是装配整体式框架结构上的非承重外围护挂板，其拆分仅限于一个层高和一个开间，如图 2.18 所示。外挂墙板的几何尺寸要考虑施工、运输条件等，当构件尺寸过长过高时，如跨越两个层高，主体结构层间位移对其外挂墙板内力的影响较大。

外挂墙板深化设计的尺寸应根据建筑立面的特点来确定，要将墙板接缝位置与建筑立面相对应，既要满足墙板的尺寸控制要求，又要将接缝构造与立面要求结合起来。

图 2.18　外挂墙板(凸窗)

5. 楼梯的深化设计

剪刀楼梯宜以一跑楼梯为单元进行深化设计(图 2.19)。为减少预制钢筋混凝土板式楼梯的质量，可考虑将剪刀楼梯设计成梁式楼梯。不建议为减少预制钢筋混凝土板式楼梯的质量而在梯板中部设置梯梁，因为采用这种深化设计时，楼梯安装速度慢，连接构造复杂。双跑楼梯半层处的休息平台板可以现浇，也可以与楼梯一起预制，或者做成 60 mm+60 mm 的叠合板。

预制楼梯宜一端设置固定铰，另一端设置滑动铰，其转动及滑动变形能力应满足结构层间位移的要求，且预制楼梯端部在支承构件上的最小搁置长度应符合相应规范要求。

图 2.19　剪刀楼梯深化设计的一个单元

2.3　装配整体式混凝土剪力墙结构

剪力墙结构在我国的建筑市场中一直占据重要地位，以其在居住建筑中可兼作结构墙和分隔墙，以及无梁、柱外露等特点得到市场的广泛认可。近年来，装配整体式混凝土剪力墙结构（简称装配整体式剪力墙结构）发展非常迅速，应用量不断加大，不同形式、不同结构特点的装配整体式剪力墙结构建筑不断涌现，在北京、上海、深圳、天津等诸多大城市中均有较大规模的应用。

2.3.1　装配整体式剪力墙结构概述

按照主要受力构件的预制及连接方式，国内的装配整体式剪力墙结构可以分为：

①装配整体式剪力墙结构。

②双面叠合剪力墙结构。

③外墙预制-内墙现浇剪力墙结构。

④预制外墙模+现浇剪力墙结构。

各结构中，装配整体式剪力墙结构（图 2.20）应用较多，适用的房屋高度最大；双面叠合剪力墙结构（图 2.21）目前主要应用于多层建筑或者低地震烈度区、高度不大的高层建筑中。

图 2.20　装配整体式剪力墙结构

图 2.21　双面叠合剪力墙结构

外墙预制-内墙现浇剪力墙结构，即结构主体采用现浇剪力墙结构，外墙、楼梯、楼板、隔墙等采用预制构件，亦称为“内浇外挂”结构（图 2.22）。这种方式在我国南方部分省市应用较多，结构设计方法与现浇结构基本相同，但预制装配化程度较低。

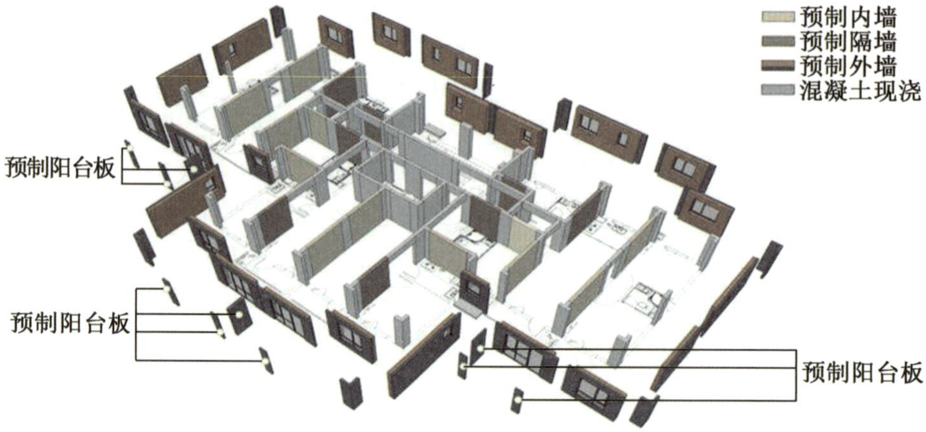

图 2.22　“内浇外挂”结构

预制外墙模+现浇剪力墙结构技术较成熟，可提前装修、缩短工期，但外墙模不参与受力，墙体利用率低，如图 2.23 所示。

装配整体式剪力墙结构的主要受力构件，如内外墙板、楼板等在工厂生产，并在现场组装而成。预制构件之间通过现浇节点连接在一起，有效地保证了建筑物的整体性和抗震性能。装配整体式剪力墙结构可大大提高结构尺寸的精度和住宅的整体质量；减少使用模板和脚手架作业，提高施工安全性；外墙保温材料和结构材料（钢筋混凝土）复合一体工厂化生产，节能保温效果明显，保温系统的耐久性得到极大的提高。装配整体式剪力墙结构的构件通过标准化生产，土建和装修一体化设计，减少浪费；户型标准化，模数协调，房屋使用面积相对较高，节约土地资源；采用装配式建造，减少现场湿作业，降低施工噪声和粉尘污染，减少建筑垃圾和污水排放。

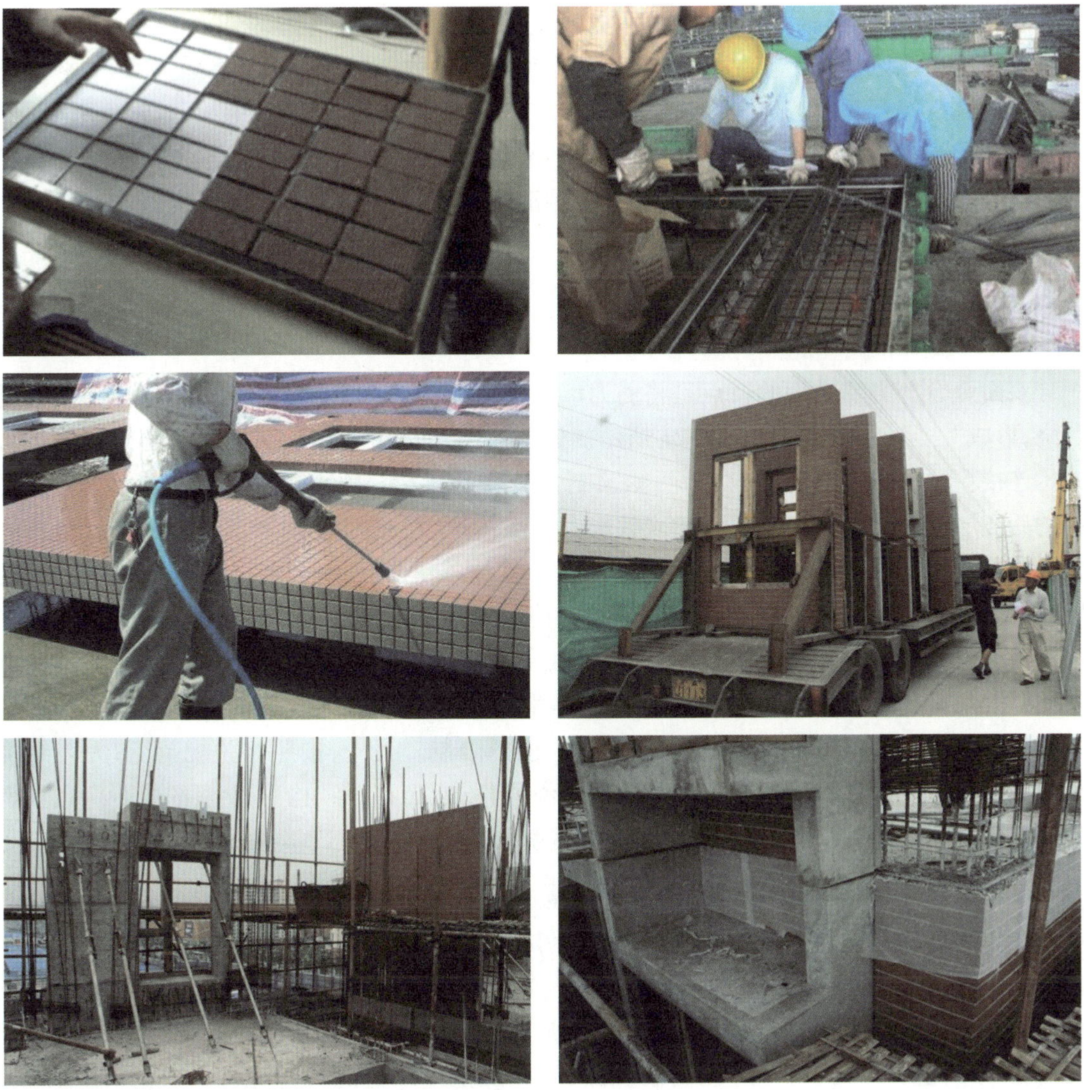

图 2.23　预制外墙模+现浇剪力墙结构

2.3.2　装配整体式剪力墙结构的分类

1. 装配整体式剪力墙结构体系

装配整体式剪力墙结构是装配式混凝土结构的一种类型。它是以预制混凝土剪力墙墙板(以下简称预制墙板)和现浇混凝土剪力墙作为结构的竖向承重和水平抗侧力构件,通过整体式连接而成。其中包括同层预制墙板间及预制墙板与现浇剪力墙的整体连接,采用竖向现浇段将预制墙板及现浇剪力墙连接成为整体;楼层间预制墙板的整体连接,通过预制墙板底部结合面灌浆及顶部的水平现浇带和圈梁,将相邻楼层的预制墙板连接成整体。

目前,国内的装配整体式剪力墙结构中,主要技术特征体现在剪力墙构件之间的接缝连接形式上。在各技术中,预制墙体竖向接缝的构造形式基本类似,均采用后浇混凝土区段来连接预制构件，墙板水平钢筋在后浇段内锚固或者连接，具体的锚固方式有所区别。各种技术的主要区别在于预制剪力墙构件水平接缝处的竖向钢筋的连接技术及水平接缝的构造形式。按照预制墙体水平接缝钢筋连接形式，可划分为以下几种：

①竖向钢筋采用套筒灌浆连接，接缝采用灌浆料填实。

②竖向钢筋采用浆锚搭接连接，接缝采用灌浆料填实。

③竖向钢筋采用金属波纹管浆锚搭接连接，接缝采用灌浆料填实。

④套筒灌浆连接和浆锚搭接连接混合使用。

2. 双面叠合剪力墙结构

双面叠合剪力墙结构的特点是将剪力墙沿厚度方向分为3层，内、外两层预制，中间层后浇，形成“三明治”结构，如图2.21所示。三层之间通过预埋在预制板内的桁架钢筋进行结构连接。叠合剪力墙利用内、外两侧预制部分作为模板，中间层后浇混凝土可与叠合楼板的后浇层同时浇筑，施工便利、速度较快。一般情况下，相邻层剪力墙仅通过在后浇层内设置的连接钢筋进行结构连接，虽然施工快捷，但内、外两层预制混凝土板与相邻层不相连接(包括配置在内、外叶预制墙板内的分布钢筋也不上、下连接)，所以预制混凝土板部分在水平接缝位置基本不参与抵抗水平剪力，其在水平接缝处的平面内受剪和平面外受弯的有效墙厚大幅减少。因此，叠合剪力墙的受剪承载力弱于同厚度的现浇剪力墙或其他形式的装配整体式剪力墙，其最大适用高度也受到相应的限制。另外，按照相关规范，剪力墙结构应在规定区域内设置构造边缘构件或约束边缘构件，然而在该结构中这一要求不易完全得到满足，这也会大幅度弱化这种结构的固有优势。

3. 外墙预制-内墙现浇剪力墙结构

在住宅现浇剪力墙结构中，外挂墙板作为围护结构，主要采用线支撑式连接技术，即在墙板的边缘预留钢筋与键槽，使其与主体结构梁或者板连接并后浇混凝土以形成整体。线支承式外挂墙板技术施工，分为先主体结构、后外挂墙板连接和先外挂墙板就位、再施工同层的主体结构两种方式。先外挂墙板就位、后施工主体结构的流程通常为：外挂墙板吊装就位并设置临时支撑后，现场绑扎内部剪力墙钢筋，并与预制叠合楼板的现浇层一同浇筑混凝土。

外墙预制-内墙现浇剪力墙结构的技术要点如下：

①既要保证外挂墙板自身的安全及与主体结构连接的安全性，又要避免对主体结构的刚度及内力分布造成不利影响。

②挂板与主体结构之间、挂板之间的缝隙要进行防水、防火、隔声、保温等处理，缝隙要避免使用刚性材料填充。

③外挂墙板除与结构的可靠连接外，还可能需要采取平面外的定位、限位措施。

4. 预制外墙模+现浇剪力墙结构

由于预制剪力墙的接缝较多，存在施工难度较大、成本增加较多、施工周期长等问题，因此出现了现浇剪力墙搭配叠合水平构件、预制围护墙、预制隔墙的技术，避免了结构主体的拼接，同时也可以解决外墙保温寿命、外墙防水等现浇结构中常出现的问题，实现外墙的结构保温和装饰一体化，达到免砌筑的效果。在搭配使用铝模板的情况下，也可以省略抹灰等后续工序。预制外墙板在工厂内完成贴砖、保温等多道现场施工困难且不易保证质量的工序，且在工厂可随意加工任意形式的立面，大大降低了高层建筑结构外立面施工的难度，提高了施工质量和安全性。在该结构中，竖向构件均为现浇，其适用范围、最大适用高度等与现浇结构相同。

2.3.3　设计方法

作为混凝土结构的一种类型，装配整体式剪力墙结构的设计应符合现行国家标准 GB/T 50010—2010、GB/T 50011—2010、JGJ 3—2010 中的相关规定。装配整体式剪力墙结构的设计主要应遵循现行行业标准 JGJ 1—2014 中的有关规定。适用于平面及竖向布置规则的住宅等建筑，装配整体式剪力墙结构的最大适用高度和最大高宽比应符合 JGJ 1—2014 中的有关规定。JGJ 1—2014 中没有规定的，可以按照其他相关标准及地方标准中的规定进行设计。

针对装配整体式剪力墙结构的特点，结构设计中还应该注意以下几点：

（1）装配式结构的整体计算模型与连接节点和接缝性能有关，与现浇混凝土结构有一定区别。对于本教材中所述的装配整体式剪力墙结构，采用基本等同现浇的概念，因此其整体计算模型与现浇结构基本一致。

（2）装配整体式剪力墙结构中，预制构件合理的接缝位置及尺寸和形状的设计是十分重要的，它对建筑功能、建筑平立面、结构受力状况、预制构件承载能力、制作安装、工程造价等都会产生一定的影响。设计时，应满足建筑模数协调、建筑物理性能、结构和预制构件的承载能力、便于施工和进行质量控制等多项要求，同时应尽量减少预制构件的种类，保证模板能够多次重复使用，以降低造价。一般来说，从方便施工的角度出发，预制墙板的水平接缝应设置在楼面标高处，竖向接缝则根据上述原则确定。

（3）与传统的建筑方法相比，装配式建筑有更多的连接接口，因此，对工业化生产的预制件而言，选择适宜的公差是十分重要的。规定公差的目的是建立预制构件之间的协调标准。一般来说，基本公差主要包括制作公差、安装公差、位形公差和连接公差。公差提供了对预制构件推荐的尺寸和形状的边界，构件加工方和施工单位根据这些实际的尺寸和形状来制作和安装预制构件，以此保证各种预制构件在施工现场能合理地装配在一起，并保证在安装接缝、加工制作、放线定位中的误差控制在允许的范围内，使接口的功能、质量和美观均达到设计预期的要求。

2.3.4　装配整体式剪力墙结构的构件深化设计

装配整体式剪力墙结构的布置应规则、连续，避免层间侧向刚度突变。在厨房、卫生间等开关插座、管线集中的地方应尽量布置填充墙，以利于管线施工。若管线不能避开混凝土墙体，宜将管线布置在混凝土墙体现浇部位，并避开墙体的边缘构件位置。剪力墙门窗洞口宜上下对齐、成列布置，形成明确的墙肢和连梁。预制混凝土剪力墙拆分时应考虑带洞口单体构件的整体性，避免出现悬臂窗上梁或窗下墙，预制混凝土剪力墙宜按剪力墙洞口居中布置的原则拆分剪力墙，且洞口两侧的墙肢宽度不应小于 200 mm，洞口上方连梁高度不宜小于 250 mm。

预制混凝土剪力墙拆分的尺寸需要根据实际情况对生产、运输、吊装成本权衡考虑。剪力墙整体预制可以提高生产与组装效率，但是大构件的运输及塔吊的选型会增加额外的成本，但是深化设计为多块小构件时，对运输及塔吊型号选择上的要求有所降低，但会增加生产费用和构件间的连接处理工作，从而降低组装效率。从工程实践上来看，预制混凝土剪力墙宜深化设计为一字形构件，以利于简化模具，降低制作成本，保证构件质量。单个剪力墙质量宜控制在 5 t 以内，即预制长度不超过 4 m，以便于构件的生产、运输与安装。剪力墙深化设计时应考虑塔吊的位置，避免较重构件出现在塔吊最大回转半径处。塔吊的选型应满足预制构件最大起重量及最远吊距地要求，如图 2. 24 所示为某工程塔吊吊重复核，由图可见，该塔吊在半径 50 m 处尚有若干预制柱无法起吊，应采用改变塔吊位置、降低预制柱质量或者将预制柱改为现浇柱等措施。

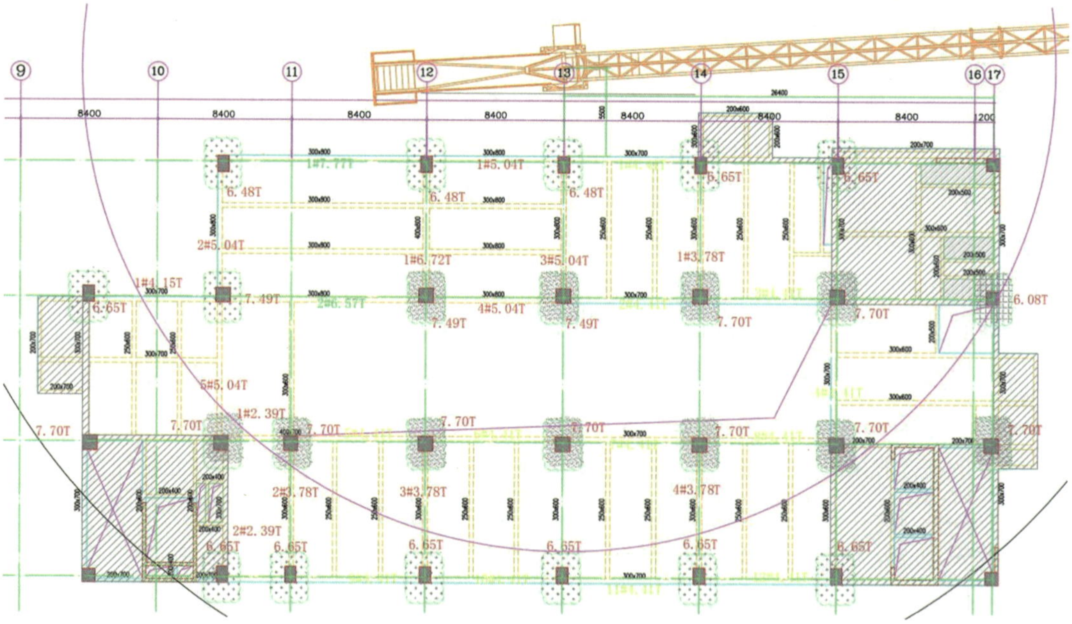

图 2. 24　某工程塔吊吊重复核

两台塔式起重机之间应保证最小安全距离，低位塔式起重机的臂架端部与另一台塔式起重机的塔身之间的距离不得小于 2 m；高位塔式起重机与低位塔式起重机之间在任何情况下的距离，不得小于 2 m；两台同高度的塔式起重机，其起重臂端部之间的安全距离不应小于 4 m；两台塔式起重机同时作业时，其吊物间距不应小于 2 m。

2.4 装配整体式混凝土框架-剪力墙结构

2.4.1 装配整体式混凝土框架-剪力墙结构的主要特征

装配整体式混凝土框架-剪力墙结构（简称装配整体式框架-剪力墙结构，图 2.25）是由框架和剪力墙共同承受竖向和水平作用的结构，兼有框架结构和剪力墙结构的特点。在该结构中剪力墙和框架布置灵活，较易实现大空间的布局，又能达到较高的适用高度，可以满足不同建筑功能的要求，可广泛应用于居住建筑、商业建筑、办公建筑、工业厂房等，有利于用户个性化改造室内空间。

图 2.25　装配整体式框架-剪力墙结构

当剪力墙在结构中集中布置形成筒体时，就成为框架-核心筒结构。其主要特点是剪力墙布置在建筑平面核心区域，形成结构刚度和承载力较大的筒体，同时可作为竖向交通核（如楼梯、电梯间）及设备管井使用；框架结构布置在建筑周边区域，形成第二道抗侧力结构。外周框架和核心筒之间可以形成较大的自由空间，便于满足各种建筑功能要求，特别适用于办公、酒店、公寓、综合楼等高层和超高层民用建筑。

根据预制构件部位的不同，可分为装配整体式框架-现浇剪力墙结构、装配整体式框架-现浇核心筒结构、装配整体式框架-剪力墙结构 3 种形式，其中前两种结构中剪力墙部分均为现浇施工。

1. 装配整体式框架-现浇剪力墙结构

在装配整体式框架-现浇剪力墙结构中，框架结构部分的技术要求详见 JGJ 1—2014 中框架结构设计部分，剪力墙部分为现浇混凝土剪力墙结构，与普通现浇剪力墙结构要求相同。JGJ 1—2014 规定，在保证框架部分连接可靠的情况下，装配整体式框架-现浇剪力墙结构与现浇的框架-剪力墙结构最大适用高度相同。

这种结构的优点是适用高度大，抗震性能好，框架部分的装配化程度较高。主要缺点是现场同时存在预制装配和现浇两种作业方式，施工组织和管理复杂，效率不高。

2. 装配整体式框架-现浇核心筒结构

在框架-核心筒结构中，核心筒具有很大的水平抗侧刚度和承载力，是框架-核心筒结构的主要受力构件,可以分担绝大部分的水平剪力(一般大于80%)和大部分的倾覆弯矩(一般大于50%)。核心筒具有空间结构特性,若将核心筒设计为预制装配式结构,会造成预制剪力墙构件生产、运输、安装、施工的困难,导致效率及经济效益并不高。因此,从保证结构安全及施工效率的角度出发,国内外一般均不采用预制核心筒的结构形式。核心筒部位的混凝土浇筑量大且集中,可采用滑模施工等较先进的施工工艺,施工效率高;外框架部分主要承担竖向荷载和部分的水平荷载,承受的水平剪力很小,且主要由柱、梁、板等构件组成,适合装配式施工工法,现有的钢框架-现浇混凝土核心筒结构就是应用比较成熟的范例。

如果装配式框架部分采用简化的连接方式,如铰接或半刚接等,使核心筒承受全部的侧向地震作用,会大幅提升装配效率,但是需要在设计理论上进行创新。

3. 装配整体式框架-剪力墙结构

深圳坪山新能源汽车产业园区项目介绍

关于装配整体式框架-剪力墙结构的研究,日本等国进行过类似研究并有大量工程实践,但结构稍有不同,国内基本处于空白状态。目前的框架-剪力墙结构建筑完全依靠传统现浇施工工法,已有的装配整体式框架结构和装配整体式剪力墙结构施工工法,在碰到框架-剪力墙结构时却显得并不适应。国内目前正在开展相关的研究工作,根据研究成果,已在沈阳建筑大学研究生公寓项目、万科研发中心公寓等项目上开展了试点应用。

2.4.2 设计方法

装配整体式框架-剪力墙结构设计应遵循的原则与装配整体式框架结构及装配整体式剪力墙结构类似。

2.5 装配整体式结构的适用范围

装配整体式结构适用于非抗震设计及抗震设防烈度6度~8度抗震设计地区的乙类及乙类以下的各种民用建筑,常用的装配整体式结构体系类型及其适用建筑类型见表2.1。

表2.1 装配整体式结构体系类型及其适用建筑类型

序号	结构体系类型	适用建筑类型
1	装配整体式框架结构	公寓、酒店、办公楼、商业、学校、医院
2	装配整体式框架-现浇剪力墙结构	
3	装配整体式剪力墙结构	住宅、公寓、宿舍、酒店等建筑类型
4	装配整体式部分框支剪力墙结构	

根据《装配式混凝土建筑技术标准》(GB/T 51231—2016)的规定，装配整体式结构房屋的最大适用高度见表 2.2，最大高宽比见表 2.3。

装配整体式剪力墙结构和装配整体式部分框支剪力墙结构，在规定的水平力作用下，当预制剪力墙构件底部承担的总剪力大于该层总剪力的 50%时，其最大适用高度应适当降低；当预制剪力墙构件底部承担的总剪力大于该层总剪力的 80%时，最大适用高度应取表 2.2 中括号内的数值。

装配整体式剪力墙结构和装配整体式部分框支剪力墙结构，当剪力墙边缘构件竖向钢筋采用浆锚搭接连接时，房屋最大适用高度应比表中数值降低 10 m。超过表内高度的房屋，应进行专门研究和论证，采取有效的加强措施。

表 2.2　装配整体式结构房屋最大适用高度　m

结构类型	抗震设防烈度			
	6 度	7 度	8 度(0.2*g*)	8 度(0.3*g*)
装配整体式框架结构	60	50	40	30
装配整体式框架-现浇剪力墙结构	130	120	100	80
装配整体式框架-现浇核心筒结构	150	130	100	90
装配整体式剪力墙结构	130(120)	110(100)	90(80)	70(60)
装配整体式部分框支剪力墙结构	110(100)	90(80)	70(60)	40(30)

注：1. 房屋高度指室外地面到主要屋面的高度，不包括局部突出屋顶的部分。
2. 部分框支剪力墙结构指地面以上有部分框支剪力墙的剪力墙结构，不包括仅个别框支墙的情况。

表 2.3　高层装配整体式结构适用的最大高宽比

结构类型	抗震设防烈度	
	6 度、7 度	8 度
装配整体式框架结构	4	3
装配整体式框架-现浇剪力墙结构	6	5
装配整体式剪力墙结构	6	5
装配整体式框架-现浇核心筒结构	7	6

通过装配式结构与现浇混凝土结构的相关规定对比可以看出：

(1)装配整体式框架结构与现浇混凝土框架结构的适用高度基本相同。

(2)装配整体式框架-剪力墙结构(剪力墙现浇、框架部分预制装配)与传统的现浇混凝土框架-剪力墙结构一致。

(3)装配整体式剪力墙结构与同等抗震设防烈度下的现浇剪力墙结构相比大约低 10~20 m。

(4)对于结构的高宽比，装配整体式结构与现浇结构一致。

[工程案例 1]:中国南极长城站

中国南极长城站(图 2.26)建于 1985 年,是一座早期装配式钢结构建筑。采用聚氨酯复合板、快凝混凝土等新材料、新技术。在设计人员的指导下完成建筑、结构和施工组织设计,装配预制装配件。中国南极长城站建成后,经过多次扩建,现有建筑 25 栋,包括办公楼、宿舍楼、科研楼等 7 栋主体建筑,总面积约 4 000 m^2,是我国标志性的装配式建筑。

(https://m.hqwx.com/news/2019-10/15719077778636.html)

[工程案例 2]:港珠澳大桥

55 km 长的港珠澳大桥(图 2.27)是世界上最长的钢结构桥梁。桥墩、桥面、钢箱梁等构件首先在中山和东莞的工厂加工,然后像积木一样,在海上一个个组装起来,这种方式不仅效率更高,而且更环保。此外,港珠澳大桥西人工岛的主楼总建筑面积为 20 000 m^2,共有 3 层,采用预制施工工艺。可以看出,我国的装配式施工技术已经达到十分先进的水平。

(https://m.hqwx.com/news/2019-10/15713905523095.html)

图 2.26　中国南极长城站

图 2.27　港珠澳大桥

思想提升:“言治骨角者,既切之而复磋之;治玉石者,既琢之而复磨之,治之已精,而益求其精也。”

——《四书章句集注》

释义:要像加工骨器那样,切了还要磋;要像加工玉石那样,琢了还要磨。加工得已经很精细了,还要更求精细。

思考题

1. 简述装配整体式框架结构的结构分类。
2. 装配整体式框架结构的主要特征有哪些?
3. 装配整体式剪力墙结构的主要特征有哪些?
4. 装配整体式框架-剪力墙结构的主要特征有哪些?
5. 简述装配整体式框架结构的构件拆分基本原则。
6. 简述装配整体式剪力墙结构中剪力墙结构拆分的基本原则。
7. 国内装配整体式剪力墙结构分为哪几类?
8. 装配整体式结构与现浇混凝土结构最大适用高度有何区别?

第 3 章　装配式混凝土结构钢筋连接技术

【学习目标】

1. 了解装配式混凝土结构钢筋连接技术的基本内容。
2. 了解钢筋套筒灌浆连接技术的技术特征。
3. 了解钢筋约束浆锚搭接连接技术的技术特征。
4. 了解钢筋金属波纹管浆锚搭接连接技术的技术特征。

【能力目标】

1. 掌握装配式混凝土结构钢筋连接技术的应用范围。
2. 掌握装配式混凝土结构钢筋连接技术的差异。

3.1　钢筋连接技术概述

装配式混凝土结构与现浇混凝土结构形式上的明显区别在于构件分割预制造成的拼缝处混凝土不连续和钢筋截断。从力学性能和设计方法角度分析，混凝土仅考虑其抗压性能，拼缝对其受压性能影响较小，只要采取适当构造措施保证拼缝的抗剪性能即可，而钢筋是提供构件抗拉承载力的重要来源，其截断对钢筋混凝土构件或结构的受力影响极为关键。因此，为实现"等同现浇"的装配式混凝土结构，其钢筋连接的可靠性成为关键技术问题，也是我国当前装配式混凝土结构领域的研究重点。

为实现"等同现浇"性能，装配式混凝土结构必须采取可靠措施，保证钢筋及混凝土受力的连续性。因此，预制构件中不连续钢筋的连接是装配式混凝土结构设计与施工的重要环节，也是保证结构整体性的关键。

传统现浇混凝土结构中，常用的钢筋连接技术包括绑扎连接、焊接连接与机械连接 3 种主要形式，受作业空间、施工工艺等方面的制约，这些技术全面应用于装配式混凝土结构中会面临种种困难。例如，绑扎连接需要足够宽度的后浇混凝土，以提供足够的钢筋搭接长度，这会直接增加现场湿作业量；焊接连接与机械连接需要足够的操作空间，且钢筋逐根连接会使现场工作量较大，质量也难以保证。因此，对于装配式混凝土结构，除后浇混凝土部位或叠合现浇混凝土层外，上述 3 种钢筋连接技术很难直接应用于预制构件中不连续钢筋的连接。

目前，装配式混凝土结构预制构件中钢筋的连接主要采用套筒灌浆连接与浆锚搭接连接 2 种技术手段。

3.2 钢筋套筒灌浆连接技术

3.2.1 技术特征

钢筋套筒灌浆连接(简称套筒灌浆连接)技术是指将带肋钢筋插入内腔为凹凸表面的钢筋连接用灌浆套筒(简称灌浆套筒),通过向套筒与钢筋的间隙灌注专用高强水泥基灌浆料,待灌浆料凝固后将钢筋锚固在套筒内,实现针对预制构件的一种钢筋连接技术,其连接构造如图 3.1 所示。

套筒灌浆连接的技术在美国和日本已经有近 40 年的应用历史,是一项十分成熟的技术。美国认证协会(ACI)已明确将其列入机械连接的一类,不仅广泛应用于预制构件受力钢筋的连接,还用于现浇混凝土受力钢筋的连接。我国部分单位对这种接头开展了一定数量的试验研究工作,证实了它的安全性。在该连接方式中,不连续钢筋之间通过灌浆料、钢套筒进行应力传递。在钢筋不连续断面,钢套筒则须承担该截面全部应力。同时,钢套筒对灌浆料形成有效约束,进一步提高了灌浆料与钢筋、钢套筒之间的黏结性能。

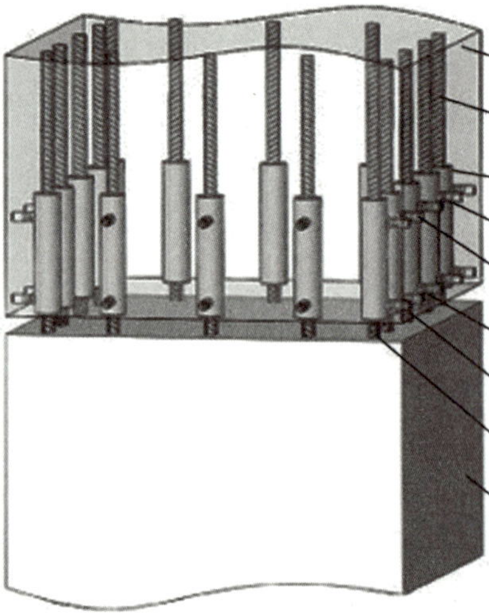

图 3.1 套筒灌浆连接构造示意图

套筒灌浆连接应用于装配式混凝土结构中的竖向构件钢筋对接时,金属灌浆套筒常预埋在竖向预制构件底部,连接时在灌浆套筒中插入带肋钢筋后注入灌浆料拌合物;也有灌浆套筒预埋在竖向预制构件顶部的情况,连接时在灌浆套筒中倒入灌浆料拌合物后,再插入带肋钢筋。此外,套筒灌浆连接也可应用于预制构件及既有建筑与新建结构相连时的水平钢筋连接。

由图 3.1 可以看出,上层竖向构件在工厂预制时,其钢筋下端安装灌浆套筒,并与模板固定,引出灌浆孔和出浆孔;下层竖向构件上部钢筋预留一段长度,在现场装配时将其伸入上层构件预埋的灌浆套筒内;从套筒下部灌浆孔注入灌浆料,当灌浆料从出浆孔溢出时停止灌浆,待灌浆料硬化后即完成装配。

套筒作为钢筋连接器于 20 世纪 60 年代后期由余占疏(Alfred A. Yee)发明并获得了专利,当时的连接套筒是锥形的。其工作原理是:钢筋从套筒两端开口插入套筒内部,在钢筋与套筒之间填充高强度微膨胀结构性灌浆料,借助灌浆料的微膨胀特性,使其在受到套筒的约束作用时,通过增强与钢筋、套筒之间的摩擦力实现钢筋应力传递,其结构示意图如图 3.2 所示。

套筒产品经过不断改良,逐渐形成了全灌浆套筒与半灌浆套筒两种主要的产品形式。套筒的早期形式即为全灌浆套筒,其两端不连续钢筋均须插入套筒内,并通过灌浆实现钢筋连接;半灌浆套筒为后期形成的套筒形式,其一端钢筋(一般为预埋钢筋)采用螺纹与套筒连接,另一端钢筋(伸出预制构件表面的不连续钢筋)则仍然采用灌浆锚固的方式固定于套筒内。半灌浆套筒可进一步缩短套筒长度,且便于构件预制过程中套筒在模板中的定位。

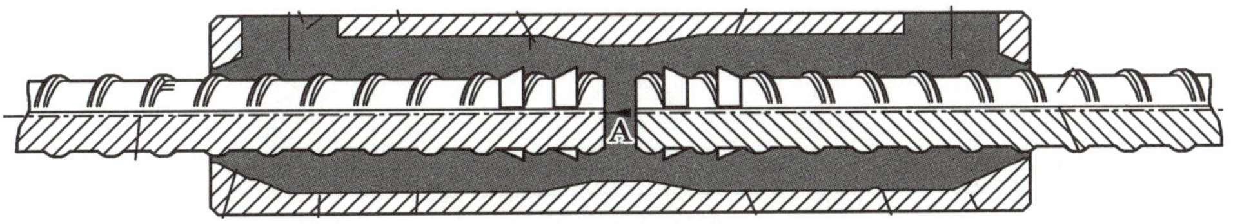

图 3.2　套筒灌浆连接结构示意图

钢筋套筒灌浆连接的接头称为套筒灌浆连接接头,简称接头。该接头由灌浆套筒、硬化后的灌浆料、连接钢筋三者共同组成。预制构件生产时预先埋入的灌浆套筒,与预制构件内钢筋连接的一端为预制端,另一端为灌浆端,也称装配端。半灌浆套筒采用灌浆方式连接的端部为灌浆端(装配端),采用其他连接方式连接(通常为螺纹机械连接)的端部是预制端。用于水平钢筋连接的灌浆套筒通常为全灌浆套筒,两端均为灌浆端。

目前,国外代表性的套筒产品主要有美国 LENTON INTERLOK 半灌浆套筒,日本 NMB 全灌浆套筒,日本东京铁钢灌浆套筒,国内代表性的套筒产品主要有台湾润泰全灌浆套筒、深圳现代营造“砼的”牌球墨铸铁半灌浆套筒及北京建茂 JM 半灌浆套筒。套筒可采用机械加工成形,也可采用球墨铸铁铸造成形。由于各家套筒产品的原材料、加工工艺、表面形状与内腔结构等方面的差异,各自形成了相应的产品标准,并要求使用与各自套筒相配套的专用灌浆料。由于套筒材料的特殊性、加工工艺的复杂性及产品专用性,套筒及配套灌浆料的产品应用于工程中,一定程度上增加了建造成本,从而在一定程度上制约了其应用与发展。全灌浆套筒和半灌浆套筒分别如图 3.3、图 3.4 所示。

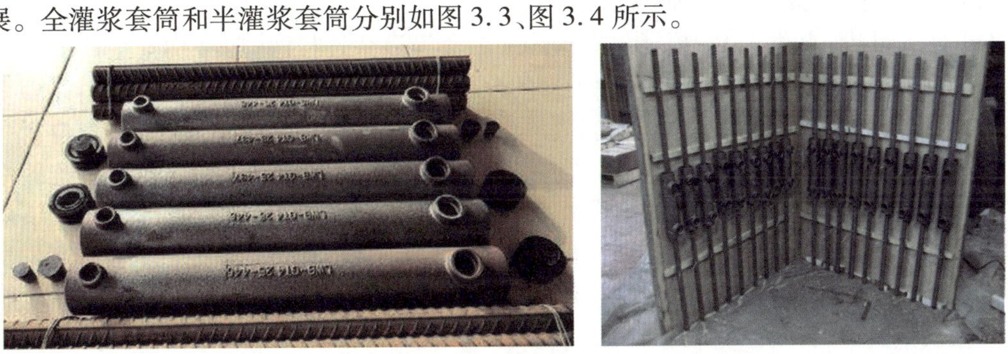

图 3.3　全灌浆套筒示例

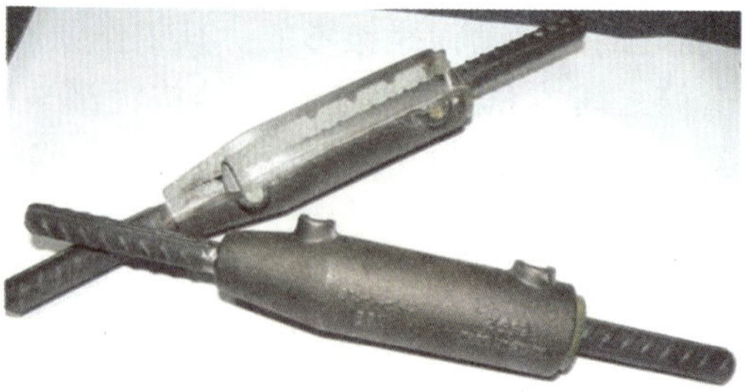

图 3.4 半灌浆套筒示例

全灌浆套筒的两端、半灌浆套筒灌浆端的套筒设计锚固长度,不宜小于插入钢筋公称直径的 8 倍。考虑我国钢筋的外形尺寸及工程实际情况,《钢筋套筒灌浆连接应用技术规程》JGJ 355—2015 给出了灌浆端最小内径与连接钢筋公称直径差的最小值,见表 3.1。

表 3.1 灌浆套筒灌浆端最小直径与连接钢筋公称直径差的最小值 mm

钢筋公称直径	套筒灌浆端最小内径与连接钢筋公称直径差最小值
12~25	10
28~40	15

灌浆套筒的直径规格,即为产品说明书中注明的灌浆套筒连接钢筋直径,在工程中不得采用直径规格小于连接钢筋直径的灌浆套筒。考虑机械连接的实际情况,要求半灌浆套筒机械连接端连接钢筋的直径应与灌浆套筒直径规格相同。对于全灌浆套筒两端及半灌浆套筒灌浆端,可采用直径规格大于连接钢筋直径的灌浆套筒,但相差不宜大于一级,特殊情况下不应大于两级。

连接钢筋插入灌浆套筒的长度是预制构件深化设计的关键,具体数值应根据套筒产品参数确定。当灌浆套筒的直径规格大于连接钢筋的直径时,应按套筒参数确定钢筋插入灌浆套筒的长度。例如,用直径规格为 20 mm 的半灌浆套筒在灌浆端连接直径为 18 mm 的钢筋,套筒产品参数规定的连接钢筋插入长度为 160 mm(8 倍钢筋直径),则直径为 18 mm 的钢筋实际长度按 160 mm 考虑,而不是 144 mm。

JGJ 1—2014 强制性条文:预制结构构件采用套筒灌浆连接时,应在构件生产前进行套筒灌浆连接接头的抗拉强度试验,每种规格的连接接头试件数量不少于 3 个。套筒灌浆连接接头的实测极限抗拉强度不应小于连接钢筋的抗拉强度标准值,且接头破坏应位于套筒外的连接钢筋处(图 3.5),具体破坏模式包括断于钢筋母材、断于半灌浆套筒机械连接端外钢筋丝头、断于半灌浆套筒机械连接端外钢筋镦粗过渡段。在套筒灌浆连接接头单向拉伸、高应力反复拉压、大变形反复拉压试验过程中,当接头拉力达到或大于连接钢筋抗拉荷载标准值的 1.15 倍而未发生破坏时,应判为抗拉强度合格,可停止试验。

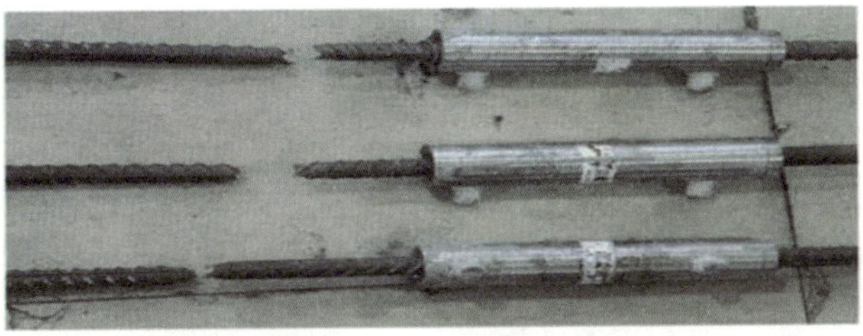

图 3.5 全灌浆套筒钢筋连接试件的破坏模态(符合要求)

JGJ 1—2014 和 JGJ 355—2015 等对套筒灌浆连接作出了详细规定,归纳如下:

①接头应满足《钢筋机械连接技术规程》(JGJ 107—2016)中Ⅰ级接头的性能要求。

②适用于各种受荷条件的构件中直径为 12~40 mm 的受力钢筋连接,钢筋应采用热轧带肋钢筋。

③灌浆料 1 d、3 d、28 d 抗压强度分别至少为 35 MPa、60 MPa 和 85 MPa。

④钢筋插入灌浆套筒的锚固长度应符合灌浆套筒参数要求,按照目前套筒产品参数统计,锚固长度一般为 $8d$(d 为钢筋直径)。

3.2.2 工程应用

当套筒灌浆连接技术应用于框架柱竖向钢筋或框架梁纵向钢筋连接时,形成了套筒灌浆连接的装配整体式框架结构(图 3.6、图 3.7)。值得注意的是,在预制构件的灌浆套筒长度范围内,预制混凝土柱箍筋的混凝土保护层厚度不应小于 20 mm。

图 3.6 套筒灌浆连接技术在框架柱中的应用

图 3.7　钢筋套筒灌浆连接技术在框架梁中的应用

当套筒灌浆连接技术应用于剪力墙竖向钢筋连接时，形成了套筒灌浆连接的装配整体式剪力墙结构（图 3.8）。在预制墙体连接安装时，要求套筒的定位必须精准，浇筑混凝土前必须对套筒所有的开口部位进行封堵，以防在套筒灌浆前有混凝土进入内部影响灌浆和钢筋的连接效果。由于套筒直径大于钢筋直径，施工时要保障套筒及其箍筋的混凝土保护层厚度，因此被连接的钢筋与采用搭接连接的钢筋不在同一平面。另外，套筒处的设计需要设置箍筋，不能因为套筒较粗导致施工不便便省去箍筋，套筒连接处通常位于剪力墙的根部，箍筋存在的意义重大。在预制构件的灌浆套筒长度范围内，预制混凝土墙最外层钢筋的混凝土保护层厚度不应小于 15 mm。

图 3.8　套筒灌浆连接技术在剪力墙中的应用

套筒灌浆连接技术保障了装配整体式剪力墙结构的可靠性，但由于其对构件生产精度要求高、施工工序较为烦琐，且由于剪力墙内竖向钢筋数量大，逐根连接时仍存在成本较高、生产与施工难度较高等问题。因此 JGJ 1—2014 规定：当剪力墙采用套筒灌浆连接时，剪力墙边缘构件中的纵筋应逐根连接，竖向分布钢筋可以采用间隔连接的形式。间隔连接时，已连接的钢筋仍可用于计算水平剪力和配筋率，未连接钢筋不得计入。

在装配整体式剪力墙结构中，常用的竖向套筒灌浆连接技术中的灌浆和钢筋连接质量隐患在国内的装配式项目中非常突出和普遍，也是业内人士最担心的结构安全问题。比如可能会出现灌浆不饱满、不密实、漏灌、切筋、套筒灌浆连接接头拉拔试验不合格等问题，轻则返工，重则拆除，危害和损失巨大。为了确保装配整体式剪力墙结构中的竖向钢筋套筒灌浆连接质量，建议如下：

①加强工人培训，灌浆工持证上岗。

②在灌浆过程中监理、质量员监督旁站，并留存影像资料。

③设计院优化构件的出筋设计，改变现浇体系细而密的配筋方式。

④在出浆孔安装套筒灌浆饱满度监测器，确保灌浆饱满，一旦出现问题及时补浆。

⑤工程总承包单位和施工企业、构件生产厂家可以建立专业的灌浆队伍，安排专业人员灌浆操作。

3.3　钢筋约束浆锚搭接连接技术

3.3.1　技术特征

2008 年，哈尔滨工业大学与黑龙江宇辉建设集团合作，研发了插入式预留孔灌浆钢筋搭接连接技术，也称约束浆锚搭接连接技术，其连接示意图如图 3.9 所示。浆锚连接技术，又称间接锚固或间接搭接，是将搭接钢筋拉开一定距离后进行搭接的方式。在此过程中，连接钢筋的拉力通过剪力传递给灌浆料，再通过剪力传递到灌浆料和周围混凝土之间的界面上去。

在上部预制构件预埋钢筋旁边，预留有内壁粗糙的孔洞，孔洞上下分别预留排气孔和灌浆孔，孔洞外围配有螺旋箍筋。施工时，只需将下部构件钢筋插入预留孔洞中进行压力涨浆，即可实现钢筋的连接。钢筋搭接连接的基础在于钢筋与混凝土之间的黏结锚固性能，钢筋与混凝土共同工作才能承担外部荷载。在构件受到外部荷载作用，混凝土内部出现裂缝时，钢筋与混凝土之间的黏结作用逐渐被破坏。而约束浆锚搭接连接方式中螺旋箍筋起到了套箍作用，可以有效抑制混凝土裂缝的开展，提高黏结强度，使混凝土和钢筋可以继续共同工作。

螺旋箍筋约束的钢筋浆锚搭接连接是我国具有自主知识产权的钢筋连接技术，可以应用于装配整体式剪力墙结构的竖向钢筋连接。其工艺流程为：在预制构件底部预埋足够长度的带螺纹的套管，将预埋钢筋和套管共同置于螺旋箍筋内，浇筑混凝土剪力墙后，待混凝土开始硬化时拔出预埋套管；预制构件运输、就位后，将待连接钢筋插入预留孔洞后由灌浆孔处注入灌浆料，完成钢筋的间接连接。

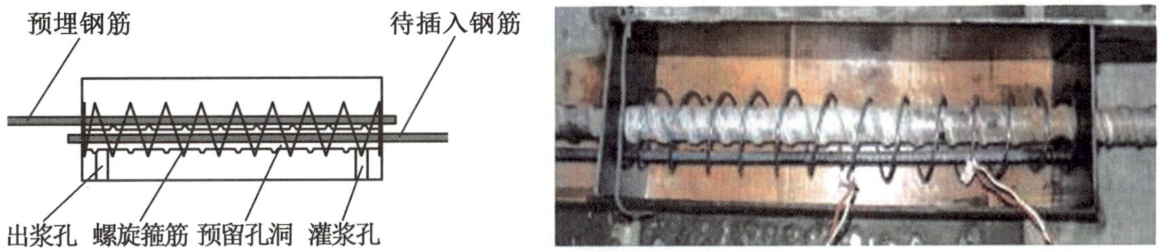

图 3.9　约束浆锚搭接连接示意图

预留孔洞内壁表面可为波纹状或螺旋状，以增强灌浆料和预制构件之间的界面黏接性能。沿孔洞长度方向布置的螺旋箍筋，能够有效约束灌浆料与被连接钢筋。约束浆锚搭接连接技术与套筒灌浆连接技术的区别在于,预埋套筒不等同于套筒,其作用是为形成孔洞的模板,起到套筒约束作用的是螺旋箍筋。套管需要在预制构件的混凝土未完全硬化前及时取出,其取出时间及操作难以掌控,构件的成孔质量难以保证,若孔壁出现局部混凝土损伤,将对连接的质量造成影响。

3.3.2 工程应用

应用约束浆锚搭接连接技术的装配整体式剪力墙结构称为钢筋约束浆锚搭接连接剪力墙结构,其主要施工流程与套筒灌浆连接装配整体式剪力墙结构相同,包括工厂预制、现场就位后的临时支撑、封堵,以及灌浆完成连接等环节。

约束浆锚搭接连接的装配整体式剪力墙结构技术开发和应用的代表为黑龙江宇辉建设集团。该技术在黑龙江、辽宁、安徽、湖北等地均有一定规模的工程应用。约束浆锚搭接连接技术成本较低,更适宜于较细的钢筋连接,剪力墙竖向分布钢筋可全部逐根连接。约束浆锚搭接连接技术的工程应用实例如图 3.10 所示。

图 3.10 约束浆锚搭接连接技术的工程应用实例

目前,JGJ 1—2014 中尚未对应用该技术的装配整体式剪力墙结构的房屋适用高度、约束浆锚搭接连接的构造细节作出具体规定。JGJ 1—2014 中明确,纵向钢筋采用浆锚搭接连接时,对预留孔成孔工艺、孔道形状和长度、构造要求、灌浆料和被连接钢筋,应进行力学性能及适用性的试验验证。直径大于 20 mm 的钢筋不宜采用浆锚搭接连接方式,直接承受动力荷载构件的纵向钢筋不应采用浆锚搭接连接方式。在一、二、三级抗震等级剪力墙底部加强部位,竖向钢筋不宜采用浆锚搭接连接方式。

约束浆锚搭接连接技术的主要技术参数包括钢筋搭接长度和螺旋箍筋的直径、箍距、配箍率等。这项技术的关键在于孔洞的成形技术、灌浆料的质量及对被搭接钢筋形成约束的方法等方面。

3.4 钢筋金属波纹管浆锚搭接连接技术

3.4.1 技术特征

江苏中南建筑产业集团有限责任公司(以下简称中南建筑)自澳大利亚引进并优化了钢

筋的金属波纹管浆锚搭接连接技术，该技术主要应用于预制剪力墙的竖向钢筋连接。该技术的原理为：在预埋钢筋附近预埋金属波纹管，在波纹管内插入待插钢筋后灌浆完成连接。该技术中，金属波纹管较薄，在连接中仅起到预留孔洞的“模板”作用，无须取出，但波纹管直径较大，被连接的两根钢筋分别位于波纹管内、外，连接钢筋和被连接钢筋外围除混凝土外无其他约束。钢筋金属波纹管浆锚搭接连接技术示意图如图 3.11 所示。

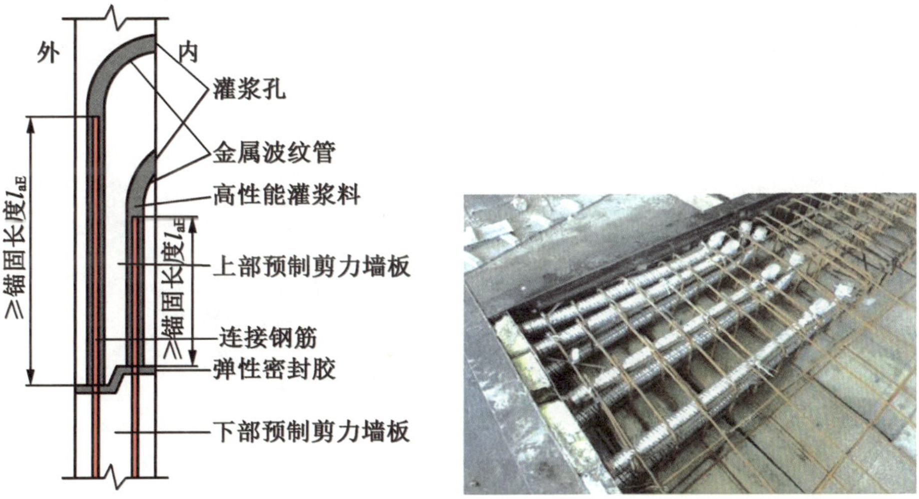

(a) 连接示意图　　(b) 钢筋金属波纹管浆锚搭接连接

图 3.11　钢筋金属波纹管浆锚搭接连接技术

相对于套筒灌浆连接技术，钢筋金属波纹管浆锚搭接连接技术成本较低，但受力性能差于套筒灌浆连接技术。钢筋金属波纹管浆锚搭接连接技术与约束浆锚搭接连接及其他预留孔洞灌浆连接技术统称为钢筋浆锚搭接连接技术。行业标准 JGJ 1—2014 尚未对该技术在装配整体式剪力墙结构的适用高度作出具体规定。在应用本技术时，需要进行规程中规定的试验验证，以及针对具体工程的专项技术论证，为设计、审图和验收提供依据。

3.4.2　工程应用

为了改善钢筋金属波纹管浆锚搭接连接下剪力墙的延性，东南大学和中南建筑通过研究提出了改进构造技术，即扣接封闭箍筋约束金属波纹管浆锚搭接连接技术。钢筋连接技术本身并未改变，而是通过增加箍筋构造措施，使剪力墙的边缘构件区具有更好的延性，以此提高了装配整体式剪力墙结构的性能。改进措施主要是在边缘构件的竖向钢筋扣接小尺寸封闭环式箍筋，使金属波纹管浆锚搭接节点位于箍筋扣接环内部，加强约束能力，改善搭接传力性能。研究表明，采用改进后的剪力墙结构抗震性能有所改善。钢筋金属波纹管浆锚搭接连接技术的工程应用实例，如图 3.12 所示。

图 3.12　钢筋金属波纹管浆锚搭接连接技术的工程应用示例

3.5　套筒灌浆连接技术与浆锚搭接连接技术对比

JGJ 1—2014 中介绍的套筒灌浆连接技术在美国和日本等地震多发国家普遍采用。同时,JGJ 1—2014 介绍的浆锚搭接连接技术为我国自主研究,已经具备了应用的技术基础。套筒灌浆与浆锚搭接这两种连接技术的对比见表 3.2。

表 3.2　套筒灌浆连接技术和浆锚搭接连接技术的对比

优(缺)点	套筒灌浆连接技术	浆锚搭接连接技术
优点	①套筒灌浆连接安全可靠。 ②操作简单。 ③适用范围广	①浆锚搭接连接成本低。 ②插筋孔直径大,制作精度要求比套筒灌浆连接低
缺点	①成本高。 ②精度要求略高	①浆锚搭接连接应用范围比套筒灌浆连接应用范围小。 ②浆锚搭接连接钢筋搭接长度是比套筒灌浆连接钢筋长度多 1 倍左右,导致现场构件注浆量大、注浆作业时间长,增加运输、施工吊装的难度,降低施工效率。 ③以上是约束浆锚搭接连接和钢筋金属波纹管浆锚搭接连接的共同缺点,约束浆锚搭接连接的另一个缺点是螺旋箍筋浆锚搭接连接内模成孔质量难以保证,脱模时孔壁容易被破坏

综上分析,从构件厂的材料成本角度看,灌浆套筒材料最贵、金属波纹管次之、螺旋箍筋最便宜;从构件生产工艺角度看,灌浆套筒做法最简单、金属波纹管次之、约束浆锚成孔难度最大;从施工现场灌浆料用量来看,金属波纹管间接搭接用料最多、约束浆锚次之、灌浆套筒用量最少;从施工现场人工成本来看,金属波纹管间接搭接最贵、约束浆锚次之、灌浆套筒最容易施工。

哈尔滨工业大学深圳校区
——装配式建筑项目介绍

[**新闻故事**]:2020 年 11 月 24 日,在中建一局孙河棚改项目二标段举办的装配式建筑科技成果交流会上,一个外形酷似"游戏手柄"的仪器引起了与会人员的极大兴趣,这个仪器就是"套筒灌浆饱满度检测仪"(图 3.13),它攻克了装配式建筑构件套筒连接部位的质量检测难题,其依据的"气测容积法"无损检测技术,已获国家实用新型专利 2 项。灌浆套筒是建筑预制构件间的主要连接方式,如何精准检测预制构件连接的坚固性是装配式建筑的质检难题。2020 年 9 月,北京中建建筑科学研究院针对装配式建筑的质检难题,自主研发出套筒灌浆饱满度检测仪,通过实时测量套筒内的压强变化,精准计算出套筒灌浆饱满度,从而评定构件连接质量是否达标。北京市住房和城乡建设委员会质量处调研员于扬评价:"检测仪有效解决了装配式建筑施工质量的检测难题,推动了装配式建筑这种绿色建造方式的应用推广。"　(http://www.chinajsb.cn/html/202011/27/15677.html)

图 3.13　套筒灌浆饱满度检测仪

思想提升:"工欲善其事,必先利其器 。"

——《论语·卫灵公》

释义:工匠要想做好活儿,一定要让工具锐利精良。比喻要做好事情,必须先做好准备,创造条件。

思考题

1. 套筒灌浆连接技术的技术要点有哪些?
2. 约束浆锚搭接连接技术的技术要点有哪些?
3. 钢筋金属波纹管浆锚搭接连接技术的技术要点有哪些?
4. 简述套筒灌浆连接技术与钢筋浆锚搭接连接技术的优缺点。

第4章　预制构件的生产制作

【学习目标】

1. 了解预制构件的基本类型。
2. 了解预制构件厂的总体规划内容。
3. 了解预制构件的生产工序。
4. 了解预制构件码放与运输的工序。

【能力目标】

1. 掌握预制构件生产各工序的技术要求。
2. 掌握预制构件码放与运输过程中的具体要求。

4.1　预制构件类型概述

4.1.1　预制构件基本概念

预制构件是指在工厂中通过标准化、机械化方式加工生产的混凝土构件，其主要组成材料为混凝土、钢筋、预埋件、保温材料等。由于构件在工厂进行机械化加工生产，构件的质量及精度可控，且受环境因素的影响较小。采用预制构件进行装配建造，具备节能减排、减噪降尘、减员增效、缩短工期等优势。

4.1.2　预制构件的基本类型

目前，预制构件可按结构形式分为水平构件和竖向构件。其中，水平构件包括预制叠合板、预制空调板、预制阳台板、预制楼梯、预制梁等；竖向构件包括预制柱、预制楼梯隔墙板、预制内墙板、预制外墙板（预制外墙凸窗）、预制混凝土剪力墙外墙板（预制 PCF 板）等。

预制构件还可按照成形时混凝土浇筑次数，分为一次浇筑成形混凝土构件和二次浇筑成形混凝土构件，其中一次浇筑成形混凝土构件包括预制叠合板、预制空调板、预制阳台板、预制内墙板、预制楼梯、预制梁、预制柱等；二次浇筑成形混凝土构件包括预制外墙板（保温装饰一体化外墙板）、预制 PCF 板等。

（1）预制叠合板。

预制叠合板是建筑物中的预制和现浇混凝土相结合的一种楼板结构形式。预制叠合板(厚度一般为 6~7 cm)与上部现浇混凝土层(厚度为 6~8 cm) 通过桁架钢筋或其他形式的连接钢筋进行有效连接,形成一个整体,共同工作。叠合板采用环形生产线一次浇筑成形,表面经过机械拉毛后,进蒸养窑养护,进行循环流水作业。为了使板的预制部分和现浇部分结合良好,预制部分的表面进行粗糙面处理。目前常用的预制叠合板为预制桁架钢筋混凝土叠合板,如图 4.1(a)所示。

近些年,一些新型的叠合板也在实际工程中逐渐被采用,如预制混凝土带肋叠合板(简称 PK 板,图 4.1(b))、预制预应力双 T 叠合板(图 4.1(c))和梁板一体化免模免支撑叠合板(图 4.1(d))。

(a)预制桁架钢筋混凝土叠合板

(b)预制混凝土带肋叠合板

预制叠合板
模具三维展示

(c)预制预应力双 T 叠合板

(d)梁板一体化免模免支撑叠合板

预制叠合板
三维展示

图 4.1　预制叠合板

(2)预制空调板。

预制空调板(图 4.2)是建筑物外立面悬挑出来用于放置空调室外机的平台。在施工过程中,预制空调板通过预留负弯矩筋伸入主体结构后浇层处理,浇筑成整体。

(3)预制阳台板。

预制阳台板(图 4.3)是突出建筑物外立面悬挑的构件。按照构件形式,分为叠合板式阳台、全预制板式阳台、全预制梁式阳台;按照建筑做法,分为封闭式阳台和开敞式阳台。在施工过程中,预制阳台板通过预留埋件焊接及钢筋锚入主体结构后浇筑层,进行有效连接。

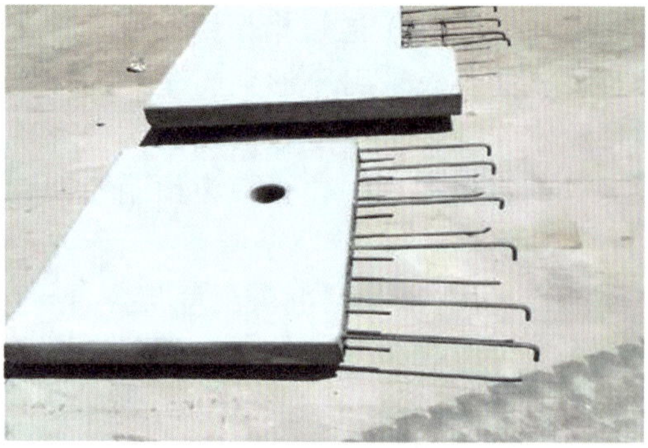

图 4.2　预制空调板

图 4.3　预制阳台板

(4)预制楼梯。

预制楼梯(图 4.4)是最能体现装配式结构优势的构件。预制楼梯由预制楼梯工厂提前预制生产,现场安装,这种方式使楼梯结构的施工质量、效率大大提高,节约了工时、人力资源,减少了现场施工耗材的浪费。安装后一次完成,无须再做饰面,清水混凝土面直接交房,外观效果好。此外,结构施工阶段支撑少,生产工厂和安装现场无建筑垃圾产生。

楼梯间使用的预制构件,一般由梯段板、两端支撑段及休息平台段组成。一般按形式可分为双跑楼梯和剪刀式单跑楼梯。楼梯采用立式生产,通过分层下料振捣,附着式振动器配合振捣棒,使得工业化生产的楼梯比现浇楼梯质量更好,外形精度更高,棱角更清晰。

预制楼梯模具三维展示

预制楼梯三维展示

图 4.4　预制楼梯

(5)预制剪力墙内墙板。

预制剪力墙内墙板(图 4.5)是装配整体式建筑中,作为承重内隔墙的预制构件。其上、下层预制内墙板的钢筋采用套筒灌浆连接,内墙板之间水平钢筋采用整体式接缝连接。预制剪力墙内墙板采用环形生产线一次浇筑成形,预埋件安装可采用磁性底座,以避免振捣时产生位移。其经预养护后,表面进行人工抹光。在蒸养拆模后,翻板机辅助起吊。

(6)预制剪力墙外墙板。

预制剪力墙外墙板(图 4.6)分为外叶装饰层、中间夹心保温层及内叶承重结构层。预制剪力墙外墙板采用反打工艺,固定台座法生产,实施分层浇筑混凝土,拆模后进行蒸养,最后借助翻板机辅助起吊。其中,预制混凝土夹心复合保温外墙板先浇外叶墙,铺保温板,再浇内叶墙,两层混凝土墙板通过保温连接件相连,中间夹有轻质高效保温材料,具有承重、围护、保温、隔热、隔声、装饰等功能。内层混凝土是结构层，外层是装饰层，可根据不同的建筑风格做成不同的样式，如清水混凝土、彩色混凝土、面砖饰面、石材饰面等。

图 4.5　预制剪力墙内墙板

图 4.6　预制剪力墙外墙板

预制剪力墙内墙模具三维展示

预制剪力墙内墙三维展示

(7) 预制凸窗。

预制凸窗(图 4.7)通常采取反打工艺，同反打夹心复合保温外墙板类似，凸窗上、下板及主墙整体预制，并预留两侧钢筋便于结构连接，板底钢筋锚入叠合板或叠合梁中。凸窗模板加工须严格按模板图制作，一次浇筑成形。

(8) 预制钢筋混凝土梁。

预制钢筋混凝土梁(图 4.8)构件采用工厂生产，现场安装，预制梁通过外露钢筋、埋件等进行二次浇筑连接。预制钢筋混凝土梁便于和预制柱及叠合楼板连接，使结构整体性增强，应用十分广泛。

(9) 预制钢筋混凝土柱。

预制钢筋混凝土柱(图 4.9)是装配式混凝土结构的主要竖向受力构件，一般采用矩形截面形式。预制钢筋混凝土柱采用工厂生产，现场安装，上、下层预制柱竖向钢筋通过套筒灌浆连接技术连接。

图 4.7　预制凸窗

图 4.8　预制钢筋混凝土梁

预制叠合梁模具三维展示

预制叠合梁三维展示

预制柱模具三维展示

预制柱三维展示

（10）预制 PCF 板。

预制 PCF 板（图 4.10）一般由外叶装饰层及中间夹心保温层组成。在构件安装后，通过预留连接件将内叶结构层与 PCF 板浇筑连接在一起。

图 4.9　预制混凝土柱

图 4.10　预制 PCF 板

（11）预制轻质隔墙板。

预制轻质隔墙板（图 4.11（a））具备轻质、坚固耐用、强度高的优点，并且免涂、易施工、防水和防火性能好、隔声性能好、环保、节能、可数次利用、使用寿命长，广泛应用于各类预制装配式结构的非承重墙体。预制轻质隔墙板的种类较多，通常采用轻质材料或轻型构造制作，两侧设有榫头、榫槽及接缝槽，密度不大于标准规定值。目前，预制轻质隔墙板主要有蒸压轻质加气混凝土（ALC）隔墙板、蒸压陶粒混凝土（ACC）隔墙板和轻钢龙骨隔墙板，其中 ALC 隔墙板（图 4.11（b））应用最为广泛，主要用于内隔墙，在部分项目中也被用作外挂墙板。

ALC 隔墙板是在加气混凝土中铺设经防腐处理的钢筋网片，经特殊工艺制成新型轻质墙体材料，主要用于钢结构、混凝土框架结构等。ALC 隔墙板自重轻，可在楼板上自由布置墙体，对结构整体刚度影响小；具有很好的隔声性能和防火性能，是一种适宜推广的绿色环保材料；其安装快捷、无砌筑、无抹灰，能有效缩短工期、提高效率。

(a)预制轻质隔墙板　　(b) ALC 隔墙板

图 4.11　不同的预制轻质隔墙板

(12)预制双面叠合剪力墙板。

预制双面叠合剪力墙板(图 4.12)沿厚度方向分为 3 层,其内外层预制,中间层现浇,各层之间通过桁架钢筋连接。预制混凝土板与上、下层通过内部钢筋网锚筋进行连接。

图 4.12　预制双面叠合剪力墙

(13)其他预制构件。

一般包括外墙装饰挂板等作为围护结构使用的构件,以及用于装饰性使用的预制构件,在使用过程中不承受外力。

4.1.3　预制构件的预留、预埋件

除第 3 章介绍的灌浆套筒和金属波纹管外,预制构件还有以下预留、预埋件。

(1)钢筋锚固板。

钢筋锚固板(图 4.13)是指设置于钢筋端部用于钢筋锚固的承压板。

(2)夹心保温外墙板拉结件。

夹心保温外墙板拉结件(图 4.14)是用于连接预制保温墙体内、外层混凝土墙板,传递墙板剪力,使内、外层墙板形成整体的连接器。夹心保温外墙板拉结件通常采用纤维增强复合塑料制作。

图 4.13　钢筋锚固板

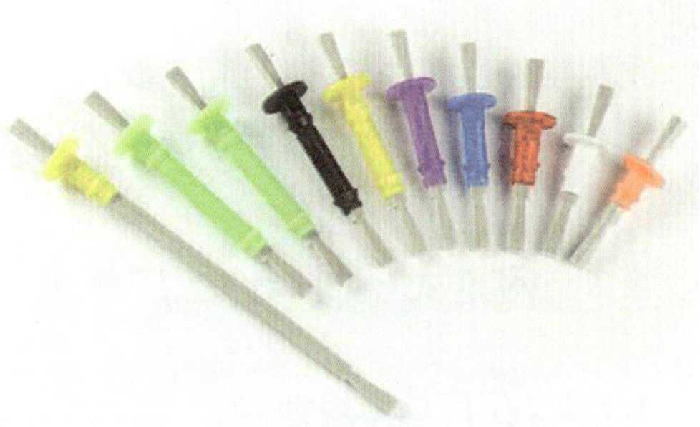

图 4.14　夹心保温外墙板拉结件

(3)预埋锚栓、螺母。

预制构件在起吊、安装时,固定成形工装、后浇带模板固定螺栓、斜支撑固定螺栓均需要在预制构件内预埋锚栓,作为装配式建筑预制墙板和预制楼梯的预埋件等,配合吊具完成起吊和安装任务,如图 4.15 所示。

(4)圆头吊钉。

圆头吊钉(图4.16)通过圆脚把荷载转移到混凝土上,从而用相对较短的吊钉也能获得较高的允许荷载。由于吊钉的圆脚为轴对称形状,不同于其他类型的预埋吊钉和预埋螺栓,因此放置圆头吊钉时不需要有特殊的定位。此外,圆头吊钉与鸭嘴吊扣配合使用。

图4.15 预埋锚栓、螺母

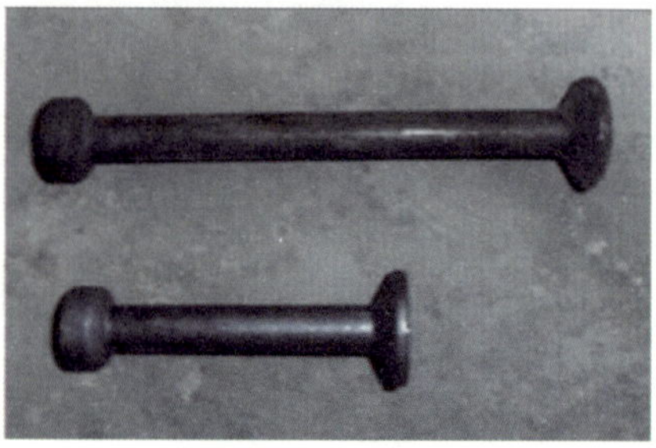

图4.16 圆头吊钉

(5)预埋波胶。

预埋波胶(图4.17)是吊钉端部凹口成形器,这样吊钉可以与鸭嘴吊扣配合使用。

(6)预埋电气线盒、地漏。

包括开关盒、插座盒、弱电系统接线盒(消防显示器、控制器、按钮、电话、电视、对讲)等预埋件,如图4.18所示。

图4.17 预埋波胶

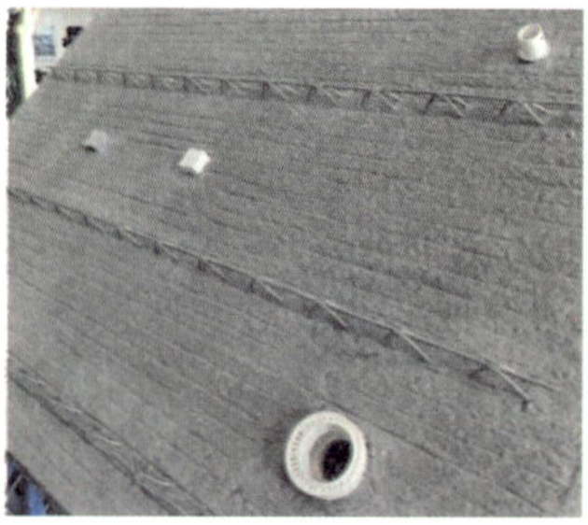

图4.18 预埋电气线盒、地漏

预制构件预埋件较多,且精度要求很高,须在模具上精确定位,有些预埋件的定位在底模上完成,有些预埋件不与底模接触,需要通过边模支撑的吊模来确定位置。

4.2 固定式预制构件工厂建设

4.2.1 工厂总体规划

装配式建筑的预制构件主要在预制工厂中完成制造生产。当前主流的预制构件的预制方式,主要是在远离建筑工地的固定式预制构件工厂内预制完成,然后通过预制构件运输车运输至施工现场进行装配施工。不过选择在什么样的地方建厂,也会影响投资成本的大小,这关系到能获得多少经济效益和社会效益,所以这是预制构件生产厂家前期准备工作中的重点。

工厂总体规划依据如下：

①根据预制构件工厂（简称 PC 工厂）可行性研究报告、企业的经济技术状况及对 PC 工厂的预期，进行工厂的总体规划。

②应考虑厂址所在地允许扩展的空间、预制构件产品定位和产量需求、预制构件生产线主要设备的性能参数等因素。应特别注意，预制构件对堆放场地的需求较大。

工厂规划原则如下：

①选址上，因地制宜，充分利用现有条件，做到交通便利、物流畅通。

②技术上，生产线适用性强，设备性能稳定可靠、运转安全、操作维修方便。

③经济上，建设成本可控，后期运行维护成本低，生产线可塑性强。

④环境绿化与空间组合协调，努力改善工厂和工作环境，符合环保要求。

4.2.2　总体规划内容

PC 工厂按照可行性研究报告中的规划进行设计和布局，同时兼顾整个工厂内各生产项目的投资顺序和预制构件生产线日后提能扩产的要求。PC 工厂整体由构件生产区、构件成品堆放区、办公区、生活区、相应配套设施等区域组成，典型预制构件厂区鸟瞰图如图 4.19 所示。

(a)某生产基地

预制构件厂区简介

(b)某建筑产业化基地

图 4.19　典型预制构件厂区鸟瞰图

厂区规划中有预制构件生产厂房、办公研发楼、公寓餐饮楼、成品堆场、混凝土原材库、成品展示区、宿舍楼、试验室、锅炉房、钢筋及其他辅材库房、配电室等。构件生产车间由预制构件生产线、钢筋加工生产线、混凝土拌合运输系统、高压锅炉蒸汽系统、桥式门吊系统、车间内预制构件临时堆放区、动力系统等组成。

1. 总体布置方案

根据土地情况、项目生产工艺需求及企业未来发展要求，总体布置方案应满足：

①功能分区明确，人流、物流便捷流畅。

②生产工艺流程顺畅、简捷，为以后扩展提供方便。

③绿化率较高，厂区舒适、美观。

2. 生产车间设计要求

为满足快速建厂、快速投产，当前 PC 工厂一般采用大跨度单层钢结构厂房设计，如图 4.20 所示。车间设计为 2~4 跨不等，车间长度为 120~180 m，单跨宽度为 24~27 m。厂房层高不低于龙门吊最小起吊高度 8.5 m 的要求。地面硬化采用水泥混凝土，厚度不低于 200 mm。基层采用三七灰土或水泥稳定碎石、水泥稳定沙砾，软弱地基采用换填处理。

图 4.20 PC 工厂车间

车间内要根据预制构件生产线的设计，先建造各设备的基础，并在这些基础上预埋地脚螺栓。其中预制构件生产线中振动台、立体养护窑的基础，须考虑设备作业时的实际荷载，保证设备运行安全。同时，与生产线配套的水、电、暖、气供应设施，要提前预留预埋，保证位置准确。

生产车间在设计时，应综合考虑经济适用、布局合理及节能环保等多种因素，并满足以下要求：

①生产设备要按工艺流程的顺序配置，在保证生产要求、安全及维护环境卫生的前提下，尽量节省厂房面积与空间，减少各种管道的长度。

②保证车间尽可能充分利用自然采光与通风条件，使各个工作地点有良好的劳动环境。

③保证车间内交通运输及管理方便。

④厂房结构要紧凑简单，并预留一定空间为生产发展及技术革新等创造有利条件。

3. 生产车间布局与分区要求

车间布局遵循原则如下：

注意改善操作条件，对劳动条件差的工段要充分考虑朝向、风向、门窗、排气、除湿及通风设施的安装位置。设备的操作面迎光，操作人员背光操作。要统一安排车间所有操作平台、各种管路、地沟、地坑及巨大的或振动大的设备基础，避免同厂房基础发生关联。合理安排厂房的出入口，每个车间出入口数量不应少于 2 个。为保证车辆通过，出入口宽度以 4~5 m 为宜，高度不小于 5 m。车间采用钢结构，长度要以满足生产线布置为原则，单跨宽度不小于 24 m，车间建筑高度以 14~16 m 为宜。车间内须设置办公及仓库用房和构件平板车运输轨道。根据产品需求，车间不宜少于 3 跨，布置时可根据具体情况进行调整，如设置三明治外墙板生产线、叠合板生产线、钢筋加工设备和固定台位生产线。

车间分区总体要求如下：

车间内分预制构件流水线生产区、预制构件固定模位生产区、钢筋生产区、模板加工修整区、构件临时堆放区、模板堆放区、钢筋中间产品堆放区、构件布展区、车间内临时休息室与办公室、参观通道。生产区和构件临时存放区的地面宜采用固化剂处理，布展区和参观通道采用环氧地坪地面。生产区与其他区域之间使用不锈钢栏杆和不低于普通人身高的钢丝网进行安全隔离。

图 4.21~图 4.23 为数控钢筋桁架焊接生产线、叠合板生产线和预制柱生产线实景图。

图 4.21　数控钢筋桁架焊接生产线实景

(a)叠合板流水工艺线

(b)叠合板长线台工艺线

4.22　叠合板生产线实景

(c)叠合板大模台工艺线

(d)双 T 板工艺线

续图 4.22

图 4.23　预制柱生产线实景

4. 构件堆放场设计要求

构件堆放场是 PC 工厂的重要组成部分,也是预制构件出厂前的主要存储地。预制构件堆放场实景如图 4.24 所示。堆场设置要考虑与构件生产车间的距离,故构件堆放场一般靠近生产车间设置。堆放场面积的大小应满足 PC 工厂最大生产产能需求,并要满足库存构件的堆放需求,其最大面积可按照产能的 1.2~2.0 倍进行预留设计。

(a)预制梁

(b)预制墙体

图 4.24　预制构件堆放场实景图

堆放场场道结构层中的基层一般采用三七灰土或水泥稳定碎石、水泥稳定沙砾，面层采用不小于 20 cm 厚的 C30 混凝土。堆放场的纵向坡度应为平坡设计。为有利于排水，堆放场须设置横向坡度，并在每跨两侧设置排水管道和漏水口，确保堆放场内的雨水排至厂区雨水管网。

堆放场龙门吊基础采用条形基础，龙门吊轨道采用 43 kg/m 的钢轨。在堆放场面层施工前，须进行龙门吊基础及轨道的安装施工。安装轨道时，要考虑其使用安全性，要对轨道进行接地处理。为保证堆放场车辆通行方便，龙门吊轨道顶面要与堆放场混凝土面层顶标高相同。为充分利用堆放场空间，龙门吊跨度宜大于 20 m，并采用单端悬挑。堆放场内龙门吊应采用对称布置，即两跨龙门吊的悬挑端设计为一左一右，两龙门吊间为滑触线。通常情况下，堆放场龙门吊吊重为 10 t。

在堆放场内应划分不同的堆放区，用于堆放不同的预制构件。根据堆放场每跨的宽度，在堆放场内，垂直于龙门吊、呈线形设置钢结构墙板存放架。每跨可设 2～3 排存放架，存放架距离龙门吊轨道 4～5 m。在堆放场的区域内，应圈画出堆放构件的堆放区。

5. 厂区其他配套用房设计要求

(1)办公研发楼。

PC 工厂内的办公研发楼应满足 100～150 人的办公需求，并预留足够的房间。办公研发楼内应设各个职能部门：办公室、研发设计部、生产管理部、计划合同部、财务部、物资设备部、安全质量部等，并设有多功能厅、大中小型会议室、接待室。办公研发楼前应设停车场，停车场应满足本公司人员车辆及来宾车辆的停车需求。

(2)实验室。

实验室是相对独立的活动场所，应充分考虑安全、环保、交通便利及工程质量管理的要求，同时，满足信息化办公要求，并符合试验检测工作需要和标准化建设的有关规定。实验室的功能分区与布局应包括资料室、留样室、特性室、力学室、集料室、水泥室、化学室等。各功能室要独立设置，并根据不同的试验检测项目配置满足要求的基础设施和环境条件。同时，还要按照试验检测流程和工作相关性进行合理布局，保证样品流转顺畅，方便操作。

(3)宿舍楼。

根据 PC 工厂的经营规划情况，宿舍楼的面积要满足高峰产能时员工的住宿要求。宿舍楼设计应简洁大方，并采用节能供暖设计。

(4)锅炉房。

根据 PC 工厂的规划情况，锅炉房的位置应靠近生产车间。锅炉房可设计为框架或砖混结构，锅炉房面积及布局应根据设备情况进行设计布置。在选择锅炉吨位的大小时，还应考虑生产车间、办公研发楼、宿舍楼的冬季供暖需要。

(5)地磅房。

地磅房的位置应设置在物流门附近，根据地磅、砂石料仓库的位置而定。地磅房距离地磅不宜超过 50 m，面积控制在 15～20 m^2 即可。

6. 厂区道路等设施的设计与布置

厂区道路的设计在满足生产需求的同时，还要做到物流顺畅有序。厂区主干道构成环状路网，各路相通。厂区物流出入口应紧邻市政道路。厂区交通要做到人、物分流。厂区道路一般采用水泥混凝土路面。主干道路面宽度不小于 7 m，次干道路面宽度为 5 m。

对厂前区、道路两侧及新建建筑物、构筑物周围皆予以绿化，种植花草和树木，以达到减少空气中的灰尘、降低噪声、调节温度和湿度及美化环境的目的，为工作人员创造一个良好的户外活动场所。

厂内管线有给水排水管线、电力及通信线路、压缩空气管线等。排水采用暗沟雨污合流形式，其他管线均采用地沟设计。对于含有水泥等粉料的浆水，应设置沉淀池，明沟上覆盖盖板。

4.3 游牧式预制构件工厂建设

4.3.1 游牧式预制构件工厂布置

游牧式预制构件工厂(简称游牧式 PC 工厂)是设在建筑工地上的预制构件预制厂。因其靠近建筑工地，具有运距近、投资少、布置灵活等诸多优点。在目前建筑施工中，一些超宽、超高的大型预制构件，通常在现场游牧式 PC 工厂预制生产，如图 4.25 所示。

图 4.25 游牧式 PC 工厂

游牧式 PC 工厂设计原则如下：

①根据预制构件数量及施工进度计划，确定工厂规模，满足需要即可。

②工厂的地质条件应满足构件预制场地的承载力要求，其中预制台座、堆放场对地基要求较高，应选择地质条件好或者易于改造的场地。

③根据施工工地上空余场地的大小，因地制宜、灵活多变地布设游牧式 PC 工厂，同时兼顾构件的临时存储需求。将预制构件的模台建在塔吊辐射范围内，可大大节省构件的转运成本。

④根据施工现场装配计划，进行构件的预制生产，尽可能做到随预制、随养护、随安装，减小临时堆场的存货量。

游牧式 PC 工厂分为预制区、堆放区、搅拌站(或采用商品混凝土)、钢筋制作区、仓库等不同区域。此外，办公区与生活区可与其他区域协调布置。

4.3.2　游牧式 PC 工厂构件生产工艺

1. 长条形固定模位法

现场场地宽阔平整时,可采用长条形固定模位法(如长线台座)进行预制构件生产。每跨龙门吊下可设 2~4 条长条形固定模位,在跨中设车辆通道。龙门吊的最大吊重不小于 10 t,起吊高度不小于 9 m,每个龙门吊设主副吊钩。龙门吊主要用于组装模板、安装钢筋网片、浇筑混凝土、起吊和装运构件。龙门吊基础采用钢筋混凝土条形基础,龙门吊行走轨道采用 43 轨,并用专用轨道压片紧固。构件成品存放区与构件预制区紧邻,以减少构件入库存放距离。

2. 方块状模台固定模位法

现场条件相对狭小、零碎,不宜采用长条形固定模位时,需要根据现场情况合理布设方块状固定模台。采用龙门吊、汽车吊辅助进行模板组装、混凝土浇筑、构件吊运,可灵活布设预制构件临时存放区。

3. 模台设计、养护及装运

采用定型钢模台或混凝土台座粘贴钢板作为构件预制底模。根据预制生产季节的不同、施工进度计划的安排,采用覆盖洒水、喷洒养护剂、养护罩蒸汽养生等不同的养护方式。现场设移动式翻板机,以满足外墙板、内墙板等薄板构件的起吊要求。因场地内运输距离短,一般采用改装平板车进行构件的水平运输。

4.4　预制构件生产工序

如前文所述,预制构件分为一次浇筑成形预制构件和二次浇筑成形预制构件,本小节以一次浇筑成形预制构件为例,介绍预制构件的生产工序。

1. 模具验收

模具在使用前须进行检查验收,验收主要依据图纸及检验标准。验收的工具包括盒尺、方角尺、2 m 检测尺、塞尺、小线(一般使用鱼线 9 号线)及垫块等。模具检查应遵循先外观目测,后检尺测量的原则。检尺测量应先外后内,从外框尺寸检查到细部配件定位检查,再到配件自身的尺寸检查。模具外观检测时,首先应该对模具的底架、台模、边模等焊接部位是否牢固、是否有开焊或漏焊等进行检验。其次检查模具所用材料、配件品种规格等是否符合设计图纸的要求。此外,还应检查部件与部件之间的连接是否牢固,预制构件上的预埋件、预留孔洞、外露钢筋位置等是否有可靠的固定、定位措施,以及模具是否便于支、拆,是否满足使用周转次数的需求。

预制构件生产实录

模具喷涂动画

满足以上要求后,须进行模具尺寸检验。根据图纸要求,对模具的长度、宽度、厚度及对角线进行测量检查,使用盒尺测量模具的各个数值,并根据图纸的设计尺寸,计算模具的偏差值,模具偏差值应符合标准规范要求。当模具的尺寸、扭翘、侧弯均满足图纸和规范的要求后，开始检查模具内预留线盒、孔洞、埋件等配件的位置。线盒、孔洞、埋件、企口凹槽的定位应测量平面内两个方向的尺寸是否符合图纸及规范要求。当所有预留、预埋部件的位置符合图纸及规范要求后，开始检查配件的尺寸，如预留孔洞、企口凹槽配件的尺寸是否符合图纸及规范要求(图 4.26)。

模具清理动画

图 4.26　模具验收

2. 模具清理

新制模具应使用抛光机进行打磨抛光处理，将模具内腔表面的杂物、浮锈等清理干净。打磨抛光时，应将模具拆分，将模具内腔向上，平铺在地上，从模具的一个边角开始向外逐步打磨，保证打磨均匀全面，不得跳跃打磨和漏打磨。

经过打磨抛光的模具，须使用隔离剂进行清洗。根据模具的干净程度，隔离剂清洗遍数一般在 2~3 次。在无法保证模具内腔干净时，可适当增加清洗遍数(图 4.27)。

图 4.27　模具清理

模具清理后，须进行隔离剂涂刷。将模具各个部位的内腔面层朝上并统一摆好，使用干净白色棉丝蘸取调制好的隔离剂，从模具一端向四周逐步涂刷。隔离剂可以采用油性蜡质隔离剂，涂刷后须保证构件表面光滑、有光泽。涂刷好隔离剂，待隔离剂渗透后，使用干净棉丝将构件表面涂刷的多余隔离剂清理干净。涂刷隔离剂的过程中不得有漏刷、堆积的问题，并应注意不要将隔离剂滴落在钢筋上。如图 4.28 所示为涂刷隔离剂的操作情景。

(a)机械施工　　(b)人工操作

图 4.28　模具涂刷隔离剂

由于预制构件部分外露钢筋面设计为粗糙面，工艺设计采用化学粗糙处理方法，在模具相应位置应涂刷缓凝剂。缓凝剂可以是干粉或者液体，涂刷时应均匀且涂刷厚度一致，无漏刷、流淌等问题。缓凝剂应提前涂刷，保证混凝土浇筑时，缓凝剂已经凝固。

3. 模具组装

(1)模具在清理干净后，即可进行组装。按照模具预留的固定孔位，使用相应的螺栓进行固定。构件侧模的固定一般为螺栓固定、磁吸固定(图 4.29)等方式，螺栓固定使用更为普遍一些，一般螺栓大小为 M12 左右，根据侧模定位孔的位置，在底模相应的位置进行打孔锥丝，最后使用螺栓固定。按照定位螺栓的位置，将侧模固定在底模上，比较常见的就是在流水线上作业，于标准的大模台上进行模具的组装。

图 4.29　磁吸固定

模具组装动画

(2)模具组装前，需要在模具相互接触连接的地方粘贴密封条，密封条一般采用 5 mm×20 mm 的发泡密封条。粘贴时，应顺着模具内腔轮廓进行粘贴，粘贴位置宜靠近模具内腔边缘 2~3 mm。

(3)模具组装时，应注意不要暴力安装，一定要将各个螺栓对准并与之对应的螺母试拧，发现丝扣摆放不正时，应及时卸下并重新安装紧固。紧固的力量合适即可，不可过大或者拧固不紧。对于带有销孔销轴的模具，可先将销轴与销孔定位，然后再安装紧固螺栓。

4. 钢筋安装

(1)将验收合格后的钢筋骨架成品,使用龙门吊正确吊至模具内,钢筋骨架应整体吊装。吊装过程中应保证钢筋骨架保持水平,并采用有效措施防止钢筋骨架变形(图 4.30)。

(2)为控制钢筋保护层厚度,可用吊杆将钢筋网片吊起,或用塑料垫块将网片支起,确保保护层厚度符合要求,禁止出现露筋现象。

图 4.30　钢筋安装

5. 预埋及预留

(1)首先通过图纸配件表,确定预埋件、线盒的型号、规格、数量,预留孔洞的大小等信息。

(2)严格按照图纸设计位置安装预埋件、线盒、预留孔洞配件。

(3)预埋件应使用螺栓牢固固定于模板和压杠上。

(4)预埋件、线盒在混凝土施工中应采取有效保护措施,具体如下:

①在混凝土在浇筑过程中,振动棒应避免与预埋件、线盒直接接触。在预埋件附近振捣时,须小心谨慎,边振捣边观察预埋件,若发现位移应及时校正预埋件、线盒位置,保证其不产生过大位移。

②混凝土成形后,须加强养护,防止混凝土产生干缩变形而引起预埋件内空鼓。同时,拆模要先拆周围模板,放松螺栓等固定装置,轻击预埋件处模板,待松动后拆除,以防拆除模板时因混凝土强度过低而破坏锚筋与混凝土之间的握裹力,从而确保预埋件施工质量,预埋件安装如图 4.31 所示。

图 4.31　预埋件安装

6. 混凝土浇筑、振捣

（1）在开展混凝土浇筑工作前，须确保模具验收、模具清理、钢筋验收、预埋件验收均已完成，且检查合格后填写隐蔽记录，并报驻厂监理进行验收，驻厂监理同意验收后方可进行混凝土浇筑。

（2）混凝土采用现场搅拌的方式，并通过机械布料机进行入模浇筑。如图 4.32 所示为预制构件的浇筑情景。

混凝土浇筑振捣动画

图 4.32　预制构件的浇筑

（3）混凝土浇筑前，应有专职检验人员检查混凝土质量。严格控制混凝土坍落度，对于不合格的混凝土禁止使用。

（4）混凝土在浇筑振捣时，须观察线盒、预埋件、孔洞位置有无位移，若发现位移要及时校正预埋件位置，保证其不产生过大位移。

（5）混凝土浇筑振捣后要刮去多余的混凝土（或填补凹陷），进行粗抹，严格控制厚度，不得有过厚或者过薄的问题，厚度控制偏差要求在 0~3 mm 之间。

（6）对于楼梯、梁、柱等构件，应分层振捣（300 mm 为宜）。在混凝土振动棒工作时，应将混凝土振动棒垂直或倾斜地插入混凝土中“快插慢拔”，振捣一定时间即可。振动时，混凝土振动棒可以上下抽动。由于钢筋较密，混凝土振动棒可采用 30 型小型振动棒。混凝土施工从柱根开始，逐渐向柱头方向进行。此外，施工时，注意振动棒不要碰撞预埋铁件，防止其移位。

（7）浇筑完成后，浇筑班组应认真做好浇筑记录。

7. 成形养护

（1）构件浇筑成形后进行蒸汽养护（图 4.33），蒸养制度：静停—升温—恒温—降温约为 1~2 h+2 h+4 h+2 h，根据天气状况可做适当调整。具体要求如下。

①静停 1~2 h（根据实际天气温度及混凝土坍落度可适当调整）。

②升温速度控制在 15 ℃/h。

③恒温最高温度控制在 60 ℃。

④降温速度为 15 ℃/h，当构件的温度与大气温度相差不大于 20 ℃时，撤除覆盖。

混凝土立体养护动画

图 4.33　蒸汽养护

(2)叠合板在进入养护窑之前须进行表面粗糙处理,采用机械拉毛(图 4.34)的方式。叠合板粗糙面凹凸尺寸不小于 4 mm,进行表面拉毛处理时,对于灰浆较厚的部位,应从振捣环节、拉毛时机等方面加以控制并人工辅助加强拉毛。对表面泛光、光滑的毛糙面重新打磨处理。在板端中间桁架筋空当处压光一个 500 mm×500 mm 区域,用于标明工程名称、构件型号、生产日期、生产单位、装配方向、合格状态、监理单位盖章标识等信息。每个构件型号标识一般不少于 2 处。

(3)测温人员填写测温记录,并认真做好交接记录。

图 4.34　叠合板表面机械拉毛处理

8. 脱模起吊(图 4.35)

楼梯、楼梯隔墙板、空调板、叠合板等构件强度达到规范要求值方可脱模。较大的构件或者特殊要求的构件强度达到 100%才能脱模起吊。

脱模前,要将固定模板和线盒、预埋件的全部螺栓拆除,再打开侧模。用吊装梁或者水平吊装架按照图纸设计的吊点将构件水平吊出。应根据构件的形状、尺寸及质量要求选择适宜的吊具。对于尺寸较大的构件,应选择设置分配梁或分配桁架的吊具进行吊装。在吊装过程中,吊索与构件水平夹角不宜小于 60°,且不应小于 45°,同时保证吊车主钩位置、吊具及构件重心在竖直方向重合。

构件脱模后,应对模具面(除粗糙面以外)的混凝土表面质量进行检查。若发现有气泡、裂缝等问题时,应将构件单独存放并进行修补。

图 4.35　脱模起吊

9. 粗糙面处理

构件脱模后，须及时对构件粗糙面按图纸要求做成露骨料面（图 4.36）。预制板与后浇混凝土叠合层之间的结合面也应设置粗糙面，预制梁与后浇混凝土叠合层之间的结合面也应设置粗糙面。预制梁端面应设置键槽粗糙面，其处理方式应根据构件类型及特性，采用凿毛法、拉毛法、水洗法和定制模板法等工艺，且应符合设计要求。

图 4.36　露骨料面

混凝土表面拉毛动画

预制梁端面键槽的尺寸和数量应按现行行业标准 JGJ 1—2014 的规定计算确定。键槽的深度不宜小于 30 mm，宽度不宜小于深度的 3 倍且不宜大于深度的 10 倍，键槽可贯通截面，当不贯通时槽口距离截面边缘不宜小于 50 mm，键槽间距宜等于键槽宽度，键槽端部斜面倾角不宜大于 30°。

预制剪力墙的顶部和底部与后浇混凝土的结合面应设置粗糙面；侧面与后浇混凝土的结合面应设置粗糙面，也可设置键槽。键槽深度不宜小于 20 mm，宽度不宜小于深度的 3 倍且不宜大于深度的 10 倍，键槽间距宜等于键槽宽度，键槽端部斜面倾角不宜大于 30°。

预制柱的底部应设置键槽且宜设置粗糙面，键槽应均匀布置，键槽深度不宜小于 30 mm，键槽端部斜面倾角不宜大于 30°，柱顶应设置粗糙面。

粗糙面的面积不宜小于结合面的 80%，预制板的粗糙面凹凸深度不应小于 4 mm，预制梁端、预制柱端、预制墙端的粗糙面凹凸深度不应小于 6 mm。

粗糙面的处理方法有以下几种。

①人工凿毛法：人工使用铁锤和凿子剔除预制构件结合面的表皮，露出碎石骨料。

②机械凿毛法：使用专门的小型凿岩机配置梅花平头钻，剔除预制构件结合面混凝土表皮。

③缓凝水冲法：在预制构件混凝土浇筑前，将含有缓凝剂的浆液涂刷在模板上。浇筑混凝土后，利用已浸润缓凝剂的表面混凝土与内部混凝土的缓凝时间差，用高压水冲洗未凝固的表层混凝土，冲掉表面浮浆，露出骨料形成粗糙表面。冲洗过程应保持适当的压力，压力过大会造成石子被冲洗掉，压力过小会造成冲洗不干净，起不到毛糙的效果。冲洗时，还应注意保持冲洗的均匀性，不得有漏冲和过冲的问题发生。

10. 构件表面修整

构件脱模后若存在一般缺陷，经检验人员判定，不影响结构受力的缺陷可以修补。修补流程：材料及工具准备→基层清理→修补材料调配及修整→养护→表面修饰。具体修补方法下。

①面积较小且数量不多的蜂窝、缺棱掉角、大气泡或露石子的混凝土表面，先用钢丝刷刷去松动部分，再用清水冲洗干净待修理表面的基层，然后用 1:2的水泥砂浆抹平。

②面积较大的蜂窝、缺棱掉角、露筋或露石子的混凝土表面，应先按其深度凿除其周围的薄弱松动混凝土，再用清水冲洗干净待修理的基层表面，然后用比原混凝土强度等级高一级的细石混凝土填塞，并仔细捣实抹平。

③修整后的混凝土构件应采取保温保湿养护措施。

11. 质量检验与验收

(1)混凝土强度。

混凝土的脱模强度符合规定值，混凝土的 28 d 强度应符合《混凝土强度检验评定标准》(GB/T 50107—2010)。

(2)外观检验。

构件的外观应逐块进行检验，且符合要求。外观质量不符合要求但允许修理的，经技术部门同意后可进行返修，返修后应重新检验。

(3)尺寸检验。

构件的规格尺寸应进行检查(图 4.37)，偏差应符合规定。

图 4.37　预制构件尺寸检验

检查数量为全数检验，且在脱模、清理、码放过程中要逐项进行检验。实测实量记录要求每天按生产数量的 5%且不少于 3 件填写。

对不符合质量标准但允许修理的项目，经技术负责人同意后可修理并重新检验。符合以下要求的构件可定为合格品：

①隐、预检符合设计、规范要求。

②经检验允许偏差符合规范要求。

12. 构件标识

构件运输至施工现场前，应进行构件标识工作。构件标识的内容应包含工程名称、构件编号、构件质量和生产日期。其中，构件编号应包含构件类型、构件型号和安装位置等信息。

4.5　典型预制构件制作工艺

1. 预制叠合板制作工艺

（1）预制叠合板制作工艺流程：模台清理→模具组装→涂刷隔离剂→钢筋骨架绑扎安装→预埋件安装→浇筑混凝土→混凝土抹面→养护→拆模→继续养护。

（2）预制叠合板制作工艺注意事项：

①在绑扎钢筋骨架前应仔细核对钢筋料尺寸。绑扎制作完成的钢筋骨架禁止再次割断。检查合格后，将钢筋骨架吊放入模具，按梅花状布置好保护层垫块，并调整好钢筋位置。

预制叠合板生产动画

②根据预制叠合板加工图，依次安装各类预埋件，并固定牢固，严禁出现预埋件漏放和错放的情况。在浇筑混凝土之前，检查所有固定装置是否有损坏、变形现象。

③混凝土振捣可以使用振动棒或振动平台，振捣至混凝土表面不再下沉、无明显气泡溢出为止。

预制柱生产动画

④振捣密实后，使用木抹子抹平，确保混凝土表面无裂纹、无气泡、无杂质、无杂物。

⑤拆模时可以借助撬棍，但不得用铁锤锤击模板，防止模板变形。

2. 预制混凝土柱制作工艺

（1）预制混凝土柱制作工艺流程：钢筋骨架绑扎安装→预埋件安装→清理模板→涂刷隔离剂→模具组装→钢筋入模→浇筑混凝土→养护→拆模→继续养护。

预制叠合梁生产动画

（2）预制混凝土柱制作工艺注意事项：

①根据预制混凝土柱加工图，依次安装各类预埋件，并固定牢固，严禁出现预埋件漏放和错放的情况。在浇筑混凝土之前，检查所有固定装置是否有损坏、变形现象。

②根据预制混凝土柱加工图，在柱钢筋骨架绑扎过程中，针对柱的不同方向及时进行预埋，如临时支撑预埋件等。

③混凝土浇筑完毕后覆盖篷布，即通蒸汽养护。

3. 预制混凝土梁制作工艺

（1）预制混凝土梁制作工艺流程：钢筋骨架绑扎安装→预埋件安装→安装模板→清理模板→涂刷隔离剂→钢筋入模→浇筑混凝土→养护→拆模→继续养护。

（2）预制混凝土梁制作工艺注意事项：

①根据预制混凝土梁加工图预埋情况，在梁钢筋骨架绑扎过程中，针对梁的不同位置及时进行预埋，如吊点预埋件等。

②混凝土浇筑完毕后覆盖篷布，即通蒸汽养护。

③在预制混凝土梁强度达到起模强度（75%混凝土设计强度）后，停止供汽。让梁缓慢降温，避免梁因温度突变而产生裂缝。

4. 预制混凝土楼梯制作工艺

（1）预制混凝土楼梯制作工艺流程：钢筋骨架绑扎安装→吊点预埋→清理模板→涂刷隔离剂→安装模板→钢筋入模→浇筑混凝土→养护→拆模→继续养护。

预制楼梯生产动画

（2）预制混凝土楼梯制作工艺注意事项：

①根据预制混凝土楼梯加工图，在楼梯钢筋骨架绑扎过程中针对楼梯不同位置及时进行预埋，如吊点预埋件等。

②使用振捣棒进行混凝土振捣。

③混凝土强度达到起吊强度后，即可松开紧固螺栓，拆除端部模板，即时起吊出模，标明编号、安装方向。

5. 预制夹心保温剪力墙制作工艺

预制夹心保温剪力墙有正打法制作工艺和反打法制作工艺。

所谓正打法是先进行内叶板混凝土的浇筑生产，再组装外叶板模板、安装保温层、拉结件、外叶板钢筋后，最后浇筑外叶板混凝土；反之，则是反打法。

正打法的优点是浇筑内墙板时，可通过吸附式磁铁工装将各种预留预埋进行固定，操作方便、快捷、简单、规整，但相对加大了外叶板抹面收光的工作量，且外叶板抹面收光后的平整度和光洁度会相对较差。

反打法的优点是外叶板的平整度和光洁度高，缺点是在浇筑内叶板混凝土时，会对已浇筑的外叶板混凝土和刚刚安装的保温层造成很大的压力，容易导致保温层四周的翘曲。

预制剪力墙生产动画

由于内叶板面存在较多的预留、预埋件，不利于振动赶平机的作业，同时振动赶平机对于20 cm厚的内叶板的振捣质量，与5 cm厚的外叶板相比较差，因此，要采用人工辅助振捣。相对而言，正打法适用于自动化流水线生产。

以正打法为例，预制夹心保温剪力墙制作工艺流程：模台面清理→喷涂、画线→组装内叶板模板、安装钢筋笼→安装预留、预埋件→一次浇筑、振捣内叶板混凝土→组装外叶板模板、安装保温板→安装连接件和外叶板钢筋→二次浇筑、刮平振捣外叶板混凝土→构件预养护、板面抹光→构件养护→拆模。

4.6　预制构件码放、运输和现场堆放

4.6.1　预制构件码放

构件成品盖章入库前，检验人员应认真核对构件型号、尺寸、外观、外露钢筋（尺寸、型号），检查手工压面表面平整度及构件内预留、预埋洞口埋件等是否齐全且保证满足标准要求。经检验确认为构件合格后，检验员加盖本人的检验章及合格章，代表构件通过质量检验，并填写相应的构件成品检验记录，完成入库操作。

堆放场地应平整、坚实、排水良好。所有清水构件表面接触的材料均应有隔离措施并包裹无污染塑料膜。叠层码放时，垫木均应上、下对正，每层构件间的垫木或垫块应在同一垂直线上，确保竖直传力。叠合板、空调板最高码放层数不宜超过 6 层。

除按照吊点部位码放垫木外，中间吊点部位应塞入预支撑的楔形垫木，这样可以在构件中间出现下垂时，起到一定的支撑作用。但中间垫木千万不要顶起来，否则容易将板顶裂。垫木应根据构件平起吊点位置设置，且不可放置在构件受力薄弱位置。

成品库管理人员应与生产班组做好构件交接记录，其内容应明确构件型号、数量、外观质量情况。应安排专人负责码放区管理，对码放构件实行监督，发现异常问题及时上报。禁止外部人员对堆放的构件进行踩踏、推动等施加外力行为，同时禁止在构件上倾倒垃圾、泼洒污水。

4.6.2　预制构件运输

1. 运输路线

一般情况下，预制构件是在远离施工现场的构件工厂进行生产，然后运至现场进行安装。这就涉及预制构件的运输问题，即如何选定运输工具和确定运输方式，确保预制构件的运输质量和运输安全。运输线路应事先与货车驾驶员共同勘察，重点关注有没有过街桥梁、隧道、电线等对高度的限制，有没有大车无法转弯的急弯或限制质量的桥梁等。如图 4.38 所示为某工程项目的预制构件运输路线对比选择示例。

线路一　耗时2 h30 min　　　**线路二　耗时2 h50 min**

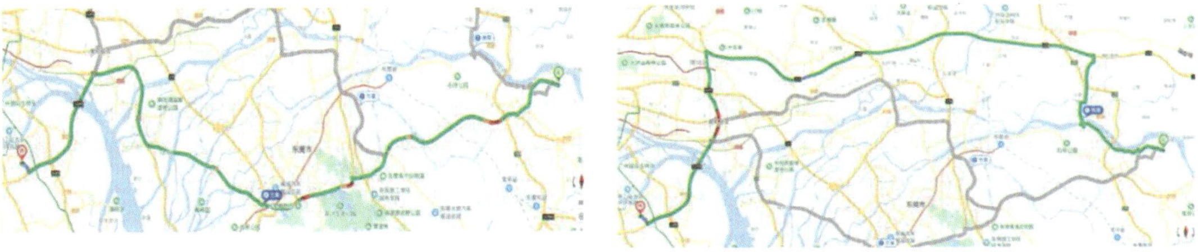

图 4.38　某工程项目的预制构件运输路线对比选择

2. 运输方式

针对预制构件体积大、质量大、易损坏的特点，采取以下方法在运输途中对预制构件进行保护。

(1)运输工具的选择。

为了防止预制构件在运输过程中发生裂缝、破损和变形等现象，应根据预制构件的类型选择合适的运输车辆和运输货架。当采用重型、中型载货汽车及半挂车装载预制构件时，构件高度从地面起不得超过 4 m。预制构件竖放运输宜选用低平板车(图 4.39)或预制构件专用运输车，使预制构件上限高度低于限高高度。

(2)装车方式的选择。

预制梁、柱通常采用平放装车的方式运输(图 4.40)，这种装车方式难度相对较低，但也要采取相应的措施，防止在运输过程中发生预制构件位移或散落等现象。须根据预制构件的外形及重心决定垫木的放置位置，防止预制构件在运输过程中产生裂缝。

图 4.39 低平板车

图 4.40 预制柱平放装车运输

预制墙板装车时，应采用竖直或侧立靠放运输的方式。运输车上应配备专用运输架，并固定牢固。同一运输架上的两块墙板应采用背靠背的形式竖直立放，上部用螺栓互相连接，两边用斜拉钢丝绳固定。预制叠合板应采用平放运输的方式。当预制叠合板长度小于 4 m 时，每块叠合板用 4 块木块作为搁支点，且木块尺寸要统一；当预制叠合板长度超过 4 m 时，预制叠合板应设置 6 块木块作为搁支点(板中应比一般板块多设置 2 个搁支点，防止预制叠合板中间位产生较大的挠度)。叠合板的叠放应尽量保持水平，叠放数量不宜多于 6 层，并应用保险带扣牢。

对于预制楼梯、预制阳台及各种半预制构件等，由于各种预制构件的形状和配筋各不相同，要分别采用不同的装车方式。选择装车方式时，要注意运输安全，并根据预制构件断面和配筋方式采取不同的措施，防止运输过程中构件出现裂缝等情况。另外，还需要考虑运至现场后，施工现场的道路硬化等情况，提前选择合适的运输路线。

预制构件装车和卸货时要小心谨慎。运输台架和车斗之间应放置缓冲材料，长距离或者海上运输时，应对预制构件进行包框处理，防止磕碰造成边角的缺损。在运输过程中，为了防止预制构件发生摇晃或移动，要用钢丝或夹具对预制构件进行充分固定。同时，要按运输计划中规定的道路行驶，并在运输过程中安全驾驶，防止出现超速或急刹车现象。

3. 运输过程中的成品保护

(1)预制外墙板保护措施。

①当预制外墙板采用靠放运输(图 4.41)方式时,靠放支架应采用刚度满足要求的槽钢制作,预制外墙板对称堆放,外饰面朝外,靠放支架与地面的倾斜角度宜保持在 80°~100°。墙板搁支点应设在墙板底部靠近两端处,堆放场地应平整、坚实,搁支点应采用柔性材料,堆放好后采取固定措施。

②预制外墙板在装车出厂前,应确认其装车高度满足运输道路的限高要求。车辆出厂前应对驾驶员进行预制构件运输的安全技术交底,防止在运输过程中因为人为不当操作对构件造成损坏。预制外墙板竖直运输如图 4.42 所示。

图 4.41　预制外墙板靠放运输

图 4.42　预制外墙板竖直运输

③预制外墙板运输宜采用低平板车,车辆启动应缓慢,保持车速均匀,转弯变道时要减速,防止墙板倾覆。

(2)预制叠合板保护措施。

①运输预制叠合板车辆的前端一定要有车前挡边工装。如无挡边工装,则须进行加焊处理。

②运输过程中应注意控制车速,防止出现突发状况使预制叠合板出现滑移,造成损坏或人身伤害。

③运输车在运输过程中,驾驶员应注意观察路面状况,尽量避免在崎岖路面行驶。

④在长距离运输过程中,应每隔一段时间对绳索的固定状态及预制叠合板的装车状态进行检查。

(3)预制楼梯保护措施。

①预制楼梯起运前,应仔细观察其装载状态是否牢固,堆放层数不超过 2 层,预制楼梯的运输如图 4.43 所示。

②在运输过程中,应选择坚实平整的路面,防止颠簸造成预制楼梯损坏。

③在运输过程中,注意控制车速,保持与前车距离,防止发生安全事故。

图 4.43　预制楼梯的运输

4.6.3　预制构件的现场堆放

1. 堆放场区域布置原则

(1)在起重设备有效起重区域内,质量较大的预制构件宜堆放在离塔式起重机近的位置。

(2)尽可能远离施工现场主要人流通道。

(3)堆放场距离塔式起重机基坑洞口至少 2~3 m,同时在基坑洞口四周设置安全围护,并设置安全指示牌。

(4)不得占用施工现场消防应急救援场地。

(5)堆垛位置宜在塔式起重机司机视野范围内,确保预制构件起吊方便。

(6)在进行现场堆放时,应考虑后期施工方便,尽可能避免二次转运。

(7)在卸放、吊装工作范围内,不得有障碍物,并应预留吊装时的起吊、翻转等动作的操作空间。

(8)在进行场地选择时,应尽量避免其不受其他工序施工作业的影响。

(9)构件布置堆放场应紧凑合理,尽量减少堆放场用地,提高现场堆放场的利用率。

2. 预制构件堆放具体要求

(1)预制构件的现场堆放应指定专用堆放场。当预制构件运输至现场后,应及时利用塔式起重机吊运至指定的专用堆放场,按品种、规格、吊装顺序分别堆放。构件堆垛宜设置在吊装机械工作范围内并避开人行通道。另外,堆放场中预制构件的堆放以吊装次序为原则,并对每块进场的预制构件按吊装次序编号。

(2)堆放场地应平整坚实,地面有硬化措施,并有排水设施,且尽量靠近道路。如果预制构件堆放在地库顶板上,则需要对地库顶板做加固措施。预制构件吊装区域应有围栏封闭,并设置醒目的提示标语。预制构件堆放场中必须设置合理的工作人员安全通道。预制构件存放时,预埋吊件所处位置应避免遮挡,易于起吊。

(3)预制外墙板宜采用堆放架插放或靠放,堆放架应具有足够的承载力和刚度,预制外墙板外饰面不宜作为支撑面,对构件薄弱的部位应采取保护措施。预制墙板采用靠放时,用槽钢制作满足刚度要求的三角支架，应对称堆放，外饰面朝外，墙板搁置点应设在墙板底部两端处，搁置点可采用柔性材料，堆放好后要采取临时固定措施。

(4)预制叠合板、预制柱、预制梁可采用叠放方式，如图 4.44、图 4.45 所示。预制叠合板叠放层数不宜大于 6 层，叠放时用 4 块尺寸大小统一的木块衬垫，木块高度必须大于叠合板外露桁架筋的高度，以免上层构件底板与下层叠合板桁架筋发生触碰，导致木质垫块不能发挥作用，造成叠合板开裂。预制柱、预制梁叠放层数不宜大于 2 层，底层及层间应设置支垫，支垫应平整且上、下对齐，支垫地基应坚实。当预制构件堆放超过上述层数时，应对支垫、地基承载力进行验算。

图 4.44　预制叠合板的堆放

图 4.45　预制柱的堆放

(5)预制阳台、预制楼梯堆放(图 4.46)时，下面要垫 4 包黄沙或 4 块垫木，起到高低差调平的作用，防止构件因倾斜而滑动。预制空调板应单块水平放置，方便栏杆焊接施工。预制异形构件的堆放应根据施工现场实际情况，按施工方案执行。

图 4.46　预制楼梯的堆放

[**小知识**]：水泥缓凝剂是一种能推迟水泥水化反应的外加剂。它可以延长混凝土的凝固时间，使新拌混凝土在较长时间内保持塑性，这一特性方便混凝土浇筑，提高施工效率。同时，它对混凝土后期各项性能不会造成不良影响。

一般来说，有机类缓凝剂大多对水泥颗粒及水化产物新相表面具有较强的活性作用，能够吸附于固体颗粒表面，延缓水泥和浆体结构的形成。无机类缓凝剂，往往是在水泥颗粒表面形成一层难溶的薄膜,对水泥颗粒的水化起屏障作用,阻碍水泥的正常水化。这些作用机制都会导致水泥的水化速度减慢,延长水泥的凝固时间。(引自百度百科)

思想提升:"凡事预则立,不预则废。"

——《礼记·中庸》

释义:不论做什么事,事先有准备,就能成功,不然就会失败。

思考题

1. 简述预制构件的基本类型。
2. 简述预制构件厂的总体规划内容。
3. 简述混凝土预制构件的生产工序。
4. 简述预制构件码放与运输的具体要求。
5. 简述预制构件现场堆放场区域的布置原则。
6. 简述预制构件现场堆放的具体要求。

第 5 章　预制构件的安装工艺流程及技术要点

【学习目标】

1. 了解预制柱的安装工艺流程。
2. 了解预制梁的安装工艺流程。
3. 了解预制剪力墙的安装工艺流程。
4. 了解预制叠合板的安装工艺流程。
5. 了解预制楼梯的安装工艺流程。
6. 了解预制阳台的安装工艺流程。
7. 了解预制隔墙板的安装工艺流程。

【能力目标】

1. 掌握预制柱的安装技术要点。
2. 掌握预制梁的安装技术要点。
3. 掌握预制剪力墙的安装技术要点。
4. 掌握预制叠合板的安装技术要点。
5. 掌握预制楼梯的安装技术要点。
6. 掌握预制阳台的安装技术要点。
7. 掌握预制隔墙板的安装技术要点。

5.1　预制构件安装概述

装配式建筑预制构件的装配工作有一套严谨的流程，装配式施工企业在施工前通常会做以下准备工作：

(1)外脚手架的形状应根据装配式建筑预制构件的吊装和施工要求现场确定。

(2)根据施工现场的情况确定吊装方案。规划场内的运输路线并确定现场组件临时存储设施的位置。

(3)在楼板中预留线孔位置，在当前楼层的 4 个基准外角点正上方预留一个 20 cm×20 cm 的方孔，方便上层轴线定位放线时，经纬仪对下层基准点的引用。根据平面图规定的基准线和基准点，对所引入楼层的控制线、控制点的轴线和高度进行复核试验。

(4)在装配式建筑预制构件上标出轴线位置,以便检查安装方向。

(5)在安装构件前,须将预制构件与混凝土基础的凿毛、浮浆清除干净,并用水润湿。

5.2 吊装工具

1. 鸭嘴吊扣

鸭嘴吊扣(图5.1)一般采用合金钢,通过锻造工艺加工制成,与吊钉配合使用。鸭嘴吊扣的扣合操作注意事项如下:

(1)挂钩前,确认吊钉和鸭嘴吊扣相匹配。

(2)将鸭嘴吊扣开口处对准吊钉,向下按压使吊钉套入鸭嘴吊扣中。

(3)旋转鸭嘴吊扣球头鸭舌,使吊钉卡入鸭嘴吊扣闭合槽中。球头鸭舌应尽量旋转到闭合极限位置。

(4)鸭嘴吊扣落入凹槽中,等待吊装。

鸭嘴吊扣的解锁操作注意事项如下:

(1)放下构件,旋转鸭嘴吊扣球头鸭舌,使吊钉处于开口位置以便取下鸭嘴吊扣。

(2)将吊头拉起,不要让其在吊钉上方摇晃,防止误挂。

2. 万向吊环

万向吊环(图5.2)下部为丝杆结构,与螺纹套筒配合使用。吊环上部可360°旋转。万向吊环一般采用合金钢锻造成形。万向吊环使用注意事项如下:

(1)万向吊环使用时,勿超过额定荷载。

(2)螺纹套筒预埋时,应垂直于预制构件表面。吊环上部吊索拉力方向应竖直向上,不应歪拉斜吊,以保证吊环下部丝扣的竖向受力。

(3)吊环与螺纹套筒连接时,应保证吊环垫圈与工件表面全接触,中间不得有间隙。不得在吊环垫圈和工件表面之间加装垫物。

(4)起吊时,应匀速施加荷载,逐渐加力,勿施加冲击荷载及振动荷载。

(5)旋转吊环使用时,吊环螺栓可能会逐渐松动,应确认吊环与套筒是否紧固。若吊环螺栓有松动必须重新调紧。

图5.1 鸭嘴吊扣

图5.2 万向吊环

(6)应经常检查万向吊环的丝扣部位,若有损坏,应停止使用。万向吊环在平时存放时,应涂润滑油保养。

3. 工具式横梁(吊架)

工具式横梁(图 5.3)是一种通用性强、安全可靠、适合预制构件使用的吊装工具,可以用来改善预制构件吊点的受力状态,并调节预制构件的吊装姿态,方便预制构件的吊装就位。工具式横梁常用于梁、柱、墙板等构件的吊装,可以防止因起吊受力不均而对构件造成破坏,便于构件的安装、矫正。工具式横梁通常由工字钢、H 型钢、角钢或钢板等材料焊接而成,吊梁长度应根据预制构件的宽度最大值确定,钢板上宜每隔 300 mm 进行激光切割成孔或其他切割方式成孔,以满足不同预制墙体吊装需求。

工具式横梁使用时,根据被吊预制构件的尺寸、质量及预制构件上的预留吊点位置,利用卸扣将钢丝绳和预制构件上的预留吊点连接起来。吊梁上设置有多组圆孔,通过横梁的这些圆孔连接卸扣和钢丝绳进行吊装,保证吊索的垂直度及吊装的效率。此外,吊点可调式横梁通过调节活动吊钩的位置来满足各种尺寸预制构件的吊装需求。

工具式横梁改变了传统吊装梁只适用于较少型号预制构件的局面,实现了一种吊梁吊装多种预制构件的要求,节约了工装成本,提高了现场效率。若要吊装预制叠合板,通常会用到工具式吊架,如图 5.4 所示。

图 5.3　工具式横梁

图 5.4　工具式吊架

4. 吊装卸扣及吊钩

吊装卸扣通常分为 D 形卸扣(图 5.5(a))和弓形卸扣(图 5.5(b)),相比同规格的 D 形卸扣,弓形卸扣穿钢丝绳的空间更大。卸扣在使用时要正确地支撑荷载,其作用力应沿着卸扣的中心轴线,避免弯曲及不稳定的荷载,且不准过载使用。

在叠合板等构件吊装过程中,有时为了提高吊装效率,可用吊钩(图 5.5(c))替代卸扣,但必须确保吊钩安全可靠,弹簧保险扣完好。吊装过程中应经常检查起重吊机的吊钩,确保保险扣完好,若发现出现裂纹、吊钩螺纹被腐蚀等情况应予报废。

(a) D 形卸扣　　(b)弓形卸扣　　(c)吊钩

图 5.5　吊装卸扣及吊钩

5.3　预制柱的安装工艺流程及技术要点

5.3.1　预制柱的安装工艺流程

预制柱安装工艺流程为:基层处理、测量→预制柱起吊→预制柱安装(下层竖向钢筋对孔、预制柱就位、安装临时支撑)→预制柱位置、标高调整→临时斜支撑固定→摘钩。重点步骤介绍如下:

(1)基层处理、测量。

先凿毛并清理结合面。根据定位轴线,在已施工完成的楼层板面上放出构件边线及 200 mm 控制线。对套筒插筋的垂直度、定位进行复核,偏位误差控制在 5 mm 内,确保构件的套筒与下一层的预留插筋能够顺利对孔。在每根预制柱的安装部位(柱底 4 个角部),根据构件表面上的 1 m 标高控制线(生产时在构件表面标出),测量并计算出钢垫块的高度,放置钢垫块,以调整预制柱标高。

(2)预制柱起吊。

起吊前,应仔细核对构件编号,由专人负责挂钩、设置引导绳,待人员撤离至安全区域后,由起吊处信号工确认安全后进行试吊,缓慢起吊至距离地面 0.5 m,确定起吊装置安全后,缓缓起吊至安装面。

(3)预制柱安装。

工作面上的安装人员提前将临时斜支撑准备好,待构件下放至距安装面 0.5 m 时,由安装工人手扶引导降落,缓慢降落至安装面,并通过镜子观察套筒与插筋是否对孔,过程中使用小锤微调钢筋,确保构件安装就位。用撬棍或专用调节器将预制柱对准控制线进行微调,用靠尺检测垂直度,确保安装定位准确。

(4)预制柱位置、标高调整。

构件吊装之前在室内架设激光扫平仪,设定扫平标高为 1 m。构件安装后,通过激光线与墙面 1 m 控制线进行校核,底部通过垫片调节标高,直至激光线与构件表面 1 m 控制线完全重合。

(5)临时斜支撑固定。

竖向构件采用斜支撑进行临时固定。通过支撑螺杆上的可调螺杆进行调节,调整垂直度,待垂直度满足要求后紧固斜支撑。

以上步骤完成后,便可以进行预制柱的钢筋套筒灌浆施工工作。灌浆施工的具体过程详见本教材第 6 章,此处不再赘述,如图 5.6 所示为预制柱的安装过程。

(a)吊装

(b)对中调整

(c)安装临时斜支撑

(d)封堵注浆缝

(e)灌浆料配置

(f)套管内部清洁

图 5.6　预制的安装过程

(g)套管内部湿润

(h)套筒灌浆

(i)灌浆完毕

续图 5.6

5.3.2 预制柱的安装技术要点

(1)根据预制柱平面各轴的控制线和柱外边线,校核预埋套管位置的偏移情况,并做好记录。根据图纸将预留钢筋的多余部分割除,若预制柱有小距离的偏移须借助撬棍及扳手等工具进行调整。

(2)检查预制柱进场的尺寸、规格,以及混凝土的强度是否符合设计和规范要求;检查柱上预留套管、预留钢筋是否满足图纸要求,套管内是否有杂物。同时,做好检查记录,并与现场预留套管的检查记录进行核对,无问题方可进行吊装。

(3)柱就位调整:吊装前在柱四角放置钢垫块,有利于预制柱的垂直度校正。按照设计标高,结合柱的长度对偏差进行确认。

(4)预制柱吊装后,若采用先灌浆施工工艺,临时支撑须在套筒灌浆料强度达到 35 MPa 后拆除。

5.4　预制梁的安装工艺流程及技术要点

5.4.1　预制梁的安装工艺流程

预制梁安装工艺流程为：安装面准备（测量放线、支撑架体搭设、支撑架体调节）→预制梁起吊→预制梁安装（梁落位、位置、标高确认）→摘钩。以预制叠合梁为例讨论步骤如下：

（1）安装面准备。

根据预制叠合梁板平面布置图，在已安装完成的预制柱侧面放出预制叠合梁平面控制线。水平构件临时支撑采用底部带三脚架的独立钢支撑，顶部 U 托钢支撑内放置通长的木枋或钢梁，标高调节至梁底或板底标高，并通过水准仪进行复核。木枋或钢梁放置方向应垂直于桁架筋。墙、柱底注浆强度满足设计要求后可进行预制叠合梁吊装。

（2）预制叠合梁起吊。

为保证预制叠合梁在吊运过程中保持水平状态，应使用吊架进行预制叠合梁吊装。吊装时，应保证预制叠合梁的水平度。

（3）预制叠合梁安装。

当预制叠合梁下放至距安装面 0.5 m 时，由安装工人扶住构件缓慢下落。根据定位控制线，引导构件降落至独立支撑上，校核构件水平位置，并通过调节独立钢支撑，确保标高满足设计要求。

以上步骤完成后，便可以进行预制梁的钢筋套筒灌浆施工工作。灌浆施工的具体过程详见本教材第 6 章，此处不再赘述，如图 5.7 所示为预制梁的安装过程。

(a)预制梁起吊（1）　　**(b)**预制梁起吊（2）

图 5.7　预制梁的安装过程

(c)预制梁落位(1)

(d)预制梁落位(2)

续图 5.7

5.4.2　预制梁的安装技术要点

(1)测出柱顶与预制梁底标高误差,在柱上弹出预制梁边控制线。

(2)在构件上标明每个构件所属的吊装顺序和编号,便于吊装工人辨认。

(3)预制梁底支撑采用立杆支撑+可调顶托+100 mm×100 mm 木方,预制梁的标高通过速接支撑结构的顶丝来调节。

(4)预制梁起吊时,用吊索钩住吊架的吊环。吊索应具备足够的长度,以保证吊索和吊架之间的角度不宜小于 60°。

(5)当预制梁初步就位后,两侧工人借助柱头上的预制梁定位线和撬棍将预制梁精确校正,在调平的同时将下部的可调支撑固紧,这时方可松去吊钩。

(6)预制主梁吊装结束后,根据柱上已放出的预制梁边和预制梁端控制线,检查预制主梁上的预制次梁缺口位置是否正确,如不正确,须做相应处理后方可吊装预制次梁。预制梁在吊装过程中,要按柱对称吊装。

(7)预制梁安装顺序应遵循先主梁后次梁,先吊降板梁或底标高最低的预制梁后其他梁的原则。

5.5　预制剪力墙的安装工艺流程及技术要点

5.5.1　预制剪力墙的安装工艺流程

预制剪力墙
吊装施工实录

预制剪力墙吊装时,一般在墙体顶部预埋吊钉。当墙体长度不超过 5 m 时,一般预埋 2 颗吊钉。当预制剪力墙长度较长(超过 5 m)时,则预埋 3~4 颗吊钉。

预制剪力墙安装工艺流程:起吊前准备(基层处理、测量、钢垫片放置、结合面处理、固定弹性密封胶条)→预制剪力墙起吊→预制剪力墙安装(下层竖向钢筋对孔、预制墙体就位、安装临时支撑、预制墙体校正、临时支撑固定)→摘钩。重点步骤介绍如下：

(1)起吊前准备。

①基层处理、测量。

根据定位轴线,在作业层混凝土顶板上弹设控制线以便安装墙体就位。控制线包括：墙体及洞口边线、墙体 200 mm 水平位置控制线、作业层 500 mm 标高控制线(标注于混凝土楼板插筋上)、套筒中心位置线。用定位钢板对钢筋的垂直度、定位及高度进行复核,对不符合要求的钢筋进行校正,确保上层预制外墙上的套筒与下一层的预留钢筋能够顺利对孔。

②钢垫片放置。

使用水准仪测出标准层所有预制剪力墙落位处放置垫片部位的标高,计算出该层预制剪力墙落位处标高的平均值,如最低处与最高处差值过大,可取平均区间,或者将几处最高的部位进行处理后再取平均值。待对应的预制剪力墙进场后,通过剪力墙高度进行计算,可得出放置垫片的高度。

③结合面处理。

为了使旧混凝土面与灌浆料结合更紧密,需要在吊装预制剪力墙前进行凿毛处理,也可在混凝土初凝前拉毛处理。

④固定弹性密封胶条。

使用弹性密封胶条对灌浆区域进行分仓,为后期灌浆做好准备。采用水泥钉将密封胶条固定于地面,要确保堵缝不漏浆。

(2)预制剪力墙起吊。

吊装时配备 2 名信号工,起吊处 1 名,吊装楼层上 1 名。吊装时配备 1 名挂钩人员,楼层上配备 3 名安放及固定墙体人员。吊装前,由质量负责人核对墙板型号、尺寸,检查质量无误后,由专人负责挂钩。待挂钩人员撤离至安全区域,由信号工确认构件四周安全情况,确认安全后进行试吊,指挥缓慢起吊,起吊到距离地面 0.5 m 左右时,确定安全后,继续起吊。

(3)预制剪力墙安装。

待预制剪力墙下放至距楼面 0.5 m 处,根据预先定位的导向架及控制线微调,微调完成后减缓下放。由两名专业操作工人手扶引导降落,降落至距楼面约 100 mm 时,一名工人利用专用镜子观察连接钢筋是否对孔。预制剪力墙停止下落后,采用钢管斜支撑(不得少于 2 个)进行临时支撑固定,利用专用工具进行预制剪力墙的标高及轴线位置调整。

以上步骤完成后,便可以进行预制剪力墙的钢筋套筒灌浆施工,灌浆施工的具体过程详见本教材第 6 章,此处不再赘述,如图 5.8 所示为预制剪力墙的安装过程。

(a)预制剪力墙起吊

(b)下层竖向钢筋对孔

(c)工人检查连接钢筋是否对孔

(d)钢管斜支撑

图 5.8　预制剪力墙的安装过程

5.5.2　预制剪力墙的安装技术要点

(1)预制剪力墙吊装时,为了保证墙体吊钉处于竖向受力状态,应采用 H 型钢焊接而成的专用吊架,并且吊装时根据各预制构件的尺寸、质量,以及不同的起吊点位置,设置模数化吊点,确保预制构件在吊装时,吊装钢丝绳保持竖直。同时,专用吊架下方设置专用吊钩,用于悬挂吊索,进行不同类型预制墙体的吊装。

(2)当预制剪力墙上开洞口,且洞口不居中时,预制剪力墙的重心有可能不在中间轴处,吊装时预制剪力墙可能会倾斜。此种情况,可采用三点吊装的方式,即中间一根吊索配手拉葫芦进行调平。

(3)当预制剪力墙带凸窗时,其重心有可能在墙体平面外,吊装时容易产生平面外的倾斜。此种情况,可采用框架式平衡梁四点吊装的方式,并配手拉葫芦进行调平。

5.6　预制叠合板的安装工艺流程及技术要点

我国的装配整体式结构中，楼盖主要采用预制叠合楼盖体系，包括钢筋桁架叠合板及预应力带肋叠合板等。吊装预制叠合板时，应按图纸要求确定吊点位置，起吊桁架筋（此部位进行局部加强处理）。预制叠合板的吊装，在条件允许的情况下，可考虑串吊，以提高吊装效率。当预制叠合板串吊时，下部的预制叠合板的质量应直接传递至吊装点位或钢丝绳，不宜通过上部预制叠合板传递荷载至吊钩。

预制叠合板吊装施工实录

5.6.1　预制叠合板的安装工艺流程

预制叠合板安装工艺流程为：测量放线→独立支撑架体搭设与调节→预制叠合板起吊→预制叠合板落位与位置、标高确认→摘钩。重点步骤介绍如下：

（1）测量放线。

根据定位轴线，在已施工完成的楼层板上，通过铅垂和激光水准仪放出叠合板的定位边线和支撑立杆的定位线，并在已安装完成的预制墙体上弹垂直控制线。

（2）独立支撑架体搭设与调节。

预制叠合板采用独立固定支撑作为临时固定措施，独立固定支撑包括铝合金工具梁、独立支撑及三脚稳定架。影响叠合板水平度的直接因素为主龙骨和小横杆的标高，即架体搭设的高度。预制叠合板的支撑架体为专业的独立钢支撑，上口设有丝扣和顶托，顶托上设置铝合金龙骨。独立支撑架体搭设时，将支撑架放置在指定位置上，然后通过水准仪和卷尺，测出预制叠合板板底的高度，同时操作人员对上口的丝扣进行调节，使铝合金龙骨顶部达到测量高度的要求。竖向连续支撑层数不应少于两层，且上下层支撑宜对准。

（3）预制叠合板起吊。

吊装时配备 2 名信号工，构件起吊处 1 名，吊装楼层上 1 名。另预制叠合板吊装时配备 1 名挂钩人员，楼层上配备 2 名安放预制叠合板人员。吊装前由质量负责人核对预制叠合板编号、尺寸，检查无误后，由专人负责挂钩，待挂钩人员撤离至安全区域，由构件起吊处的信号工确认构件四周安全情况，确认无误后进行试吊，指挥缓慢起吊，起吊到距离地面 0.5 m 左右时，确定安全后，继续起吊。

吊装时应遵循“慢起、快升、缓降”原则，吊运过程应保持平稳。每班作业时宜先试吊一次，检测吊具与塔式起重机是否异常。构件应采用垂直吊运的方式，严禁斜拉、斜吊；吊起的构件应及时安装就位，不得悬挂在空中；吊运和安装过程中，都必须配备信号工、司索工，对构件的移动、吊升、停止、安装，应采用远程通信设备进行指挥，信号不明时不得吊运和安装。吊装前，对预埋件、临时支撑、临时防护等再次检查，同时配齐装配工人、操作工具及辅助材料。

(4)预制叠合板落位与位置、标高确认。

待预制叠合板下放至距楼面0.5 m处,根据预先定位的导向架及控制线微调,微调完成后缓慢下放。安排2名专业操作工人手扶引导预制叠合板降落,降落至距楼面约100 mm时,由1名工人观察预制叠合板的边线是否与水平定位线对齐。吊装完毕后,需要双方管理人员共同检查落位是否与定位线有偏差,采用激光铅垂仪和靠尺进行检测,如超出质量控制要求,管理人员须责令操作人员对预制叠合板进行调整:误差较小,采用撬棍即可完成调整;误差较大,则需要重新起吊落位,直到通过检查为止。

如图5.9所示为预制叠合板的安装过程。如图5.10所示为预制叠合板的连接方式。如图5.11所示为预制叠合板的模板支撑情况。

预制叠合板吊装还须注意安装方向,每块预制叠合板应根据图纸方向设置方向箭头,并统一按箭头方向安装,防止因安装方向错误引起的管线及预埋错误,如图5.12所示为预制叠合板管线施工现场。

(a)预制叠合板起吊

(b)工人引导预制叠合板降落

(c)预制叠合板位置、标高确认

图5.9 预制叠合板的安装过程

(a)预制叠合板密拼连接

(b)预制叠合板整体式连接

图 5.10　预制叠合板的连接方式

图 5.11　预制叠合板的模板支撑情况

图 5.12　预制叠合板管线施工现场

5.6.2　预制叠合板的安装技术要点

(1)每条预制梁在吊装后都须测量并弹出相应预制叠合板板四周的控制线。

(2)在构件上标明每个构件所属的吊装顺序和编号,便于吊装工人辨认。

(3)预制叠合板板底支撑采用承插型盘扣式脚手架+可调顶托+100 mm×100 mm 木方。预制叠合板吊装前,应检查是否存在可调支撑高出设计标高的情况,同时校对预制梁之间的水平尺寸是否有偏差，并做相应的调整。

(4)预制叠合板通过多点(4点、6点等)起吊，预制叠合板吊至柱上方3~6 cm后，调整预制叠合板位置使锚固筋与梁箍筋错开便于就位，确保预制叠合板板边线基本与控制线吻合。

(5)当一跨吊装结束后，要根据预制叠合板四周边线及预制构件上弹出的标高控制线对预制叠合板标高及位置进行精密调整，误差控制在2 mm以内。

(6)预制叠合板吊装时应从一个方向向另一个方向推进，在每跨内按照先外后内、先不规则后规则的顺序进行吊装。

5.7 预制楼梯的安装工艺流程及技术要点

预制楼梯的生产，一般有含休息平台整体预制和不含休息平台踏步段预制两种，且不含休息平台踏步段预制较为常见。预制楼梯出厂时，防滑条及栏杆埋件应已做好。预制楼梯吊装时，较常采用四点吊装，一般在楼梯的上、下平台面预埋有吊钉，采用鸭嘴吊扣进行连接。吊装时，可采用平衡梁、吊链或钢丝绳进行吊装。吊装时，要保证预制楼梯的倾斜角度与安装就位时的角度相同。

5.7.1 预制楼梯的安装工艺流程

预制楼梯安装工艺流程为：起吊前准备(测量放线，钢筋调直，放置钢垫片、找平)→预制楼梯起吊→预制楼梯安装(钢筋对孔校正，位置、标高确认，安装连接件、踏步板及栏杆)→摘钩。重点步骤介绍如下：

(1)起吊前准备。

根据施工图纸，在上、下楼梯休息平台板上分别放出楼梯定位线，同时在梯梁面放置钢垫片，并铺设细石混凝土找平。钢垫片厚度为3~20 mm。此外，须检查竖向连接钢筋，针对偏位钢筋要进行校正。

(2)预制楼梯起吊。

根据预制楼梯的设计尺寸，可采用平衡梁、吊链或钢丝绳进行吊装。吊装前，由质量负责人核对楼梯型号、尺寸，检查质量无误后，由专人负责挂钩，指挥缓慢起吊，起吊到距离地面0.5 m左右，检查吊钩是否紧固，构件倾斜角度是否符合要求，待达到要求后方可继续起吊。

(3)预制楼梯安装。

①钢筋对孔校正，位置、标高确认。待墙体下放至距楼面0.5 m处，由专业的操作工人稳住预制楼梯，根据水平控制线缓慢下放楼梯，使其对准预留钢筋，安装至设计位置。预制楼梯落位时，先用钢管独立支撑进行临时支撑固定。在预制楼梯上、下平台面底部两端各设置不少于2个钢管独立支撑，通过这些独立支撑调整楼梯的标高。预制楼梯标高及轴线调整到位后，立即进行灌浆或浇筑细石混凝土操作，同时应避免对灌浆和封堵区域造成污染。

②安装连接件、踏步板及栏杆。

楼梯停止降落后，由专人安装预制楼梯与墙体之间的连接件，然后安装踏步板及永久栏杆或临时栏杆(预制墙体上须预埋螺母,以便连接件固定)。预制楼梯安装完成后,应立即使用废旧模板覆盖保护,避免施工过程中对其阳角处造成破坏。

预制楼梯安装完成后,对预制楼梯两侧与墙体的接缝进行打胶施工。打胶施工工艺详见本书第 5 章 5.11 节,此处不再赘述。

如图 5.13 所示为预制楼梯的安装过程。

图 5.13　预制楼梯安装过程

5.7.2　预制楼梯的安装技术要点

(1)楼梯间周边梁板吊装后,测量并弹出相应预制楼梯端部和侧边的控制线。

(2)预制楼梯进场后,要按事先确定好的楼栋号与楼层号分开摆放,并给楼梯编号,这样便于吊装和指挥操作,减少误吊的概率。

(3)调整索具吊链长度,使预制楼梯休息平台处于水平位置,试吊预制楼梯,检查吊点位置是否准确,吊索受力是否均匀等,试吊高度不应超过 1 m。

(4)预制楼梯吊至梁上方30~50 cm后,调整预制楼梯位置使上、下平台锚固筋与梁箍筋错开,预制楼梯边线基本与控制线吻合。

(5)根据已放出的预制楼梯控制线,用撬棍等工具将构件精确就位,先保证预制楼梯两侧准确就位,再使用水平尺和手拉葫芦调节楼梯水平度。

(6)预制楼梯安装完成后,踏步口应采用铺设木板或其他覆盖形式进行成品保护,防止预制楼梯缺棱掉角。

5.8 预制阳台的安装工艺流程及技术要点

预制阳台吊装时,一般采用四点吊装。在预制阳台的四周预埋有吊钉,采用鸭嘴吊扣进行吊装。预制阳台的吊装类似预制楼梯,也使用平衡梁、吊链或钢丝绳进行吊装。

5.8.1 预制阳台的安装工艺流程

预制阳台安装工艺流程为:安装面准备(测量放线、临时支撑搭设)→预制阳台起吊→预制阳台落位→位置、标高确认→摘钩。重点步骤介绍如下:

(1)安装面准备。

预制阳台临时支撑采用独立钢支撑,顶部U托钢支撑内放置通长的50 mm×100 mm木枋,标高调节至预制阳台板底标高。

(2)预制阳台起吊。

起吊处安排1名挂钩人员,楼面上安排3名安装人员。起吊时,采用框架式平衡梁并配备4根钢丝绳或吊链进行吊装,确保预制阳台起吊时的水平度。

(3)预制阳台落位与位置、标高确认。

当预制阳台吊装至作业面上空0.5 m时,缓慢降落,并由专业的操作工人稳住预制阳台,根据预制叠合板上的控制线,引导预制阳台降落至独立支撑上,同时根据预制墙体上的水平控制线及预制叠合板上的控制线,校核预制阳台水平位置及竖向标高,通过调节竖向独立支撑,确保预制阳台满足设计标高要求,允许误差为±5 mm。此外,通过撬棍调节预制阳台水平位置,确保预制阳台满足设计图纸平面位置要求,允许误差为±5 mm。

如图5.14所示为预制阳台的安装过程。

图5.14 预制阳台安装过程

续图 5.14

5.8.2　预制阳台的安装技术要点

(1)每块预制阳台吊装后,须测量并弹出相应周边控制线。

(2)在构件上标明每个构件所属的吊装顺序和编号,便于吊装工人辨认。

预制凸窗吊装施工实录

(3)预制阳台板底支撑采用承插型盘扣式脚手架+可调顶托+100 mm×100 mm 木方,预制阳台吊装前应检查是否有可调支撑高出设计标高,校对与预制阳台相接的预制梁之间的水平尺寸是否有偏差,并做相应的调整。

(4)预制阳台通过四点起吊,吊至柱上方 3~6 cm 后,调整预制阳台位置使锚固筋与梁箍筋错开便于就位,预制阳台边线基本与控制线吻合。

(5)预制阳台属于悬挑构件,安装时其底部需要搭设安全稳固的临时支撑固定。临时支撑立杆间距应计算确定,竖向连续支撑层数不应少于 2 层,且上、下层支撑应对准。待连接部位现浇混凝土强度达 100%后,方可拆除。

5.9　预制隔墙板的安装工艺流程

本节以 ALC 隔墙板为例,介绍预制隔墙板的安装过程。预制隔墙板的安装工艺流程如下:

ALC 隔墙板安装施工实录

(1)预制隔墙板定位放线(图 5.15)。

根据十字线及施工图开间进深尺寸,复核预制隔墙板定位线是否符合施工要求。

(2)预制隔墙板运输。

根据排版图纸选定型号及规格一致的预制隔墙板,并用运板车运输到安装位置。此外,严禁现场随意切割预制隔墙板。

(3)刷水润湿。

用毛刷蘸水清洁墙板榫头及与其连接的主体结构部位,须仔细清除残留的浮灰、油渍、杂质等,否则易产生隔离层,使后期面层结合不牢。

(4)预制隔墙板批浆(图5.16)。

在主体结构与预制隔墙板连接部位批专用砂浆。应注意板与板之间的对接缝内应填满灌实,板缝间隙应揉挤严密,被挤出的砂浆应刮平、勾实。

图5.15　预制隔墙板定位放线

图5.16　预制隔墙板批浆

(5)预制隔墙板立板(图5.17)。

将预制隔墙板抬起并移动至安装位置,预制隔墙板紧密放置,为了保障拼缝砂浆饱满度,用撬棍将预制隔墙板从下部进行微调挤紧,缝宽控制在5~8 mm。

(6)预制隔墙板底部备木楔(图5.18)。

在预制隔墙板下部打入木楔并楔紧,且木楔的位置应选择放置在预制隔墙板的实心肋处,应采用下楔法施工,严禁采用上楔法施工。

图5.17　预制隔墙板立板

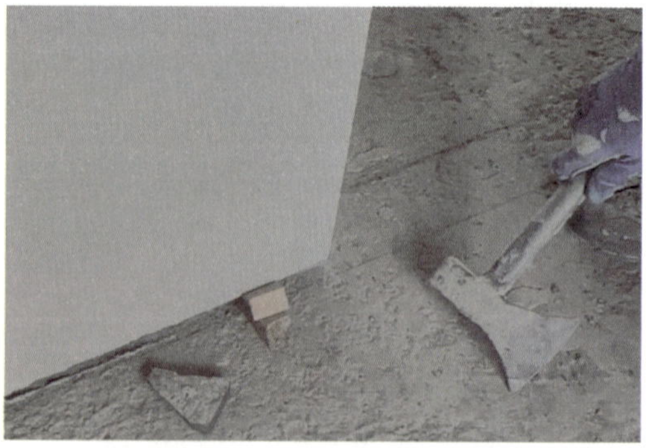

图5.18　预制隔墙板底部备木楔

(7)预制隔墙板调整测量(图5.19)。

用红外线扫平仪、靠尺调整预制隔墙板平整度,并调整好垂直度和相邻墙板的平整度。

须待预制隔墙板的垂直度、平整度检验合格后,再安装下一块墙板。另外,要保证预制隔墙板的垂直度控制在 3 mm 以内。

(8)预制隔墙板固定(图 5.20)。

应按排版图,在预制隔墙板与顶板、结构梁、主体墙、柱的连接处位置设置钢卡、抗震钢卡。

图 5.19　预制隔墙板调整测量

图 5.20　预制隔墙板固定

(9)预制隔墙板连续安装(图 5.21)。

安装第一块预制隔墙板后,连续安装后续预制隔墙板。

(10)预制隔墙板拆除木楔。

立板 3 d 后拆除木楔,并对木楔位置进行灌缝处理。随后进行后续的水电开槽作业(图 5.22)。

图 5.21　预制隔墙板连续安装

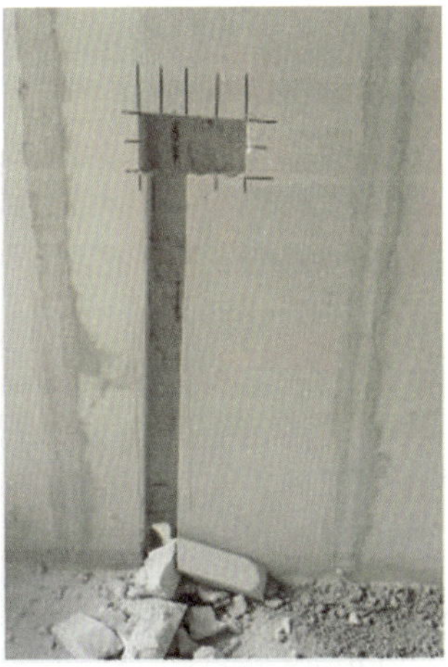

图 5.22　预制隔墙板水电开槽

5.10　预制构件的吊装注意事项

装配式建筑施工时,塔吊须承担预制构件的吊装和建筑材料、施工机具的运输任务。装配式建筑塔吊应进行专门的规划设计(图 5.23),其选型、布置具有以下特点。

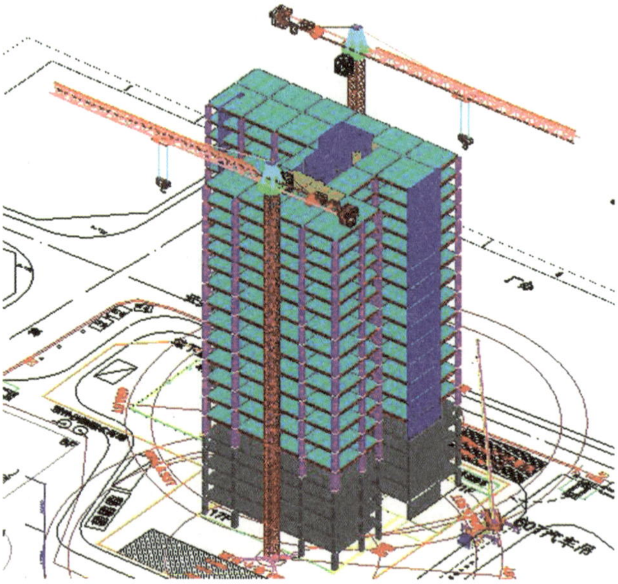

图 5.23 塔吊规划设计

(1)塔吊起重能力要求高,型号往往比传统施工所用塔吊大。

(2)吊装预制构件占用时间长,塔吊使用更紧张,须合理安排。

(3)塔吊的型号选择:

①主要考虑工作幅度、起重高度、起重量等技术参数。

②主要考虑进出场安拆费、月租金、作业人员工资等经济参数。

(4)塔吊位置的确定应满足:

①塔吊覆盖的要求。

②群塔施工安全距离的要求。

③塔吊和架空线边线的最小安全距离。

④塔吊基础设置的要求。

⑤便于附墙。

⑥便于安装和拆除。

装配式建筑施工,对塔吊依赖大,塔吊布置数量也比传统施工的要多,群塔作业安全更需要提前设计。高、低塔布置与建筑主体施工进度安排有关,群塔作业方案中应根据主体施工进度及塔吊技术要求,确定合理的塔吊升节、附墙时间节点。

预制构件吊装时还应注意以下问题:

(1)预制构件吊装时,预制构件的混凝土强度及龄期应达到要求,一般不低于 75%设计强度。

(2)预制构件的吊装点位应提前设计好,以便下一步的转运及吊装。应根据预制构件的类型、尺寸及预留吊点,选择相应的吊具。

(3)为使预制构件吊装过程稳定,不出现摇摆、倾斜、转动、翻倒等现象,应通过计算选择合适、合理的吊具。

在装配式建筑预制构件吊装时,吊装方向应该与施工方向一致,原因在于:如果吊装方向与施工方向相反,不仅会增加操作难度,而且增加施工风险。例如,对于装配整体式框架结构,其一般的构件吊装顺序为:预制柱吊装→预制梁吊装→预制板吊装→预制外挂板吊装→预制阳台吊装→预制楼梯吊装,其中预制楼梯也可在现浇混凝土施工完毕拆模后进行吊装。

按照上述原则,并考虑穿插施工,可以确定同一层的各预制构件吊装顺序,并用预制构件安装顺序图来表达。如图 5.24 所示为某装配整体式框架结构工程中各预制构件安装顺序图。

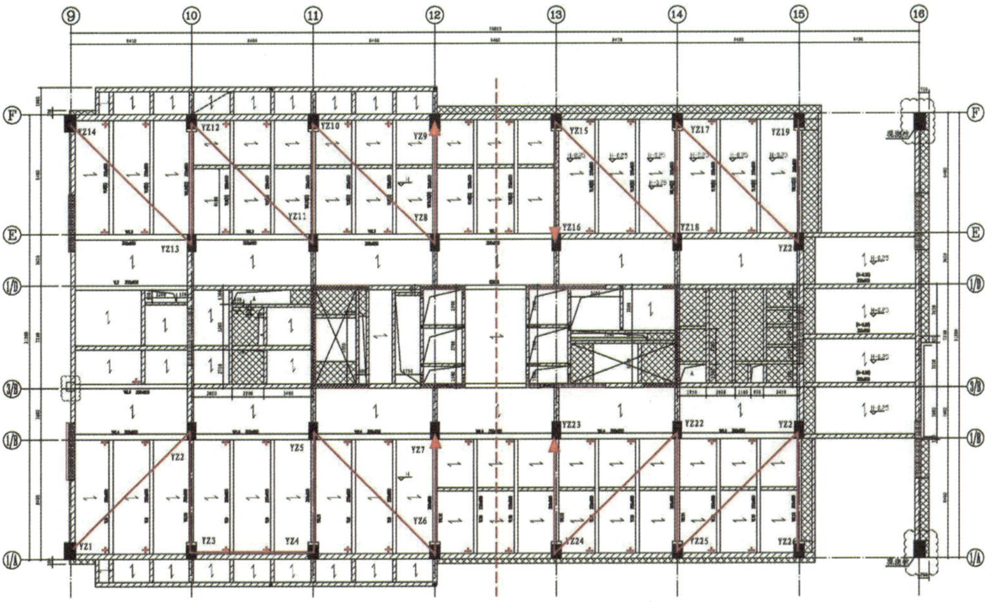

(a)预制柱

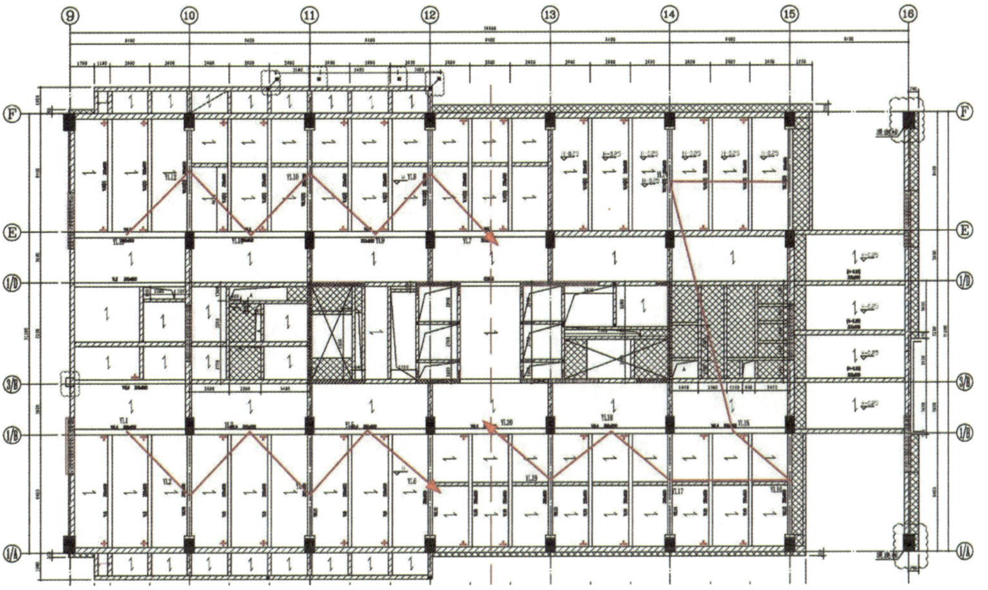

(b)预制框架梁

图 5.24　某装配整体式框架结构工程中预制构件安装顺序

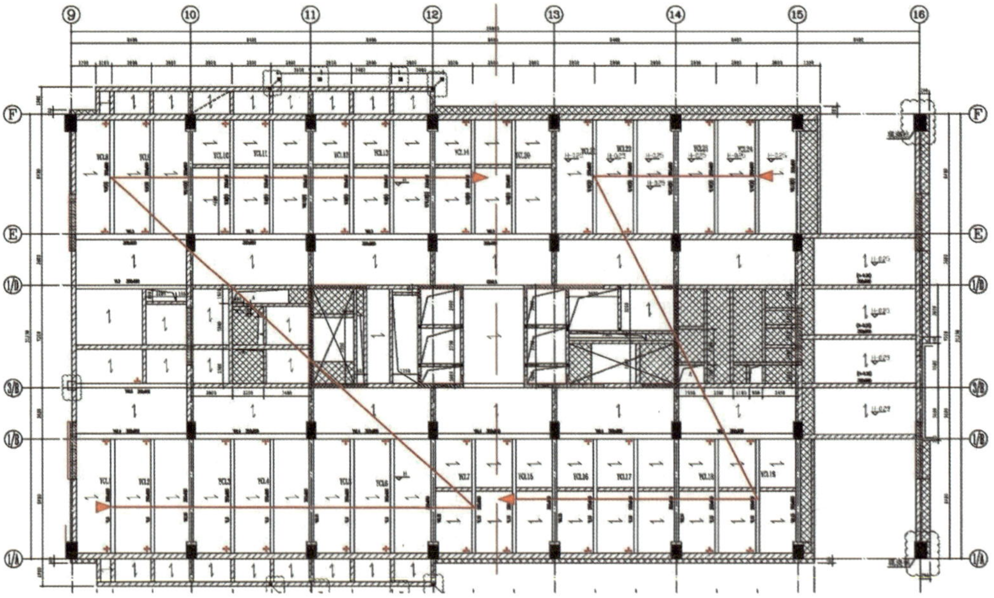

(c)预制非框架梁

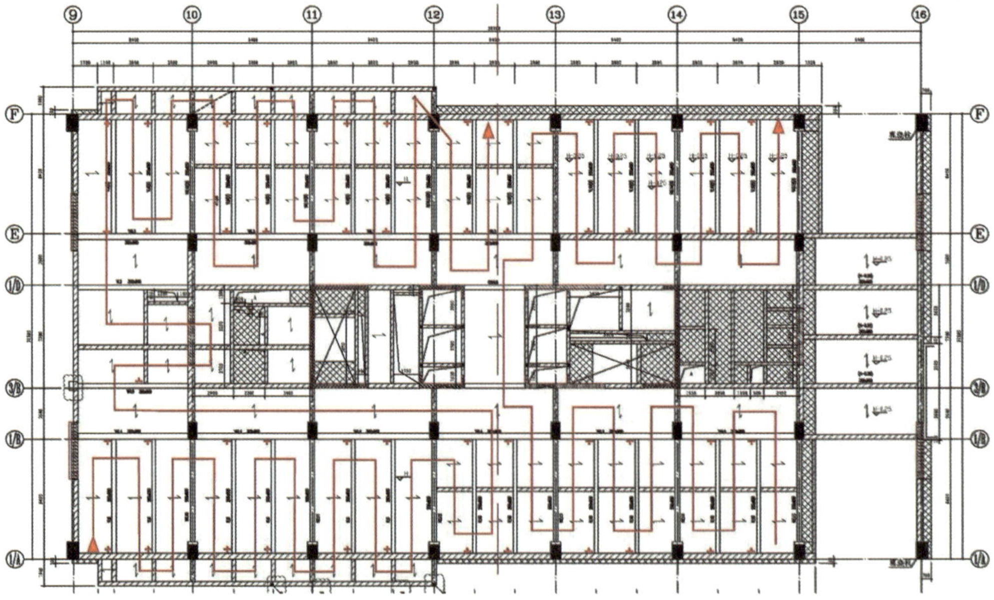

(d)预制板

续图 5.24

思想提升:“不闻不若闻之,闻之不若见之,见之不若知之,知之不若行之。”

——《荀子·儒效》

释义:不听不如听到,听到不如看到,看到不如知道,知道了不如亲自实践。

思考题

1. 简述预制柱的安装技术要点。
2. 简述预制梁的安装技术要点。
3. 简述预制剪力墙的安装技术要点。
4. 简述预制叠合板的安装技术要点。
5. 简述预制楼梯的安装技术要点。
6. 简述预制阳台的安装技术要点。
7. 简述预制隔墙板的安装工艺流程。

第 6 章　套筒灌浆连接

【学习目标】

1. 熟悉套筒灌浆连接的工艺流程。
2. 熟悉套筒灌浆准备工作。
3. 熟悉灌浆料制备流程。
4. 熟悉灌浆料的灌注流程。

【能力目标】

1. 掌握套筒灌浆准备的工作要点。
2. 掌握灌浆料灌注的操作要点。

6.1　灌浆准备

套筒灌浆连接的工艺流程为:灌浆准备→灌浆料制备→灌浆料检验→灌浆料灌注→灌浆后保护。

套筒灌浆连接应采用匹配的灌浆套筒和灌浆料。灌浆套筒和灌浆料应在检验合格后方可使用。使用过程中,如果更换灌浆套筒和灌浆料,应重新进行接头形式检验。套筒灌浆前,应编制专项施工方案并进行专项技术交底。灌浆操作人员须取得培训证书后,才能进行现场灌浆。灌浆可采用人工、机械两种方式。机械灌浆的灌浆压力、灌浆速度可根据现场施工条件确定,灌浆压力一般为 0.5~1.2 MPa。

6.2　灌浆料的制备与检验

1. 灌浆料制备

(1)灌浆料应储存在通风、干燥、阴凉处,应注意避免阳光长时间照射或受潮。

(2)使用前须打开包装袋,检查灌浆料外观,无受潮结块等异常后方可使用。

(3)拌合用水应采用饮用水,使用其他水源时,应符合《混凝土用水标准》(JGJ 63—2006)的规定。混合物的温度宜为 10~30 ℃,当环境温度低于 5 ℃或高于 40 ℃时可采用热水或冷水掺入的方式,调节水温,且拌合用水应现取现用。

(4)在夏季进行制浆拌合水操作时,应避免阳光长时间照射,温度应控制在 20 ℃以下。

(5)搅拌设备和灌浆泵应存放于阴凉处,使用前用水降温、湿润。

(6)拌合器具:①测温仪;②电子秤和刻度杯;③不锈钢制浆桶、水桶;④手提变速搅拌机;⑤灌浆枪或灌浆泵。

采用电动灌浆泵灌浆,一般单仓长度不超过 1.5 m。在大面积施工前,应进行试验。仓体越大,灌浆阻力越大,灌浆压力越大,灌浆时间越长,对封缝的要求越高,灌浆不满的风险也越大。分仓后,须在构件对应位置做出分仓标记,记录分仓灌满时间,便于指导灌浆。分仓材料多采用专用座浆料,浆料 28 d 标准养护试件抗压强度应高于预制墙体混凝土抗压强度 10 MPa 以上,且不能低于 40 MPa。

(7)灌浆料须按产品质量文件(说明书、出厂检验报告等)中注明的加水率(加水质量/干料质量×100%)进行拌制。

(8)搅拌机、灌浆泵就位后,首先将全部拌合水加入搅拌桶中,然后加入约 70%的灌浆干粉料,搅拌至大致均匀(约 1~2 min),最后将剩余干料全部加入,再搅拌 3~4 min 至浆体均匀(图 6.1)。搅拌均匀后,静置约 2 min 排气,然后注入灌浆泵(或灌浆枪)中进行灌浆作业。搅拌完成后,不得再次加水。灌浆作业前,须检测灌浆料初始流动度。

灌浆料拌合物的流动度指标随时间会逐渐下降,为保证灌浆施工的质量,灌浆料宜在加水后 30 min 内用完。灌浆料拌合物不得再次添加灌浆干粉料、水混合后继续使用,超过规定时间外的灌浆料及使用剩余的灌浆料只能废弃。

图 6.1　灌浆料搅拌

2. 灌浆料检验

JGJ 355—2015 中给出了常温型灌浆料和低温型灌浆料两种灌浆料的检验指标,为便于介绍,本章仅针对常温型灌浆料进行介绍。

流动度检验:每工作班应检查灌浆料拌合物初始流动度不少于 1 次,指标应符合表 6.1 要求。

流动度检验工具包括截锥试模、玻璃板(500 mm×500 mm)和钢板尺(或卷尺),如图 6.2 所示。

表 6.1 常温型灌浆料拌合物工作性能要求

项目		工作性能要求
流动度/mm	初始	≧300
	30 min	≧260
泌水性/%		0

图 6.2 灌浆料流动度检验工具

抗拉强度检测:灌浆过程中,每 500 个同一规格的套筒灌浆连接接头制作 3 个相同灌浆工艺的平行试件进行抗拉强度检测,检测结果应符合 I 级接头要求。接头由预制构件厂提供。

灌浆料试件强度检验:强度检验试件的留置数量应符合验收及施工控制要求。每工作班组留置试块不少于 1 组,每组包含 3 块尺寸为 40 mm×40 mm×160 mm 的试件,且每层不得少于 3 组试件,如图 6.3 所示。

图 6.3 灌浆料试件

6.3 灌浆料的灌注

(1)在正式灌浆前,逐个检查各接头的灌浆孔和出浆孔内有无影响浆料流动的杂物,确保孔路畅通。

(2)灌浆料通常在 5~30 ℃之间使用(灌浆前,用测温仪对灌浆料进行测温,如图 6.4 所示),但应避开夏季一天内温度过高的时段、冬季一天内温度过低的时段,保证灌浆料现场操作流动性,延长灌浆有效操作时间。灌浆料的初凝时间约为 15 min,夏季灌浆操作宜在上午十点之前或下午三点之后进行,并且保证灌浆料及灌浆器具不受太阳光直射。在灌浆操作前,可将与灌浆料接触的构件进行洒水降温处理,改善构件表面温度过高、过于干燥的问题,并保证在最短时间内完成灌浆;冬季灌浆操作应在室外温度高于 5 ℃时进行。当养护温度低于 10 ℃时,更采取加热保温措施。若夏季照射导致预制构件表面温度远高于大气温度,当构件表面温度高于 35 ℃时,应预先采取降温措施。

(3)灌注施工时,应从灌浆孔(下口)逐渐充填灌浆料,先将浆料填充至底座,再使其从出浆孔(上口)溢出。溢出后,及时用橡胶塞封堵出浆口,直至所有的出浆口全部溢出浆料视为灌浆完毕(图 6.5)。当同一分仓段内有多个注浆口时,应从中间注浆口灌注。

图 6.4　灌浆料温度检测

图 6.5　灌浆料灌注

(4)对于较长的墙体(大于 1.5 m)应进行分仓操作,防止因注浆长度过长造成注浆不饱满的情况出现。同一仓只能在一个灌浆孔灌浆,不能同时选择两个以上孔灌浆,且同一仓应连续灌浆,不得中途停顿。如果中途停顿,再次灌浆时,应保证已灌入的浆料有足够的流动性,还需要将已经封堵的出浆孔打开,待灌浆料再次流出后,逐个封堵出浆孔。

套筒灌浆施工实录

(5)接头灌浆时,待接头上方的出浆孔流出浆料后,及时用专用橡胶塞封堵(图 6.6)。灌浆泵(枪)口撤离灌浆孔时,也应立即封堵。

(6)通过水平缝连通腔一次向构件的多个接头灌浆时,应按浆料排出先后顺序,依次封堵灌浆出浆孔。封堵时,灌浆泵(枪)一直保持灌浆持续的状态,直至所有出浆孔出浆并封堵牢固后,再停止灌浆。

(7)在灌浆完成且浆料凝固前,应巡视检查已灌浆的接头,如有漏浆及时处理。

图 6.6 灌浆孔封堵

(8)当灌浆施工出现无法出浆的情况时，应查明原因。对于未密实饱满的竖向连接灌浆套筒，在灌浆料加水拌合 30 min 内时，应首选在灌浆孔补灌；当灌浆料拌合物已无法流动时，可从出浆孔补灌，并应采用手动设备结合细管压力灌浆。补灌应在灌浆料拌合物达到设计规定的位置后停止，并应在灌浆料凝固后再次检查其位置是否符合设计要求。

(9)灌浆完毕后，立即清洗搅拌机、搅拌桶、灌浆筒等器具，以免灌浆料凝固，损坏机器。

(10)接头灌浆料凝固后，检查灌浆口、出浆孔处，凝固的灌浆料上表面应高于套筒外径上缘。若不满足要求应联系灌浆料厂家，采取后灌浆方式进行补救。

(11)灌浆操作全过程中，应有专职人员负责旁站监督，留存影像资料并及时形成施工质量检查记录。

灌浆材料充填操作结束后 12 h 内，不得施加有害的振动、冲击等影响，对横向构件连接部位混凝土的浇灌也应在 1 d 后进行。灌浆料同条件养护试件抗压强度达到 35 MPa 后，方可进行对接头有扰动的后续施工。临时固定措施的拆除，应在灌浆料抗压强度能确保结构达到后续施工承载要求后进行。

6.4 灌浆施工验收

采用套筒灌浆连接的混凝土结构验收应符合现行国家标准《混凝土结构工程施工质量验收规范》(GB 50204—2015)、GB/T 51231—2016 的有关规定，套筒灌浆连接的各项验收可划入装配式结构分项工程。同类型的首个施工段完成后，建设单位应组织设计、施工、监理单位进行验收，合格后方可进行后续施工。

(1)常温型灌浆料进场时，应对常温型灌浆料拌合物 30 min 流动度、泌水率及 3 d 抗压强度、28 d 抗压强度、3 h 竖向膨胀率、24 h 与 3 h 竖向膨胀率差值进行检验，检验结果应符合表 6.1~表 6.3 的有关规定。

表 6.2　灌浆料竖向膨胀率(常温型)

项目	竖向膨胀率/%
3 h	≥0.02
24 h 与 3 h 差值	0.02~0.40

表 6.3　灌浆料抗压强度(常温型)

时间(龄期)	抗压强度/MPa
1 d	≥35
3 d	≥60
28 d	≥85

检查数量:同一成分、同一批号的灌浆料,不超过 50 t 为一批,每批随机抽取不少于 30 kg,并按现行行业标准《钢筋连接用套筒灌浆料》(JG/T 408—2019)中的有关规定制作试件,试件养护条件应符合该规程第 6.1.1 条和第 6.1.2 条的规定。

检验方法:检查质量证明文件和抽样检验报告。

(2)灌浆套筒进厂(场)时,应抽取灌浆套筒并采用与之匹配的灌浆料制作对中连接接头试件,并进行抗拉强度检验。检验结果均应符合套筒灌浆连接接头的实测极限抗拉强度不应小于连接钢筋的抗拉强度标准值,且接头破坏应断于接头外钢筋。

检查数量:同一批号、同一类型、同一规格的灌浆套筒,不超过 1 000 个为一批,每批随机抽取 3 个灌浆套筒制作对中连接接头试件。

检验方法:检查质量证明文件和抽样检验报告。

(3)预制构件进场验收应按现行国家标准 GB 50204—2015 中的有关规定进行,并应按下列规定对埋入灌浆套筒的预制构件进行检验:

①灌浆套筒的位置及外露钢筋位置、长度允许偏差应符合表 6.4 的规定。

表 6.4　预制构件灌浆套筒和外露钢筋位置、长度允许偏差及检验方法

项目		允许偏差/mm	检验方法
灌浆套筒中心位置		2	尺量
外露钢筋	中心位置	2	
	外露长度	0,+10	

②灌浆套筒内腔内不应有水泥浆或其他异物,外露连接钢筋表面不应粘连混凝土、砂浆。

③构件表面灌浆孔、出浆孔、排气孔的数量、孔径尺寸应符合设计要求。

④与灌浆套筒连接的灌浆管、出浆管及排气管应保持通畅,最狭窄处尺寸不应小于 9 mm。

检查数量:不超过 100 个同类型预制构件为一批,每批随机抽取 20%,且不少于 5 件预制构件。

检验方法:观察,尺量检查,灌浆管、出浆管、排气管通畅性检查可使用专用器具。

(4)灌浆施工中,常温型灌浆料的 28 d 抗压强度应符合表 6.3 的规定。用于检验抗压强度的灌浆料试件应在施工现场制作。另外,环境温度低于 0 ℃时,不得施工。

检查数量:每工作班取样不得少于 1 次,每楼层取样不得少于 3 次。每次抽取 1 组 40 mm×40 mm×160 mm 的试件,按 JGJ 355—2015 中规定,标准养护 28 d 后进行抗压强度试验。

检验方法:检查施工记录及抗压强度试验报告。

(5)灌浆施工中,应采用方便观察且有补浆功能的器具,或其他可靠手段对套筒灌浆连接接头的灌浆饱满性进行监测,并将监测结果记入灌浆施工质量检查记录。现浇与预制转换层应 100%监测;其余楼层宜抽取不少于灌浆套筒总数的 20%,且每个构件宜抽取不少于 3 个灌浆套筒,其中每个外墙构件宜抽取不少于 5 个灌浆套筒。

灌浆施工过程中所有出浆口均应平稳连续出浆,灌浆完成后灌浆套筒内灌浆料应密实饱满,并应进行灌浆饱满性实体检验。

检查数量:外观全数检查。对灌浆饱满性进行实体抽检,现浇与预制转换层应抽取预制构件数不少于 5 件且不少于 15 个灌浆套筒,每个灌浆套筒检查 1 个点;其他楼层如施工记录、灌浆施工质量检查记录、影像资料齐全并可证明施工质量,且 100%灌浆套筒已按上述规定进行监测,可不进行灌浆饱满性实体抽检。

检验方法:观察;检查施工记录、灌浆施工质量检查记录、影像资料;灌浆饱满性实体检验可采用局部钻孔后内窥方式或其他可靠方法。

6.5 灌浆施工常见问题及解决方法

本节内容主要对灌浆施工过程中常见的问题进行剖析,详细说明问题产生的原因,问题的处理方法及原则,以及对于同类问题的预防措施等。装配式建筑灌浆作业常见问题如下:

1. 漏浆

(1)问题表现及影响。

灌浆过程中,分仓及封仓不密实,导致结构灌浆不饱满,或灌浆料进入非灌浆处,造成质量隐患,如图 6.7 所示。

(2)原因分析。

①灌浆过程中,由于封缝材料强度不足,当灌浆后期压力较高时,会出现漏浆。

②连通腔灌浆完成后,密封材料处不严密进而缓慢渗漏灌浆料。

③分仓时,隔仓密封材料宽度不足,或未形成有效隔离,在压力下灌浆料串仓泄漏,在构件外难以及时发现,导致套筒灌浆饱满后缓慢漏浆。

(3)预防措施。

①使用性能可靠的密封材料,预留封缝材料同条件试块,待抗压强度达到灌浆要求时,方可灌浆。

②严格按照封缝施工流程进行操作,保证座浆层封缝严密。

(4)处理措施。

灌浆时若出现漏浆情况,则停止灌浆,及时用环氧胶或快干砂浆封堵漏浆部位,进行补灌;漏浆严重时,则须提起预制墙板重新封仓、灌浆。

图 6.7　漏浆

2. 难以灌入结构

(1)问题表现及影响。

灌浆过程中,使用灌浆设备无法将正常拌合的灌浆料送入灌浆孔道,接头灌浆饱满度存在重大隐患。

(2)原因分析。

①灌浆料骨料过于粗大、流动性差,灌浆料在灌浆孔道内阻力大。

②灌浆套筒内存在杂物,堵塞灌浆孔道。

③灌浆设备工作压力不足,无法保证灌浆料的正常输送。

(3)预防措施。

①严格按照 JGJ 355—2015 中的要求,使用与灌浆套筒相匹配的灌浆料。

②逐个检查灌浆套筒、灌浆管及出浆管内有无杂物,可采用空压机向灌浆套筒的灌浆孔内吹气,以吹出杂物。

③使用满足结构接头灌浆压力所需性能的专用灌浆设备。

3. 封浆料堵塞灌浆孔道

(1)问题表现及影响。

封浆料进入套筒下口,堵塞灌浆通道。

(2)原因分析。

接缝封堵或分仓时,没有正确操作,导致浆料进入灌浆套筒孔内。

(3)预防措施。

①为了防止座浆料遮挡灌浆套筒孔口,分仓缝与连接钢筋外缘的距离应大于 40 mm。

②分仓缝宜和墙板垫片结合在同一处，防止垫片造成连通腔内灌浆料流动受阻。

③封堵时，先向连通灌浆腔内填塞封缝料内衬（内衬材料可以是软管、聚氯乙烯（PVC）管，也可以是钢板），然后在填塞封缝料内衬处填抹 1.5～2 cm 厚封堵料，确保不堵灌浆套筒孔。

（4）处理措施。

①剔除灌浆口处的砂浆。

②用空压机或水清洗灌浆通道，确保从灌浆口到出浆口通道的畅通。

③对此灌浆套筒进行单独灌浆。

4. 异物堵塞灌浆口、出浆口

（1）问题表现及影响。

预制构件制作时，碎屑或异物进入灌浆口、出浆管口内，堵塞灌浆料通道，导致无法灌浆或灌浆不饱满，如图 6.8 所示。

（2）原因分析。

构件制作、运输和堆放过程中有杂物进入。

（3）防治措施。

①安装灌浆管、出浆管后，用密封塞堵住管口，防止杂物进入。

②如果是混凝土碎渣或石子等硬物，用手枪钻剔除。

③如果是密封胶塞或聚乙烯（PE）棒等塑料，用钩状的工具或尖嘴钳从灌浆口或出浆口处挖出。

5. 钢筋贴灌浆套筒内壁，堵塞灌浆孔

（1）问题表现及影响。

钢筋偏斜，构件安装完成后，钢筋贴壁堵塞灌浆口，导致难以灌浆，如图 6.9 所示。

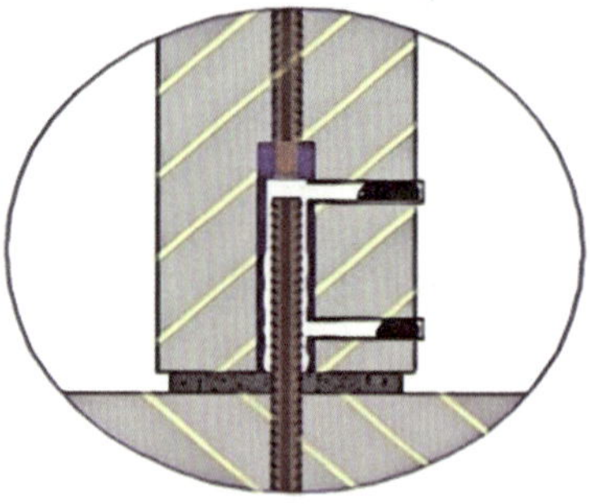

图 6.8　异物堵塞灌浆口、出浆口

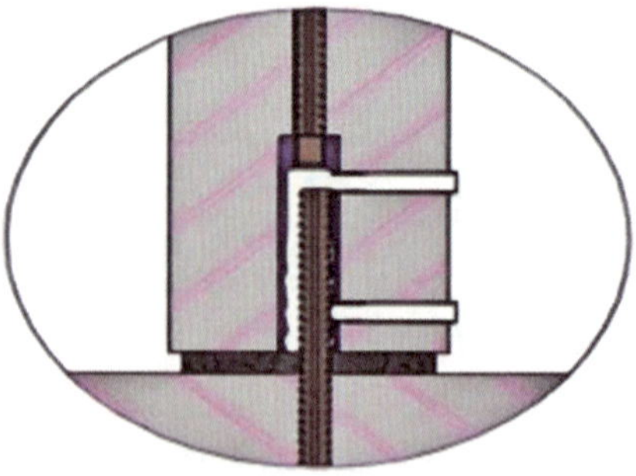

图 6.9　钢筋贴灌浆套筒内壁堵塞灌浆孔

（2）原因分析。

贴壁钢筋与灌浆腔或套筒灌浆连接接头内孔间隙过小，导致灌浆料无法顺利通过。

（3）防治措施。

①生产时，选择内腔灌浆孔处沟槽深度大的灌浆套筒，使用与套筒匹配的灌浆料。

②施工时，若发现堵孔，可从出浆孔灌入灌浆套筒内空腔。

[**新闻故事**]：从一名职高毕业生，成长为广西汽车集团首席专家、国务院政府特殊津贴专家、国家级技能大师、大国工匠，郑志明用二十余载的拼搏，精益求精，自强不息，铸就无数汽车梦想骨架，也书写了属于自己的传奇故事。1977 年，郑志明出生于柳州一个普通工人家庭。1997 年，郑志明从职高毕业后，进入广西汽车集团，成为一名钳工学徒。汽车零部件生产对精确度要求非常高，小小的间隙问题很可能导致生产出来的零件不合格。27 年来，郑志明秉承着“一生只磨一剑”的信念，用心“雕琢”手中的每一个零件，在生产一线苦练技艺，全身心投入到研磨、锉削、画线、钻削等各项工作中，练坏的工具能以吨计。（http://wglj.liuzhou.gov.cn/xwzx/gzdt/t19700101_3556772.shtml）

郑志明从产业工人成长为大国工匠

思想提升：“锲而舍之，朽木不折；锲而不舍，金石可镂。”

——《劝学》

释义：拿刀刻东西，中途停止，腐朽的木头也不能刻断；不停地刻下去，金石也能雕刻成功。比喻学习、做事情，只有坚持不懈，才能取得成就。浅尝辄止，将会一无所成。

思考题

1. 简述灌浆料的检验内容。
2. 简述套筒灌浆的准备工作。
3. 简述套筒灌浆的灌注过程。
4. 简述灌浆施工常见问题及解决方法。

第7章　装配式混凝土结构质量验收

【学习目标】

1. 了解预制构件的进场验收标准。
2. 了解预制构件连接与安装的验收标准。

【能力目标】

1. 能够使用预制构件的进场验收标准对构件进行验收。
2. 能够使用预制构件连接与安装的验收标准对预制构件连接与安装进行验收。

7.1　一般规定

装配式建筑施工应按现行国家标准《建筑工程施工质量验收统一标准》GB 50300—2013的有关规定，进行单位工程、分部工程、分项工程和检验批的划分和质量验收。装配式建筑的装饰装修、机电安装等分部工程、应按国家现行有关标准进行质量验收；装配式结构工程，应按混凝土结构子分部工程进行验收；装配式结构部分，应按混凝土结构子分部工程的分项工程验收；混凝土结构子分部中其他分项工程，应符合现行国家标准GB 50204—2015的有关规定。装配式结构工程施工用的原材料、部品、构配件，均应按检验批进行进场验收。

混凝土结构子分部工程验收时，除应按GB 50204—2015的有关规定提供文件和记录外，尚应提供下列文件和记录：

（1）工程设计文件、预制构件安装施工图和加工制作详图。

（2）预制构件、主要材料及配件的质量证明文件、进场验收记录、抽样复验报告。

（3）预制构件安装施工记录。

（4）钢筋套筒灌浆型式检验报告、工艺检验报告和施工检验记录，浆锚搭接连接的施工检验记录。

（5）后浇混凝土部位的隐蔽工程检查验收文件。

（6）后浇混凝土、灌浆料、座浆材料强度检测报告。

（7）外墙防水施工质量检验记录。

（8）装配式结构分项工程质量验收文件。

（9）装配式工程重大质量问题的处理方案和验收记录。

(10)装配式工程的其他文件和记录。

7.2　预制构件的进场验收标准

1. 一般规定

预制件专用运输车

(1)预制构件应进行进场验收。

(2)预制构件生产用的材料质量应符合现行国家、行业有关标准的规定,并应有质量检验记录。

(3)预制构件外观质量缺陷类型和严重程度,按表 7.1 确定。

表 7.1　预制构件外观质量缺陷分类

名称	现象	严重缺陷	一般缺陷
露筋	构件内钢筋未被混凝土包裹而外露	纵向受力钢筋有露筋	其他钢筋有少量露筋
蜂窝	混凝土表面缺少水泥砂浆而形成石子外露	构件主要受力部位有蜂窝	其他部位有少量蜂窝
孔洞	混凝土中孔穴深度和长度均超过保护层厚度	构件主要受力部位有孔洞	其他部位有少量孔洞
夹渣	混凝土中夹有杂物且深度超过保护层厚度	构件主要受力部位有夹渣	其他部位有少量夹渣
疏松	混凝土中局部不密实	构件主要受力部位有疏松	其他部位有少量疏松
裂缝	缝隙从混凝土表面延伸至混凝土内部	构件主要受力部位有影响结构性能或使用功能的裂缝	其他部位有少量不影响结构性能或使用功能的裂缝
外形缺陷	缺棱掉角、棱角不直、翘曲不平、飞边凸肋等、装饰面砖破损、黏结不牢、表面不平、砖缝不顺直等	清水或具有装饰的混凝土构件内有影响使用功能或装饰效果的外形缺陷	其他混凝土构件有不影响使用功能的外形缺陷
外表缺陷	构件表面麻面、掉皮、起砂、沾污等	具有重要装饰效果的清水混凝土构件有外表缺陷	其他混凝土构件有不影响使用功能的外表缺陷

2. 主控项目

(1)预制构件应具有质量证明文件。

检查数量:全数检验。

检验方法:检查质量证明文件或质量验收记录。

(2)受弯预制构件应进行结构构件性能检验。对于跨度小于 3 m 的楼梯、跨度小于 4 m 的梁、叠合受弯构件,可不做结构性能检验,除设计对某类构件有专门的试验要求,结构性能检验的方式由设计确定。

检查数量:单位工程、同一结构形式构件随机抽取 1 件,宜从设计荷载大、受力不利或生产数量多的构件中抽取。

检验方法:按 GB 50204—2015 确定。

(3)预制构件混凝土强度应符合设计要求。

检查数量:单位工程、同一生产企业、同一强度等级构件划分为 1 个检验批;不同生产企业应各选取 1 个有代表性的检验批,随机抽取该批构件总数的 30%且不小于 10 个。

检验方法:回弹法。

(4)预制构件上的连接钢筋中心线位置及灌浆套筒中心线位置尺寸偏差应符合表 7.2 的规定;设计有专门规定时,应符合设计要求。

检查数量:全数检验。

检验方法:观察、量测。

表 7.2　连接钢筋中心线位置及灌浆套筒中心线位置及外露长度尺寸允许偏差　mm

检查项目	允许偏差
连接钢筋中心线位置	2
连接钢筋外露长度	+10,0
灌浆套筒中心线位置	2

(5)预制构件外观质量不应有缺陷。

检查数量:全数检查。

检验方法:观察。

(6)预制构件的预埋件、预留孔洞、预留钢筋的规格、数量应符合设计要求。

检查数量:全数检验。

检验方法:观察、量测。

(7)当有设计指标时,预制构件受力预埋件抗拔、抗剪性能应符合设计要求。

检查数量:单位工程、同一设计指标的预埋件随机抽取 5 个。

检验方法:抗拔试验、抗剪试验。

(8)预制构件应按设计要求设置粗糙面。

检查数量:全数检验。

检验方法:观察。

(9)预制构件键槽数量应符合设计要求。

检查数量:全数检验。

检验方法:观察。

3. 一般项目

(1)预制构件应有标识。

检查数量:全数检验。

检查方法:观察。

(2)对外观质量出现一般缺陷的预制构件,应制订技术处理方案,并按技术处理方案进行处理。

检查数量:全数检验。

检验方法:观察、检查技术处理记录。

(3)预制构件的尺寸偏差和检验方法应符合表 7.3 的规定。预制构件有粗糙面时,与粗糙面相关的尺寸允许偏差可放宽 1.5 倍;设计有专门规定时,尚应符合设计要求。

检查数量:按批检验,同一生产企业、同类型构件每次抽样数量不应少于该类型数量的 5%且不少于 3 件。

检验方法:量测。

表 7.3　预制件的尺寸偏差和检验方法

检查项目			允许偏差/mm	检验方法
长度	梁、板、柱	<12 m	±5	用尺量两端及中间部,取其中偏差绝对值较大值
		≥12 m 且<18 m	±10	
		≥18 m	±20	
	阳台板、空调板、楼梯		±5	
	墙板		±4	
宽度	楼板、梁、柱、阳台板、空调板、楼梯		±5	用尺量两端及中间部,取其中偏差绝对值较大值
	墙板		±4	
高度	梁、柱		±5	尺量两端及中部,取偏差绝对值较大处
厚度	楼板		±5	用尺量板四角和四边中部位置共 8 处,取其中偏差绝对值较大值
	墙板、阳台板、空调板、楼梯		±3	
表面平整度	内表面	楼板、墙板	4	用 2 m 靠尺安放在构件表面上,用楔形塞尺量测靠尺与表面之间的最大缝隙
	外表面	楼板、墙板	3	
	梁、柱、阳台板、空调板、楼梯		4	
侧向弯曲	楼板、梁、柱、阳台板、空调板、楼梯		$L/750$ 且≤20 mm	拉线、钢尺量最大弯曲处
	墙板		$L/1\ 000$ 且≤20 mm	
扭翘	楼板		$L/750$	四对角拉两条线,量测两线交点之间的距离,其值的 2 倍为扭翘值
	墙板		$L/1\ 000$	
对角线差	楼板		6	在构件表面,用尺量测两对角线的长度,取其绝对值的差值
	板		5	
挠度变形	梁、板起拱		±10	拉线、钢尺量最大弯曲处
	梁、板下垂		0	

注:L 为构件长度,单位为 mm;检查中心线位置时,应沿纵、横两个方向量测,并取其中偏差较大值。

(4)预制构件上的预埋件、预留孔洞、预留钢筋位置尺寸偏差应符合表 7.4 的规定;设计有专门规定时,应符合设计要求。

检查数量:按批检验,同一生产企业、同类型构件每批抽样数量不应少于该类型数量的5%且不少于 3 件。

检验方法:量测。

表 7.4　预埋件、预留孔洞、预留钢筋位置的尺寸允许偏差　　mm

检查项目			允许偏差
预埋钢板	中心线位置偏移	楼板、墙板、梁、柱	5
	平面高差		0,-5
预埋螺栓	中心线位置偏移		2
	外露长度		+10,-5
预埋套筒、螺母	中心线位置偏移	墙板	2
	平面高差		0,-5
预留钢筋	中心线位置偏移	楼板、墙板、梁、柱	3
	外露长度		±5
预留孔	中心线位置偏移		5
	孔尺寸		±5
预留洞	中心线位置偏移		5
	洞口尺寸、深度		±5
预埋吊环	中心线位置偏移	楼板、墙板、梁、柱	10
	留出高度		0,-10
预埋套管	中心线位置偏移		5
	平面高差		±5
预埋线盒、电盒	中心线位置偏移		10
	平面高差		0,-5
预埋线管	管口外露长度		±5

(5)预制构件上的灌浆套筒内不应有杂物。

检查数量:全数检验。

检验方法:观察。

(6)预制构件粗糙面凹凸深度尺寸偏差应符合表 7.5 的规定,粗糙面的面积不宜小于结合面的 80%;设计有专门规定时,应符合设计要求。

检查数量:全数检验。

检验方法:量测。

表 7.5　粗糙面深度允许偏差　　mm

粗糙面位置	凹凸深度值
叠合板面、叠合梁面	≥4
梁端、柱端、墙端	≥6

(7)预制构件键槽尺寸偏差应符合表 7.6 的规定;设计有专门规定时,应符合设计要求。

检查数量:全数检验。

检验方法:量测。

表 7.6　键槽尺寸允许偏差　　mm

检查项目	允许偏差
中心线位置偏移	5
长度、宽度	±5
深度	±5

(8)预制构件受力钢筋保护层厚度、间距、排距的尺寸偏差应符合表 7.7 的规定,受力钢筋保护层厚度的合格率应达到 90%及以上,且不得有超过表 7.7 中数值 1.5 倍的尺寸偏差;设计有专门规定时,应符合设计要求。

检查数量:同一生产企业,非悬挑梁、板类构件应各抽取构件数量的 2%且不少于 5 个;悬挑梁应抽取构件数量的 5%且不少于 10 个,构件数量少于 10 个时应全数检验;悬挑板应抽取构件数量的 10%且不少于 20 个,构件数量少于 20 个时应全数检验。

检验方法:电磁感应法,对于外露钢筋可直接量测。

表 7.7　预制构件受力钢筋的保护层厚度、间距、排距的尺寸允许偏差　　mm

检查项目		允许偏差
保护层厚度	柱、梁	+10,-7
	板、墙	+8,-5
纵向受力钢筋	间距	±10
	排距	±5
横向受力钢筋间距		±20

7.3 预制构件连接与安装的验收标准

1. 一般规定

(1)预制构件连接用的混凝土、砂浆、灌浆套筒、灌浆料、紧固件、钢筋、钢材、焊接材料等质量应符合现行国家、行业相关标准的规定。

(2)在装配式结构连接部位浇筑混凝土前,应进行隐蔽工程验收。隐蔽工程验收应包括下列主要内容:

①混凝土粗糙面的质量,键槽的尺寸、数量、位置。

②钢筋的牌号、规格、数量、位置、间距,箍筋弯钩的弯折角度及平直段长度。

③钢筋的连接方式、接头位置、接头数量、接头面积百分率、搭接长度、锚固方式及锚固长度。

④预埋件、预留管线的规格、数量、位置。

⑤预制构件接缝处防水、防火等构造做法。

⑥保温及其节点施工。

⑦其他隐蔽项目。

2. 主控项目

(1)预制构件连接部位的现浇混凝土强度应符合设计要求。

检查数量:同一配合比、建筑面积每 1 000 m^2应制作 1 组边长为 150 mm 的立方体试件,每层不应少于 3 组;当与其他混凝土结构同配合比同步浇捣时,可一并留样。

检验方法:抗压强度试验和检查施工记录。

(2)预制构件接缝座浆强度应符合设计要求。

检查数量:同一配合比、建筑面积每 1 000 m^2应制作 1 组边长为 70.7 mm 的立方体试件;对于竖向受力构件每层不应少于 1 组。

检验方法:抗压强度试验。

(3)套筒灌浆连接应符合下列要求。

①套筒灌浆应饱满、密实,所有出口均应出浆。

检查数量:全数检验。

检验方法:检查灌浆施工记录。

②灌浆料强度应符合 JGJ 355—2015 的规定,且不应低于设计要求。

检查数量:单位工程、同一生产厂家、同一配合比应制作不少于 3 组的 40 mm×40 mm×160 mm 长方体试件。

检验方法:抗压强度试验。

③套筒灌浆连接的力学性能应符合设计要求。

检查数量：单位工程同规格连接，每 1 000 个应制作不少于 1 组 3 个平行试件。

检验方法：平行试件拉伸试验，宜剖开检查灌浆饱满情况，提供照片。

(4)浆锚搭接连接应符合下列要求。

①灌浆应饱满、密实，所有出口均应出浆。

检查数量：全数检验。

检验方法：检查灌浆施工记录。

②浆锚搭接连接用的灌浆料强度应符合设计要求。

检查数量：同配合比、建筑面积每 1 000 m^2应制作 1 组 40 mm×40 mm×160 mm 的长方体试件，每层不应少于 3 组。

检验方法：抗压强度试验。

(5)钢筋采用机械连接时，接头强度和变形性能应符合 JGJ 107—2016 的规定。

检查数量：应符合 JGJ 107—2016 的有关规定。

检验方法：平行试件拉伸试验。

(6)钢筋采用焊接连接时，接头力学性能应符合《钢筋焊接及验收规程》(JGJ 18—2012)的有关规定。

检查数量：应符合 JGJ 18—2012 的有关规定。

检验方法：平行试件拉伸试验。

(7)预制构件采用型钢焊接连接时，其连接质量应满足设计要求，并应符合《钢结构焊接规范》(GB 50661—2011)和《钢结构工程施工质量验收规范》(GB 50205—2020)的有关规定。

检查数量：全数检验。

检验方法：应符合 GB 50205—2020 的有关规定。

(8)预制构件采用螺栓连接时，螺栓的材质、规格、拧紧力矩应符合设计要求及《钢结构设计标准》(GB 50017—2017)和 GB 50205—2020 的有关规定。

检查数量：全数检验。

检验方法：应符合 GB 50205—2020 的有关规定。

(9)预制构件采用钢企口连接时，接缝灌浆料强度应满足设计要求。

检查数量：每层应制作不少于 1 组 40 mm×40 mm×160 mm 的长方体试件。

检验方法：抗压强度试验。

(10)预制构件连接前，应进行隐蔽工程验收，同一截面所有连接钢筋均应插入对应灌浆套筒中，外观质量不应有严重缺陷，连接部位外观质量缺陷类型和严重程度按表 7.8 确定。

检查数量：全数检验。

检验方法：观察、量测；检查处理记录。

表 7.8　预制构件连接部位外观质量缺陷分类

名称	现象	严重缺陷	一般缺陷
连接部位缺陷	构件连接处混凝土缺陷及连接钢筋、连结件松动，插筋严重锈蚀、弯曲，灌浆套筒堵塞、偏位，灌浆孔洞位堵塞、偏位、破损等缺陷	连接部位有影响结构传力性能的缺陷	连接部位有基本不影响结构传力性能的缺陷

(11)预制构件连接后，应对连接部位现浇混凝土进行外观质量检查，外观质量不应有严重缺陷，外观质量缺陷类型和严重程度按本章表 7.1 确定。

检查数量：全数检验。

检验方法：观察、量测；检查处理记录。

3. 一般项目

(1)预制构件连接后，应对连接部位现浇混凝土进行外观质量检查，当外观质量出现一般缺陷时，应按技术处理方案进行处理，并重新检查验收。

检查数量：全数检验。

检验方法：观察、量测；检查处理记录。

(2)填充砂浆强度应符合设计要求。

检查数量：同配合比、建筑面积每 1 000 m^2应制作 1 组边长为 70.7 mm 的立方体试件。

检验方法：抗压强度试验。

(3)双面叠合剪力墙空腔中现浇混凝土应浇捣密实。

检查数量：抽检构件数量不应少于总数的 2%，且不少于 3 个。

检验方法：超声法、相控阵超声成像法。

(4)钢筋采用焊接连接时，接头外观质量应符合 JGJ 18—2012 的规定。

检查数量：全数检验。

检验方法：观察、量测。

(5)装配式结构施工后，预制构件位置、尺寸偏差及检验方法应符合设计要求；当设计无具体要求时，应符合表 7.9 的规定。预制构件与现浇结构连接部位的表面平整度应符合表 7.8 的规定。

检查数量：按楼层、结构缝或施工段划分检验批。在同一检验批内，对梁、柱和独立基础，应抽查构件数量的 10%，且不少于 3 件；对墙和板，应按有代表性的自然间抽查 10%，且不少于 3 间；对大空间结构，墙可按相邻轴线间高度 5 m 左右划分检查面，板可按纵、横轴线划分检查面，抽查 10%，且均不少于 3 面。

表 7.9　装配式结构构件位置和尺寸允许偏差及检验方法

<table>
<tr><th colspan="3">项目</th><th>允许偏差/mm</th><th>检验方法</th></tr>
<tr><td rowspan="2">构件中心线对轴线位置</td><td colspan="2">竖向构件（柱、墙、桁架）</td><td>8</td><td rowspan="2">经纬仪及尺量</td></tr>
<tr><td colspan="2">水平构件（梁、板）</td><td>5</td></tr>
<tr><td>构件标高</td><td colspan="2">梁、柱、墙、板
底面或顶面</td><td>±5</td><td>水准仪或拉线、尺量</td></tr>
<tr><td rowspan="2">构件垂直度</td><td rowspan="2">柱、墙板安
装后的高度</td><td>≤6 m</td><td>5</td><td rowspan="2">经纬仪或吊线、尺量</td></tr>
<tr><td>>6 m</td><td>10</td></tr>
<tr><td>构件倾斜度</td><td colspan="2">梁、桁架</td><td>5</td><td>经纬仪或吊线、尺量</td></tr>
<tr><td rowspan="4">相邻构件
平整度</td><td rowspan="2">梁、楼板
底面</td><td>外露</td><td>3</td><td rowspan="4">2 m 靠尺和塞尺量测</td></tr>
<tr><td>不外露</td><td>5</td></tr>
<tr><td rowspan="2">柱、墙板</td><td>外露</td><td>5</td></tr>
<tr><td>不外露</td><td>8</td></tr>
<tr><td>构件搁置长度</td><td colspan="2">梁、板</td><td>±10</td><td>尺量</td></tr>
<tr><td>支座、支垫中心位置</td><td colspan="2">板、梁、柱、墙、桁架</td><td>10</td><td>尺量</td></tr>
<tr><td colspan="3">墙板接缝宽度</td><td>±5</td><td>尺量</td></tr>
</table>

思想提升：“业精于勤，荒于嬉；行成于思，毁于随。”

——《进学解》

释义：学业由于勤奋而精进，贪玩就会荒废；事情由于反复思考而成功，但却能毁灭于草率行事。

钢铁巨人陆建新

思考题

1. 在装配式结构连接节点及叠合构件浇筑混凝土前，应进行隐蔽工程验收，隐蔽工程验收包括哪些主要内容？
2. 简述预制构件外观质量缺陷分类。
3. 简述预制构件连接部位外观质量缺陷分类。
4. 简述装配式结构构件位置和尺寸允许偏差及检验方法。

第 8 章　信息化管理技术

【学习目标】

1. 了解 BIM 技术在装配式结构工程中应用的基本内容。
2. 了解 RFID 技术在装配式结构工程中应用的基本内容。

【能力目标】

1. 能够理解 BIM 技术在装配式结构中的应用场景。
2. 能够理解 RFID 技术在装配式结构中的应用场景。

8.1　信息技术应用概述

预制构件在我国的装配式建筑领域中广泛应用，这种施工方式速度快、作业量少并且施工机械化程度高，能够较好地满足我国现行标准下绿色施工的具体要求。但在现代建筑行业工业化在建造过程中，特别是管理方面涉及了诸多问题，具体如下：

（1）目前预制构件种类繁多，项目参与方众多，信息分散在不同的参与方手中，在预制、运输、组装的过程中极易发生问题导致返工。

（2）在装配式建筑的施工过程中，各个构件的信息难以及时收集、存档，不易查找。同时，各参与方的信息难以共享及交流，导致对整个工程施工进度把握和管理的难度大大增加。

（3）对于已经建好的装配式混凝土建筑，各个构件的信息也难以及时收集和处理，经常出现因某一个构件的损坏或者不合格，而导致整个建筑损失的情况。

引进信息化管理技术，将建筑信息模型（BIM）和射频识别技术（RFID）应用到装配式建筑全生命周期管理中，有助于这些问题的解决。

8.2　BIM 技术在装配式混凝土结构工程中的应用

8.2.1　BIM 技术及原理

BIM 是指创建并利用数字技术对建设工程项目的设计、建造和运营全过程进行管理和优化的过程、方法和技术。BIM 以三维数字技术为基础，以三维模型所形成的数据库为核心，不仅包含了各个专业设计师的设计理念，而且还容纳了从设计到施工乃至建成使用和最终拆除的全过程信息，集成了工程图形模型、工程数据模型及与管理有关的行为模型。BIM 是面向对象的、参数化和智能化的建筑物的数字化表示技术，支持建设工程中的各种运算，且包含的工程信息都是相互关联的。

BIM 实现了“模型等于图纸”“模型高于图纸”的目标，具有可视化、协调性、模拟性、优化性和可出图性 5 大特点。采用 BIM 技术不仅可以实现协同设计，而且可以实现施工阶段的建造全过程一体化和运营阶段对建筑物的智能化维护和设施管理，同时打破业主、施工单位、运营方之间的隔阂和界限，实现对建造全生命周期管理（图 8.1）。

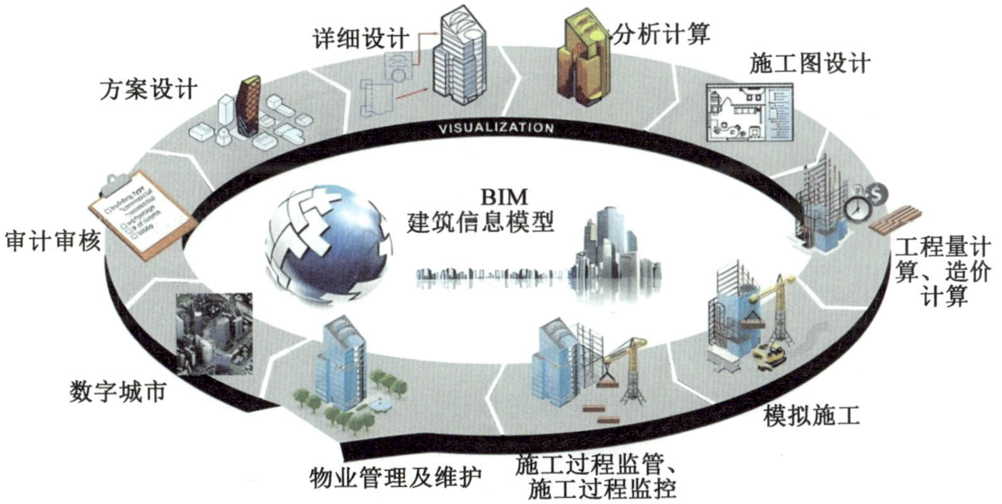

图 8.1　BIM 全生命周期管理

装配式建筑是一个系统的集成，BIM 技术具有信息集成的优势。在工程总承包管理模式下，应用 BIM 技术利于装配式建筑的设计、生产、装配、运维的系统一体化协同发展。利用 BIM 的三维可视化、一体化协同平台，基于多专业、多环节信息共享，实现建筑、结构、机电、装修的一体化，以及设计、加工、装配一体化。BIM 技术具有优异的模拟性、协调性、可视性及可出图性，几乎可以做到完全覆盖建筑中的各类几何和非几何信息，涉及建筑的材料、质量、尺寸和造价等多个方面的内容，应用 BIM 技术也能够更好地解决装配式建筑施工中本就存在的各类问题，同时也优化了施工中的每一道工序和每一个环节，提升了设计效率，保证了施工质量。

BIM 技术着眼于解决装配式建筑设计、生产、施工全过程的技术问题，特别是在设计和施工阶段，应用 BIM 技术可以提高设计效益、提升设计质量，从而有效提高建造资源利用效率，控制施工进度，提升工程品质。

8.2.2　BIM 技术在预制构件设计中的应用

1. 建模标准化

工业化住宅房型简单、单元规整，采用 BIM 技术比较容易实现模块化设计和构件的零件库建立，这使得 BIM 建模工作的难度大大降低，出图效率大大提高。对比过往工程，各工程之间预制件种类有所不同，外立面变化丰富多彩，不但导致了预制构件外观变化多端，而且在模具成本上难以控制。而住宅产业化的目的是加快施工速度，提高建筑质量。从而看出，想要实现像制造汽车一样生产房屋构件的一个前提就是，产品的标准化、设计的标准化（图 8.2）。香港公屋项目经过数十年的研究探索，不断积累经验，贯彻落实标准化设计理念，对预制构件的结构、外观、水电及生活功能等几大领域进行了深入研究，并最终形成了一套完整的设计、施工体系。

框架结构叠合板
安装-BIM 技术应用

图 8.2　标准化的构件库实例

2. 深化设计

在装配式建筑中要做好预制构件的深化设计，传统方式下大多是在施工图完成以后，再由预制构件厂进行深化设计。实际上，正确的做法是在前期策划阶段就应介入，确定好装配式建筑的技术路线和产业化目标，在方案设计阶段根据既定目标，依据预制构件深化设计原则进行方案设计，这样才能避免因方案的不合理而出现后期技术经济性的不合理问题，避免由于前后脱节造成的设计失误。BIM 技术有助于建立上述工作机制，为装配式建筑提供强有力的载体。借助 BIM 技术，可以从设计源头考虑模型的拆分，而非用传统的仅靠预制构件厂商来完成的模式。如图 8.3 所示为基于 BIM 技术的预制构件深化设计示意图。

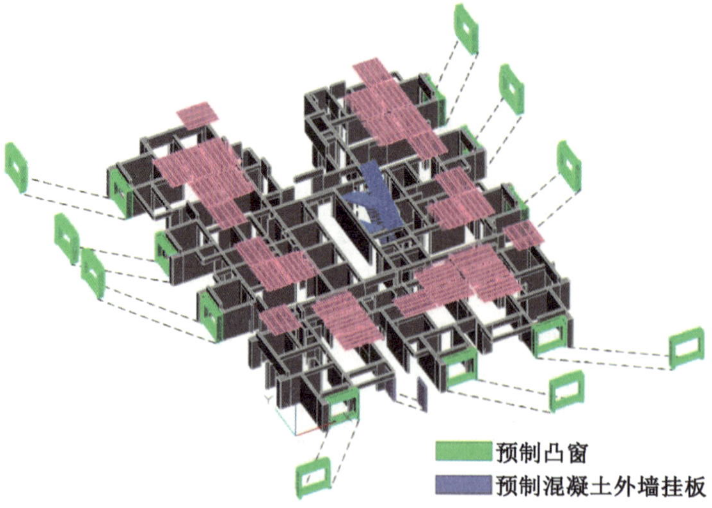

图 8.3　基于 BIM 技术的预制构件深化设计示意图

3. 协同设计

协同设计建立统一的设计标准,包括图层、颜色、线型、打印样式等,在支持多样数据端口的企业信息化平台基础上,设计团队各个专业所有人员可以同时在一个项目文件上工作,从而减少各专业之间、专业内部沟通不畅或沟通不及时导致的错、漏、碰、缺等问题,真正实现所有图纸信息的一致性,实现一处修改其他处自动修改,提升设计效率和设计质量。同时,协同设计也对设计项目的规范化管理起到了重要作用,进度管理、设计文件统一管理、人员负荷管理、审批流程管理、自动批量打印、分类归档等一系列流程均可在信息化平台上全部完成。

4. 碰撞检查与规避

在装配式建筑设计过程中,要保证每个预制构件在到现场拼装时不发生问题,靠人工进行校核和筛查显然是不可能的。但 BIM 技术在设计阶段就可以较好地规避风险,利用 BIM 技术可以把可能发生的现场冲突与碰撞在设计阶段中事先消除。传统的二维施工图纸无法精确定位钢筋的位置,在绑扎钢筋时经常会有碰撞发生。相比之下,BIM 技术能够检查钢筋碰撞,得出碰撞报告,在交付施工图之前将碰撞概率调整至最低。如图 8.4 所示为基于 BIM 技术的钢筋碰撞检查示意图。

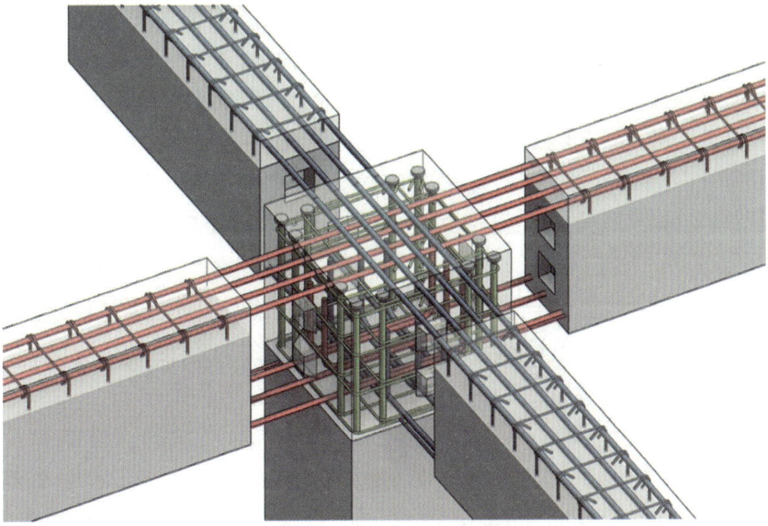

图 8.4 基于 BIM 技术的钢筋碰撞检查示意图

8.2.3 BIM 技术在预制构件生产中的应用

构件生产环节是装配式建筑建造中特有的环节,也是预制构件由设计信息转化为实体的阶段。为了使预制构件实现自动化生产,需要将 BIM 设计信息直接导入工厂中央控制系统,并转化成机械设备可读取的生产数据信息。通过工厂中央控制系统将 BIM 中的预制构件信息直接输入生产设备,实现自动化精准加工,提高作业效率和精准度。工厂化生产信息管理系统可以结合射频识别技术(本教材第 8.3 节详细介绍)、二维码等物联网技术及移动终端技术实现生产排产、物料采购、模具加工、生产控制、预制构件质量、库存和运输等信息化管理。构件模拟生产示意图如图 8.5 所示。

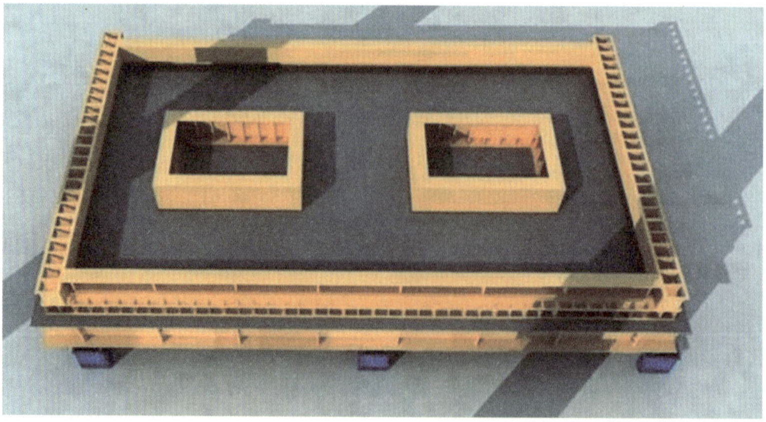

图 8.5　构件模拟生产示意图

8.2.4　BIM 技术在预制构件安装过程中的应用

在装配式建筑的施工阶段应用 BIM 技术能够很好地将施工全过程模拟出来,逐一演示施工中可能出现的各类问题,提前制订好解决这些问题的有效对策,及时地改进并完善现有的施工方案,最大限度地降低施工中出现事故的概率,同时也很好地控制资源的消耗情况。比如,装配式建筑施工中需要吊装预制构件,应用 BIM 技术后就能够管理整个吊装过程,将预制构件的各类属性和参数全部输入施工计划中并进行模拟施工。而在确定施工方案后,工作人员就可以借助计算机设备来实时管理整个施工进程。实际吊装预制构件时,应在充分考虑吊装操作规范及施工具体线路的基础上再衔接配合好施工中的各个环节,进行实时可视化吊装分析(图 8.6),从而保证实际的吊装质量。另外,借助于 BIM 技术还能够根据时间阶段很好地衔接各个阶段的施工模拟动画,将施工过程直观表现出来。有些构件的连接节点构造较为复杂,并且对施工有很高的要求,为保证施工的精准性,可以利用 BIM 技术将各个节点连接起来并进行可视化的展示,如图 8.7 所示。

通过 BIM 技术创建的模型,存储了完整的建筑信息,所有预制构件的材质、尺寸和空间位置都能够清晰地在模型中显示。并且,可以对建筑模型进行装修,未施工前,整个项目的最终模型就能呈现在各参与方面前,极大地避免了各参与方对项目外观质量和装修效果的目标冲突。利用 BIM 技术可以动态模拟施工技术流程,建立标准化工艺流程,保证专项施工技术在实施过程中细节上的可靠性,再由施工人员按照仿真施工流程施工,可以大大减少各工种施工人员之间因为相互影响而产生的矛盾。

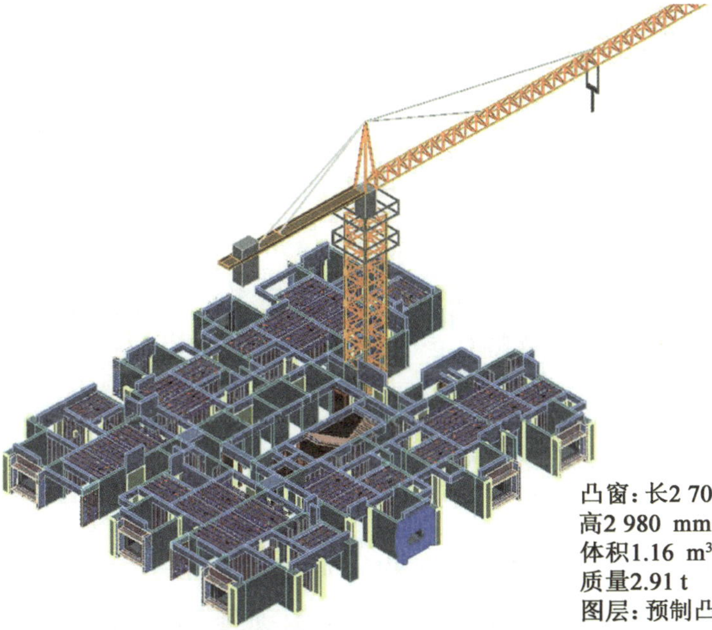

图 8.6　实时可视化吊装分析

图 8.7　装配模拟施工示意图

8.2.5　BIM 技术在装修过程中的应用

在装配式建筑装修开始之前，需要借助 BIM 技术实现对整个装修过程的模拟，从而保障装修施工保持高水准。在土建装修方面利用一体化方式，可以促使整个装修过程的效率得到显著提升，同时可以将装修阶段的设计以集成化的方式优化，借助 BIM 技术可以及时构建装修产品库，有效地整合资源并配置资源。可以借助 BIM 技术的可视化方式进行设计方案的优化，可以针对性地进行室内渲染，并保障室内的空间合理性，期间可以帮助设计师进行设计方案的精细化调整，尤其是在整体卫浴方面可以落实 BIM 设计与模拟安装（图 8.8）。这不仅可以保障设计合理，还可以为装修期间的成本控制、安装指导等奠定基础。在 BIM 技术的支持下,可以实现协调化的集成,产业链中不同家居生产厂商的信息都可以集成到 BIM 系统中,在内装期间进行用量的计算与统计。同时,对于装修期间所需要定制的家居与部品等,也能清晰呈现。在方案设计阶段,通过 BIM 技术便可以实现与生产厂家的对接,既能更好地保障工厂批量生产效率,又能明确家居的具体要求(图 8.9),如尺寸、转角方式等,这也是提高整体设计效益的关键。

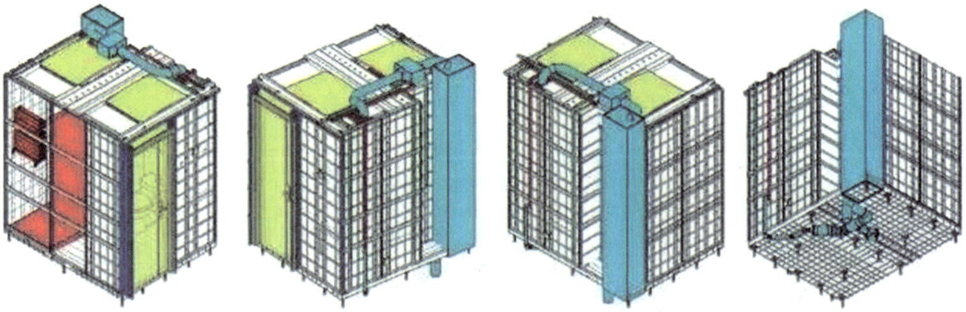

图 8.8 精装集成卫浴示例

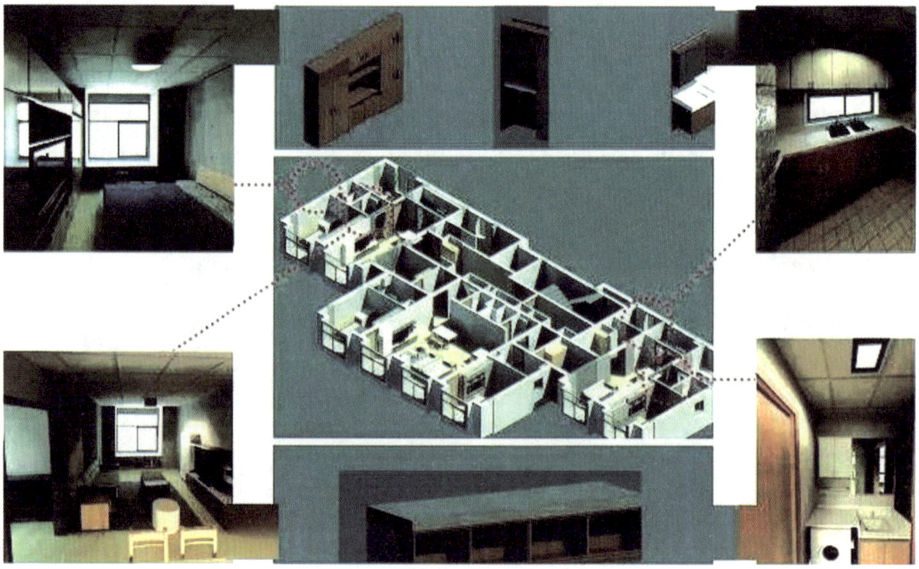

图 8.9 家具库示例

在装配式建筑装修过程中,一般会涉及一些大型的预制构件,为确保装修工作的顺利进行,应当尽可能避免设备与构件的反复搬运。借助 BIM 技术,可以在装修场地做好模型规划,并在装修之前做好全面性的装修质量与模拟性的管理,为预制构件的进场、检验、摆放、安装等提供三维的技术支持,从而有效规范预制构件的搬运,降低预制构件质量风险。与此同时,在预制构件的管理方面,因为大量的预制构件缺少管理工作,容易导致损失、滥用或者是错误使用的现象。因此,在具体施工期间,需要做好现场预制构件的针对性管理,将网络技术与 BIM 技术结合应用,做好预制构件的实时定位。在预制构件进入到装修现场之后,需要针对性地做好预制构件的定位,并派遣专人对构件进行检验查看,在确保预制构件与录入信息一致之后，将预制构件堆放在相应区域并输入预制构件的相关信息。在预制构件安装期间，装修人员需要及时做好预制构件的用量记录，并及时进行补充，从而提升装修效率，降低等待时间。

在装修预制构件的生产管理工作中，需要将预制构件的模拟信息导出，并在输出工厂的生产管理信息之后，导出不同阶段的材料采购计划、材料现场使用与需求计划、材料进场后的计划等，针对性完成生产作业与相关计划。通过 BIM 技术和数据协同化管理措施，可以通过构件内部的 RFID 芯片，实现构件设计、生产、摆放、运输及安装等方面的时间管理和地理信息追踪。同时，还可以实现预制构件的尺寸、材质、安装等工程信息的记录，达成全程化的质量控制。在装修过程中，可以借助深化模型进行装修安装可视化的模拟管理。通过添加装修顺序，借助三维深化设计模型对装修方案进行分析，并优化装修方案的交底结果。此外，BIM 技术的应用还可以更早地发现装修期间的问题，可以借助动画、三维模型的方式降低装修复杂阶段的风险问题。对于部分复杂环节，可以借助动画帮助装修人员更好地理解装修流程重点，减少人为因素导致的装修误差问题。

8.3 RFID 技术应用于预制构件的全生命周期管理

某高层混凝土结构
BIM 应用案例

8.3.1 RFID 技术及原理

RFID 即射频识别技术，是一种不需要识别系统与特定目标之间建立光学或者机械接触，就能够通过无线电波识别特定目标并显示其所包含的相关信息的无线电波通信技术。RFID 系统由应答器、阅读器和应用系统组成。

RFID 技术主要有 3 个特点：

①非接触式的信息读取，不受覆盖物遮挡的干扰，可远距离通信，穿透性极强。

②多个电子标签所包含的信息能够同时被接收，信息的读取具有便捷性。

③具有抗污染能力和耐久性，可以重复使用。

RFID 读写器（图 8.10）是连接数据管理系统和 RFID 标签的重要部件。读写器通过向识别区域发射射频能量，形成电磁场，RFID 标签通过该区域时被激发，将信息传送至读写器。同时，读写器也可以向标签发送信息，改写标签中的数据。读写器的主要功能是，实现与标签之间的数据通信及借助网络连接向数据管理系统中传送识别信息。

某高层框架-核心筒
结构 BIM 应用案例

8.3.2 RFID 技术应用于预制构件追踪管理

（1）预制构件生产阶段。

预制构件生产时将 RFID 标签（图 8.11）安装在预制构件上，即在混凝土浇筑前将 RFID 标签用耐腐蚀的塑料布包裹好，然后将其绑扎于预制外墙或预制楼板近保护层钢筋上，最后随混凝土的浇筑永久埋设于预制构件产品内部，埋设深度为混凝土保护层厚度。

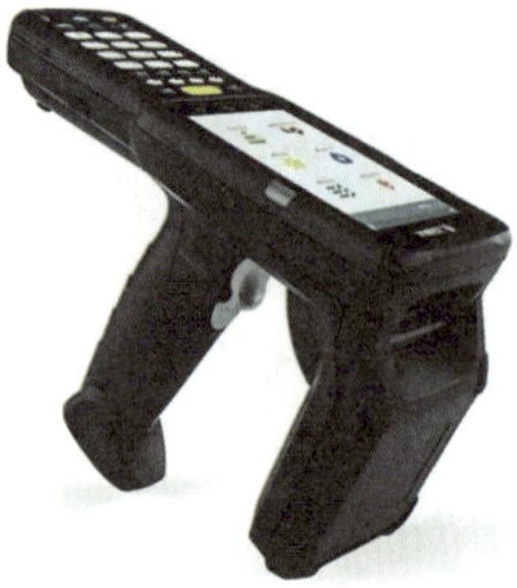

图 8.10　RFID 读写器

图 8.11　RFID 标签

RFID 标签主要包含生产厂家、生产日期和产品检查记录等基本信息，检查记录主要包括模具、钢筋笼、铝窗、预埋件、机电、产品尺寸、养护、瓷砖及出货检查等十余项内容。同时，也应包含与设计图和施工图相对应的预制构件产品编号（ID），这个产品编号是构件所独有的，这也是预制构件今后能够被识别的基础。此外，根据之前所进行的各阶段所需信息分析，结合合适的编码原则，将预制构件信息以编码的形式输入 RFID 标签，而 RFID 标签则成为构件的“身份”象征。

具体标签信息录入步骤：根据预制构件生产过程分阶段录入标签信息，即包括浇筑混凝土前录入、检验阶段录入、成品检查阶段录入及出货阶段录入。主要录入信息包括预制构件产品编号、生产日期和产品检查记录等，信息录入完成后，将其上传到服务器，完成录入操作。当工厂内生产过程中遇到检验不合格的情况时，应立即在监理检验阶段将不合格数据信息上传至服务器，然后进行返工或者报废处理。RFID 技术在定位预测构件数据信息中的应用，如图 8.12 所示。

图 8.12　RFID 技术在定位预制构件数据信息中的应用

（2）预制构件运输阶段。

在此阶段，运输管理人员持装有 RFID 读写器和无线局域网络（WLAN）接收器的个人数字助理（PDA）终端，通过读取 RFID 中预制构件基本出厂信息，核对构件与配送单是否一致，随后，编写运输信息，生成运输线路，并连同运输车辆信息一并上传至数据库中。为确保运输过程的精准监控，运输车辆应安装全球定位系统（GPS）接收器和 RFID 阅读器，这样施工单位可以通过信息系统中的数据库，将预制构件与运输车辆对应上，又可通过 GPS 网络定位车辆，获得构件的即时位置信息。

（3）预制构件进场堆放阶段。

为实时掌握预制构件的到场情况，在施工现场的入口处安装门式阅读器，以便在运输车辆进入施工现场后，第一时间读取预制构件信息，然后迅速制订或调整施工计划。预制构件装卸时，可在龙门吊、叉车等装卸设备上安装 RFID 阅读器和 GPS 接收器，如此便能实时定位预制构件的装卸地点和移动位置。预制构件卸放至堆放场后，堆放场中需要设置 RFID 固定阅读器，读取每个构件信息，将构件与地理信息坐标相对应，根据 RFID 阅读器的读取半径规划 RFID 阅读器安装位置，以保证堆放场内没有信号盲区。这样，施工方可通过信息系统，读取到预制构件的实时定位信息，实现预制构件位置的可视化管理。根据施工计划，需要提前在堆放场中找到目标预制构件，堆放场管理人员可再利用装有 RFID 阅读器和 WLAN 接收器的 PDA 终端，快速、准确寻找到预制构件，并可读取 RFID 标签中预制构件的基本信息，与目标预制构件信息比较，确认是否为该预制构件。

（4）预制构件安装阶段。

RFID 技术不仅能够实现预制构件的实时定位，还能对构件安装进度和质量进行监控。由于每个构件在安装时都会同时携带与其对应的技术文件和 RFID 标签，安装工程师可依据技术文件和 RFID 标签中的信息，将构件与安装施工图对应起来。RFID 标签中应包括构件编号、连接工程项目编号、计划完成时间、连接工程技术标准等基本信息。在每道工序节点完成后，通过 RFID 读写器将安装情况（如进度、质量信息）写入 RFID 标签，并通过 WLAN 网络上传至数据库中。这样，每个构件安装的进度情况和质量检查节点的情况便可实现实时更新。

另外，安装工程师和质量检查人员可以利用 PDA 掌握 RFID 标签中的进度和质量信息。当工人完成预制构件连接和安装后，工程师将预制构件的实际安装情况与技术图纸相对比，确认预制构件临时支撑支护情况、浇筑情况、焊接连接点或螺栓连接点处连接情况等，以此判断预制构件安装进度，检查安装质量是否符合施工规范和要求。若符合要求，可用 PDA 连接 WLAN 网络，将预制构件连接完成后的各项基本参数、完成时间等上传至数据库；若未完成，则将安装过程中出现的问题上传至数据库。

8.4　装配式混凝土建筑中 BIM 技术和 RFID 技术的结合

BIM 技术与 RFID 技术的结合，可以很好地解决信息孤岛问题。在设计阶段，BIM 技术的应用可以对各专业工程师的设计方案进行协调，同时对方案的可施工性和施工进度进行模拟，并解决施工碰撞等问题。另外，将 BIM 技术和 RFID 技术配合应用，利用 RFID 技术进行施工进度的信息采集，及时地将信息传递给 BIM 平台，进而在 BIM 技术中即时表现实际与计划的偏差，如此，可以很好地解决施工管理中的核心问题——实时跟踪和风险控制。

RFID 技术与 BIM 技术结合的优点在于信息准确丰富，传递速度快，减少人工录入信息可能造成的错误。例如，在预制构件进场检查时，甚至无须人工介入，直接设置固定的 RFID

阅读器,当运输车辆速度满足条件,即可采集数据。

目前,RFID 技术与 BIM 技术相结合的技术已成功应用于中国香港元洲村五期、启德 1A 停车场和沙田 52 区三期及四期等建筑工业化项目,在项目工程的管理上发挥了重要作用,效果良好。

思想提升:“知之者不如好之者,好之者不如乐之者。”

——《论语》

释义:懂得学习的人比不上喜爱学习的人;喜爱学习的人比不上以此为乐的人。

思考题

1. BIM 技术的主要优势有哪些?
2. BIM 技术在装配式结构中的应用价值体现在哪里?
3. 简述 RFID 技术与原理。
4. RFID 技术在装配式结构中的应用价值体现在哪里?

第9章 装配式混凝土结构识图基础

【学习目标】

1. 了解装配式混凝土结构施工图的图纸组成。
2. 了解预制构件加工图的图纸组成。
3. 了解装配式混凝土结构图集与图例。

【能力目标】

1. 能够识读预制混凝土叠合板详图。
2. 能够识读预制混凝土剪力墙内墙板详图。
3. 能够识读预制混凝土剪力墙外墙板详图。

9.1 装配式混凝土结构施工图的图纸组成

装配式混凝土结构施工图表达形式，是在结构平面图上标注各构件的布置情况，与构件详图、构造详图相配合，形成一套完整的装配式混凝土结构设计文件。

从《国家建筑标准设计图集・装配式混凝土结构住宅建筑设计示例(剪力墙结构)：15J939-1》(简称：15J939-1)和《国家建筑标准设计图集・装配式混凝土结构表示方法及示例(剪力墙结构)：15G107-1》(简称：15G107-1)中给出的图纸样例中，可以了解装配式混凝土剪力墙结构施工图纸的基本组成，以及其与传统现浇结构施工图纸的差异。

与传统现浇结构施工图纸组成相同，装配式混凝土剪力墙结构施工图纸也是由建筑施工图、结构施工图和设备施工图组成。除传统现浇结构的基本图纸组成外，装配式混凝土剪力墙结构施工图纸还增加了与装配化施工相关的各种图示与说明，装配式与现浇混凝土结构施工图的不同之处如下：

(1)装配式结构的平面图更复杂且具体，图纸数量偏多。在平面图中，须明确表示预制构件名称、编号、位置及尺寸。

(2)现浇混凝土结构施工图采用平法制图规则，不需要表示构件详图。而装配式结构施工图不仅要在平面图上表示预制构件的编号，还要另绘制预制构件的详图，详图包括预制剪力墙模板图及配筋图、预制叠合楼板模板图及配筋图、预制叠合梁模板图及配筋图等。

装配式结构的施工图表示规则主要参考图集为15G107-1。该图集是学习装配式结构施工图识读的重要参考依据，应反复研读。在建筑设计总说明中，添加了装配式建筑设计专项说明。在进行装配式施工的楼层平面图和相关详图中，分别表示出预制构件和后浇混凝土部分。对各类预制构件给出尺寸控制图，根据项目需要，提供BIM模型图。在结构设计总说明中，添加了装配式结构专项说明，对预制构件生产和现场装配施工的相关要求进行专项说明，并给出各类预制构件模板图和配筋图。

9.2　初识预制构件加工图

预制构件加工图是用来指导预制构件生产加工的详细图纸，包括预制构件统计表、配筋图、模板图、预留预埋大样图、保温板铺设图、连接件布置图及面层装饰设计图等。

1. 预制构件统计表

预制构件统计表用来表示该项目所使用预制构件种类、数量、型号、规格尺寸及对应楼号、楼层、轴线位置的信息。

2. 预制构件配筋图

预制叠合梁模型动画

预制柱钢筋三维模型动画

预制构件配筋图包括立面图、断面图和钢筋详图（钢筋数量、型号、尺寸，预制构件配筋图总质量、备注，预制构件，套筒型号、数量等），着重表示构件内部的钢筋配置、形状、数量和规格，是构件详图的主要图样。

（1）钢筋的一般表示法。

通常用单根的粗实线表示钢筋的立面，用黑圆点表示钢筋的横断面。

（2）钢筋的标注方法。

钢筋（或钢丝束）的说明应给出钢筋的数量、代号、直径、间距、编号及所在位置，其说明应沿钢筋的长度标注或标注在有关钢筋的引出线上（一般如注出数量，可不注间距；如注出间距，就可不注数量。）。对于简单的构件，钢筋可不编号。

（3）配筋图识读。

在识读配筋图时，要确认钢筋规格型号、数量、间距、弯钩尺寸、加强筋、出筋长度。特别注意受力钢筋和分布钢筋的位置关系，不可颠倒。

3. 预制构件模板图

预制构件模板图用来指导预制构件生产过程中模板的安装，包含构件外形构造尺寸、体积、质量、吊装埋件、支撑埋件、电器预埋及水暖预留孔洞等信息。同时，表格里应列出构件名称、加工数量、体积、质量、混凝土强度、保护层厚度等。

4. 预制构件预留预埋大样图

预留预埋件大样图须与构件模板图结合起来使用，各种埋件（临时固定配件）的名称须与对应构件图里的埋件一致。此外，须确认预留预埋钢筋、钢板、钢材的种类、规格型号、几何尺寸,预留孔位置和焊缝高度,以及锚固钢筋的位置、数量、规格、锚固长度等。

5. 预制构件保温板铺设图

保温板铺设图用来指导工人切割保温板,确认其几何尺寸,并对预留洞提前加工。

6. 预制构件连接件布置图

保温连接件布置图用来指导工人安装保温连接件,参照图纸上的连接件位置尺寸,提前用专用工具打孔。特别注意要根据保温连接件的规格型号,来选择钻孔大小。

7. 预制构件面层装饰设计图

面层装饰设计图中常见的面层装饰是瓷砖。在施工前,须确认瓷砖的颜色、长宽厚等几何尺寸以及砖缝宽度等。特别注意板边缘部位和洞口部位瓷砖的尺寸不规则,须单独加工。

9.3 装配式混凝土结构图集与图例

9.3.1 装配式混凝土结构图集

目前,与装配式混凝土结构相关的图集有:

(1) 15G365 - 1; (2) 15G365 - 2; (3) 15G366 - 1; (4) 15G367 - 1; (5) 15G368 - 1; (6)15G107-1;(7)《装配式混凝土结构连接节点构造(楼盖结构和楼梯)》(15G310-1);(8)《装配式混凝土结构连接节点构造(剪力墙结构)》(15G310-2);(9)15J939-1;(10)《装配式混凝土剪力墙结构住宅施工工艺图解》(16G906)。

9.3.2 装配式混凝土结构图例与编号

按国家装配式混凝土结构施工图表示方法的制图规则绘制施工图时,可在结构平面布置图中直接标注各类预制构件的编号,并列出注释,涵盖预制构件的尺寸、质量、数量和选用方法等。

预制构件编号中含有类型代号和序号。其中,类型代号用于明确预制构件的种类,序号用于将同类构件进行顺序编号。当直接选用标准图集中的预制构件时,因配套图集中已按构件类型注明编号并配以详图,此时只需在构件表中明确平面布置图中构件编号与所选图集中构件编号的对应关系,使两者结合构成完整的结构设计图。以下结合 15G107-1 图集,介绍装配式结构的图例和预制构件的编号。

1. 图例(表 9.1)

表 9.1 图例

名称	图例	名称	图例
预制钢筋混凝土(包括内墙、内叶墙、外叶墙)	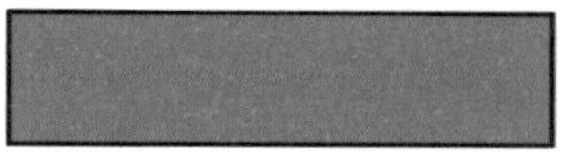	后浇段、边缘构件	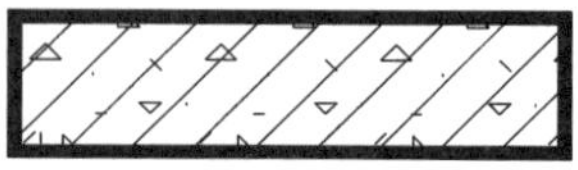
		夹心保温外墙	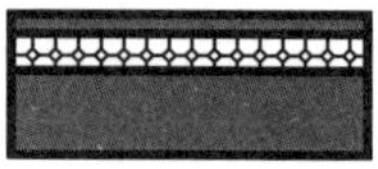
保温层	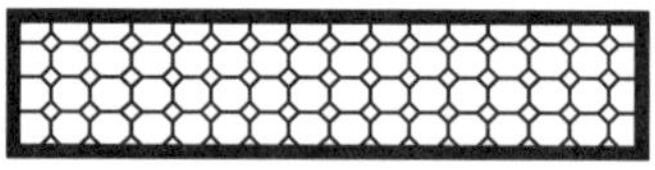	预制外墙模板	
现浇钢筋混凝土墙体	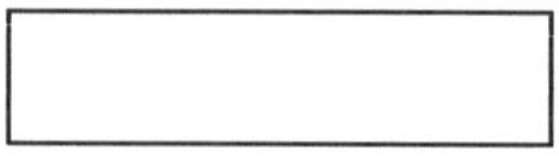		

2. 预制混凝土剪力墙的编号方法(表 9.2)及示例

表 9.2 预制混凝土剪力墙编号

预制墙板类型	代号	序号
预制外墙	YWQ	××
预制内墙	YNQ	××

注:(1)在编号中,如若干预制剪力墙的模板、配筋、各类预埋件完全一致,仅墙厚与轴线的关系不同,也可将其编为同一预制剪力墙编号,但应在图中注明与轴线的几何关系。

(2)序号可为数字,或数字加字母。

【例 9.1】YWQ1,表示预制外墙,序号为 1。

【例 9.2】YNQ5,表示预制内墙,序号为 5。

【例 9.3】YNQ5a,某工程有一块预制混凝土内墙板与已编号的 YNQ5 除线盒位置外,其他参数均相同,为方便起见,该预制内墙板的序号编为 5a。

3. 平面图中预制剪力墙的装配方向表示方法及示例

预制外墙板的装配方向统一在内侧,所以平面图不需表示。预制内墙板的装配方向需要在平面图上表示出来,方法是:用三角符号▲表示,有三角符号▲的一侧表示是装配方向。

【例 9.4】图 9.1 中 YNQ2 的装配方向在左侧,YNQ4 的装配方向在右侧。

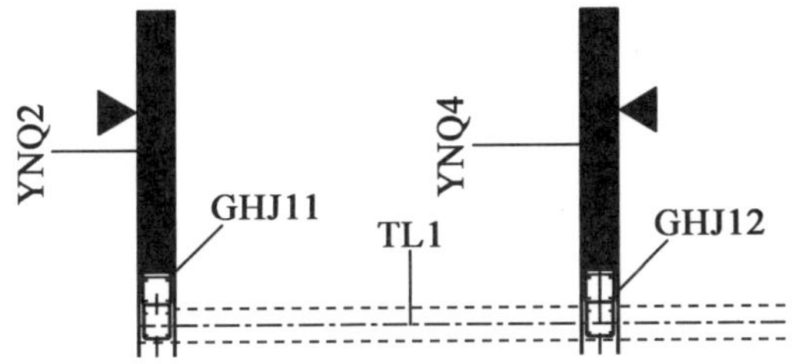

图 9.1　平面图中预制剪力墙的装配方向表示方法

4. 后浇段的编号方法(表 9.3)及示例

表 9.3　后浇段编号

后浇段类型	代号	序号
约束边缘构件后浇段	YHJ	××
构造边缘构件后浇段	GHJ	××
非边缘构件后浇段	AHJ	××

注:在编号中,如若干后浇段的截面尺寸与配筋均相同,仅截面与轴线的关系不同,可将其编为同一后浇段号。后浇段除了在平面图上表示位置和尺寸外,还须另行绘制配筋详图。

【例 9.5】YHJ1,表示约束边缘构件后浇段,编号为 1。

【例 9.6】GHJ5,表示构造边缘构件后浇段,编号为 5。

【例 9.7】AHJ3,表示非边缘暗柱后浇段,编号为 3。

5. 预制混凝土叠合梁的编号方法(表 9.4)及示例

表 9.4　预制混凝土叠合梁的编号

名称	代号	序号
预制叠合梁	DL	××
预制叠合连梁	DLL	××

注:在编号中,如若干预制混凝土叠合梁的截面尺寸与配筋均相同,仅梁与轴线的关系不同,也可将其编为同一叠合梁编号,但应在图中注明与轴线的几何关系。叠合梁和叠合连梁除了在平面图上表示位置和编号外,还须另行绘制配筋详图。

【例 9.8】DL1,表示预制叠合梁,编号为 1。

【例 9.9】DLL3,表示预制叠合连梁,编号为 3。

6. 预制混凝土叠合板的编号方法(表 9.5)及示例

表 9.5　预制混凝土叠合板的编号

叠合板类型	代号	序号
叠合楼面板	DLB	××
叠合屋面板	DWB	××
叠合悬挑板	DXB	××

注:序号可为数字,或数字加字母。

【例 9.10】DLB3,表示楼板为叠合板,编号为 3。

【例 9.11】DWB2,表示屋面板为叠合板,编号为 2。

【例 9.12】DXB1,表示悬挑板为叠合板,编号为 1。

叠合板包括预制底板和现浇层两部分,预制底板在图纸中要有配筋详图,预制底板平面布置图中需要标注叠合板编号、预制底板编号、各块预制底板尺寸和定位。当选用标准图集中的预制底板时,可直接在板块上标注标准图集中的底板编号。预制叠合板上应标明安装方向,按照惯常设计经验,安装方向与桁架筋布置方向垂直。预制底板分为单向板和双向板:当为单向板时,还应注明板边调节缝和定位;当为双向板时,还应标注接缝尺寸和定位。当板面标高不同时,要标注底板标高高差,下降为负(-)。叠合板底板编号表示示例如下:

【例 9.13】DBD67-3324-1,表示单向受力叠合板用底板,预制底板厚度为 60 mm,现浇叠合层厚度为 70 mm,预制底板的标志跨度为 3 300 mm,预制底板的标志宽度为 2 400 mm,底部跨度方向钢筋代号为 1。

【例 9.14】DBS1-67-3924-22-200,表示双向受力叠合板用底板,拼装位置为边板,预制底板厚度为 60 mm,现浇叠合层厚度为 70 mm,预制底板的标志跨度为 3 900 mm,预制底板的标志宽度为 2 400 mm,底部跨度及宽度方向钢筋代号为 22,调整宽度为 200 mm。

【例 9.15】DBS2-67-3924-31-200,表示双向受力叠合板用底板,拼装位置为中板,预制底板厚度为 60 mm,现浇叠合层厚度为 70 mm,预制底板的标志跨度为 3 900 mm,预制底板的标志宽度为 2 400 mm,底部跨度及宽度方向钢筋代号为 31,调整宽度为 200 mm。

7. 预制外墙模板的表示方法示例

【例 9.16】JM1,表示预制外墙模板,编号为 1。

预制外墙模板俗称 PCF 模板。预制外墙模板图表达的内容应包括:平面图中编号、所在层号、所在轴号、外叶墙板厚度、构件质量、数量和构件详图页码。

8. 叠合板底板接缝的表示方法示例

【例 9.17】JF1,表示叠合板之间的接缝,编号为 1。

【例 9.18】MF,表示叠合板之间的接缝为密拼接缝。

叠合楼盖平面布置图上的叠合板接缝需要在图上标注接缝的宽度尺寸,并配接缝构造详图。

9. 水平后浇带的表示方法示例

【例 9.19】SHJD3，表示水平后浇带，编号为 3。

水平后浇带一般位于楼层处的内墙或外墙位置，后浇带内的配筋情况要通过详图或水平后浇带表来表示。

10. 预制隔墙板的编号方法（表 9.6）及示例

表 9.6　预制隔墙板的编号

预制墙板类型	代号	序号
预制隔墙板	GQ	××

注：在编号中，如若干预制隔墙板的模板、配筋、各类预埋件完全一致，仅墙厚与轴线的关系不同，也可将其编为同一预制隔墙编号，但应在图中注明与轴线的几何关系。

【例 9.20】GQ3，表示预制隔墙板，编号为 3。

11. 预制阳台、空调板及女儿墙的编号方法（表 9.7）及示例

表 9.7　预制阳台板、空调板及女儿墙的编号

预制构件类型	代号	序号
阳台板	YYTB	××
空调板	YKTB	××
女儿墙	YNEQ	××

注：在女儿墙编号中，如若干女儿墙的厚度尺寸和配筋均相同，仅墙厚与轴线的关系不同，也可将其编为同一墙身号，但应在图中注明与轴线的几何关系。序号可为数字，或数字加字母。

【例 9.21】YKTB2，表示预制空调板，编号为 2。

【例 9.22】YYTB3，表示预制阳台板，编号为 3。

【例 9.23】YYTB3a，表示某工程有一块预制阳台板与已编号的 YYTB3 除洞口位置外，其他参数均相同，为方便起见，将该预制阳台板序号编为 3a。

【例 9.24】YNEQ5，表示预制女儿墙，编号为 5。

注写选用标准预制阳台板、空调板及女儿墙编号时，编号规则见表 9.8。

表 9.8　标准图集中的预制阳台板、空调板及女儿墙的编号

预制构件类型	编号	含义与说明	
阳台板	YTB-×-××××-××	含义	YTB 表示预制阳台板 ×(第 1 位)表示预制阳台板类型 ××(第 2、3 位)表示预制阳台板挑出长度(单位:dm) ××(第 4、5 位)表示预制阳台板宽度(单位:dm) ××(第 6、7 位)表示预制阳台板封边高度(仅用于板式阳台)
		说明	1. 预制阳台板类型:D 表示叠合板式阳台,B 表示全预制板式阳台,L 表示全预制梁式阳台。 2. 预制阳台封边高度:04 表示 400 mm,08 表示 800 mm,12 表示 1 200 mm。 3. 预制阳台板挑出长度从结构承重墙外表面算起
空调板	KTB-××-×××	含义	KTB 表示预制空调板 ××(第 1、2 位)表示预制空调板挑出长度(单位:cm) ×××(第 3、4 位)表示预制空调板宽度(单位:cm)
		说明	预制空调板挑出长度从结构承重墙外表面算起
女儿墙	NEQ-××-××××	含义	NEQ 表示预制女儿墙 ××(第 1、2 位)表示预制女儿墙类型 ××(第 3、4 位)表示预制女儿墙长度(单位:dm) ××(第 5、6 位)表示预制女儿墙高度(单位:dm)
		说明	1. 预制女儿墙类型:J1 型代表夹心保温式女儿墙(直板);J2 型代表夹心保温式女儿墙(转角板);Q1 型代表非保温式女儿墙(直板);Q2 型代表非保温式女儿墙(转角板)。 2. 预制女儿墙高度从屋顶结构层标高算起,600 mm 高表示为 06,1 400 mm 高表示为 14

【例 9.25】YTB-D-1024-08,表示预制叠合板式阳台挑出长度为 1 000 mm,阳台开间为 2 400 mm,封边高度为 800 mm。

【例 9.26】KTB-84-130,表示预制空调板实际长度为 840 mm,宽度为 1 300 mm。

【例 9.27】NEQ-J1-3614,表示预制女儿墙采用夹心保温式女儿墙(直板),其高度为 1 400 mm,长度为 3 600 mm。

12. 预制楼梯的编号方法(表 9.9)及示例

表 9.9　预制楼梯的编号

预制楼梯类型	编号	含义
双跑楼梯	ST-××-××	ST 表示预制钢筋混凝土双跑楼梯 ××(第 1、2 位)表示层高(单位:dm) ××(第 3、4 位)表示楼梯间净宽(单位:dm)
剪刀楼梯	JT-××-××	ST 表示预制钢筋混凝土剪刀楼梯 ××(第 1、2 位)表示层高(单位:dm) ××(第 3、4 位)表示楼梯间净宽(单位:dm)

【例 9.28】ST-28-25,表示预制钢筋混凝土板式楼梯为双跑楼梯,层高为 2 800 mm,楼梯间净宽为 2 500 mm。

【例 9.29】JT-29-26,表示预制钢筋混凝土板式楼梯为剪刀楼梯,层高为 2 900 mm,楼梯间净宽为 2 600 mm。

9.4　识读预制混凝土叠合板详图

15G366-1 图集中的典型叠合板底板共有 2 种类型,分别为单向板底板和双向板底板。其中,双向板底板根据其拼装位置的不同又分为双向板底板边板和双向板底板中板。15G366-1 图集中的叠合板底板厚度均为 60 mm,后浇混凝土叠合层厚度为 70 mm、80 mm、90 mm 3 种,底板混凝土等级为 C30。底板钢筋及钢筋桁架的上弦、下弦钢筋采用 HRB400 级钢筋,钢筋架的腹杆钢筋采用 HPB300 级钢筋。15G366-1 图集中的叠合板底板适用于环境类别为一类的住宅建筑楼、屋面叠合板用的底板(不包含阳台、厨房和卫生间)。板侧出筋适用于剪力墙墙厚为 200 mm 的情况,其他墙厚及结构形式可参考使用。以 15G366-1 图集中 DBS1-67-3012-11、DBS2-67-3012-11 和 DBD67-2712-1 为例,介绍预制叠合板详图的识读方法。

预制叠合板(单向板)钢筋三维模型动画

预制叠合板(双向板)钢筋三维模型动画

1. DBS1-67-3012-11 基本构造

15G366-1 图集的第 7 页给出了预制叠合板 DBS1-67-3012-11 模板及配筋图,如图 9.2 所示,其中 l_0 = 2 820 mm,$a1$ = 130 mm,$a2$ = 90 mm,n = 13,桁架型号为 A80(长度为 2 720 mm、质量为 4.79 kg),混凝土体积为 0.162 m^3,底板自重为 0.406 t,①号和②号钢筋为 C8,③号钢筋为 C6。

根据图 9.2 并结合以上信息,可以识读 DBS1-67-3012-11 基本构造如下:

(1)表示双向受力叠合板用底板,拼装位置为边板,预制底板厚度为 60 mm,现浇叠合层厚度为 70 mm,预制底板的标志跨度为 3 000 mm,预制底板的标志宽度为 1 200 mm,底部跨度及宽度方向钢筋代号为 11。

(2)宽度方向上,支座中线至拼缝定位线间距为 1 200 mm,其中支座一侧板边至支座中线为 90 mm,拼缝一侧板边至拼缝定位线为 150 mm,预制板混凝土面宽度为 960 mm。长度方向上,两侧板边至支座中线均为 90 mm,预制板混凝土面长度为 2 820 mm。

(3)沿长度方向布置两道桁架钢筋,桁架中心线距离板边 180 mm,桁架中心线间距 600 mm。桁架钢筋端部距离板边为 50 mm。预制板板筋为网片状,宽度方向水平筋在下长度方向水平筋在上。桁架下弦钢筋与长度方向水平筋同层。

(4)宽度方向板筋间距为 200 mm,其中,最左侧的宽度方向板筋距板边 130 mm 布置,最右侧的宽度方向板筋距板边 90 mm 布置。在支座一侧外伸 90 mm,在拼缝一侧外伸 290 mm。距板边 25 mm 处布置宽度方向端部板筋,沿宽度方向通长,不外伸,每端布置 1 道。长度方向板筋自板边 25 mm 处开始布置,在架钢筋位置处不重复布置,在架钢筋之间按 200 mm 间距布置。长度方向板筋在两侧支座处均外伸 90 mm。

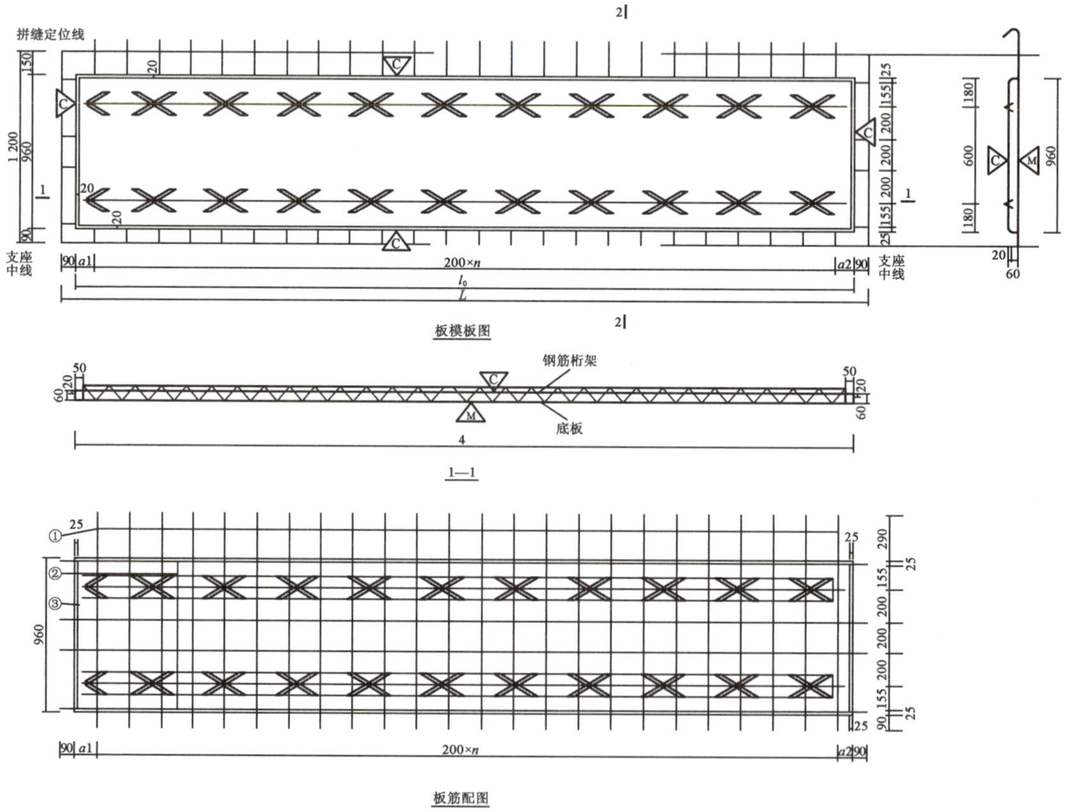

图 9.2 DBS1-67-3012-11 模板及配筋图

注:1. δ 由设计人员确定。

2. ①号钢筋弯钩角度为 135°,弯弧内直径 D 为 32 mm。

3. ②号钢筋位于①号钢筋上层,桁架下弦钢筋与②号钢筋同层。

2. DBS2-67-3012-11 基本构造

15G366-1 图集的第 32 页给出了预制叠合板 DBS2-67-3012-11 模板及配筋图,如图

9.3 所示，其中 $l_0 = 2\ 820$ mm，$a1 = 150$ mm，$a2 = 70$ mm，$n = 13$，桁架型号为 A80（长度 2 720 mm、质量 4.79 kg），混凝土体积为 0.152 m^3，底板自重为 0.381 t，①号和②号钢筋为 C8，③号钢筋为 C6。

根据图 9.3 并结合以上信息，可以识读 DBS2-67-3012-11 基本构造如下：

（1）表示双向受力叠合板用底板，拼装位置为中板，预制底板厚度为 60 mm，现浇叠合层厚度为 70 mm，预制底板的标志跨度为 3 000 mm，预制底板的标志宽度为 1 200 mm，底部跨度及宽度方向钢筋代号为 11。

（2）宽度方向上，两拼缝定位线间距为 1 200 mm，两侧板边至拼缝定位线均为 150 mm，预制板混凝土面宽度为 900 mm。长度方向上，两侧板边至支座中线均为 90 mm，预制板混凝土面长度为 2 820 mm。

（3）沿长度方向布置两道桁架钢筋，桁架中心线距离板边 150 mm，桁架中心线间距 600 mm。桁架钢筋端部距离板边 50 mm。预制板板筋为网片状，宽度方向水平筋在下，长度方向水平筋在上。桁架下弦钢筋与长度方向水平筋同层。

（4）宽度方向板筋间距为 200 mm，其中，最左侧的宽度方向板筋距板边 150 mm，最右侧的宽度方向板筋距板边 70 mm。沿宽度方向外伸 290 mm。距板边 25 mm 处布置宽度方向端部板筋，沿宽度方向通长，不外伸，每端布置 1 道。长度方向板筋自板边 25 mm 处开始布置，在架钢筋位置处不重复布置，在架钢筋之间按 200 mm 间距布置。长度方向板筋在两侧支座处均外伸 90 mm。

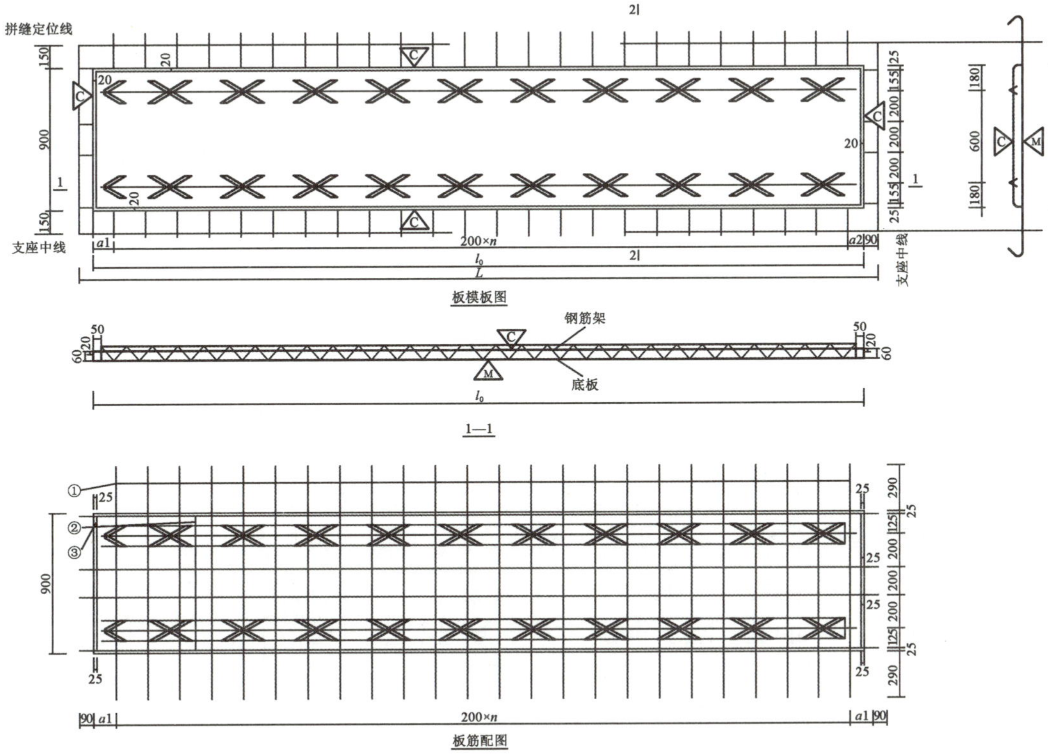

图 9.3　DBS2-67-3012-11 模板及配筋图

3. DBD67-2712-1 基本构造

15G366-1 图集的第 57 页给出了预制叠合板 DBD67-2712-1 模板及配筋图,如图 9.4 所示,其中 l_0 = 2 520 mm,$a1$ = 60 mm,$a2$ = 60 mm,n = 12,桁架型号为 A80(长度 2 420 mm、质量 4.26 kg),混凝土体积为 0.181 m^3,底板自重为 0.454 t,①号钢筋为 C6,②号钢筋为 C8,③号钢筋为 C6。

根据图 9.4 并结合以上信息,可以获得 DBD67-2712-1 基本构造如下:

(1)叠合板单向板底板,预制板混凝土面宽度为 1 200 mm,预制板混凝土面长度为 2 520 mm。预制板两个宽度方向侧边及顶面均设置粗糙面,预制板底面为模板面。预制混凝土层厚度为 60 mm,现浇叠合层厚度为 70 mm。

(2)沿长度方向布置两道桁架钢筋,桁架中心线距离板边 300 mm,桁架中心线间距 600 mm。桁架钢筋端部距离板边 50 mm。预制板板筋为网片状,宽度方向水平筋在下,长度方向水平筋在上。桁架下弦钢筋与长度方向水平筋同层。

(3)宽度方向板筋距板边 60 mm 开始布置,间距为 200 mm,沿宽度方向通长,不外伸。距板边 25 mm 处布置宽度方向端部板筋,沿宽度方向通长,不外伸,每端布 1 道。

(4)长度方向板筋以桁架钢筋为基准,间距 200 mm 布置,在架钢筋位置处不重复布置,在桁架钢筋之间布置 2 道,两道架钢筋外侧 200 mm 各布置 1 道。板边 25 mm 处布置长度方向端部板筋。长度方向板筋在两侧支座处均外伸 90 mm。

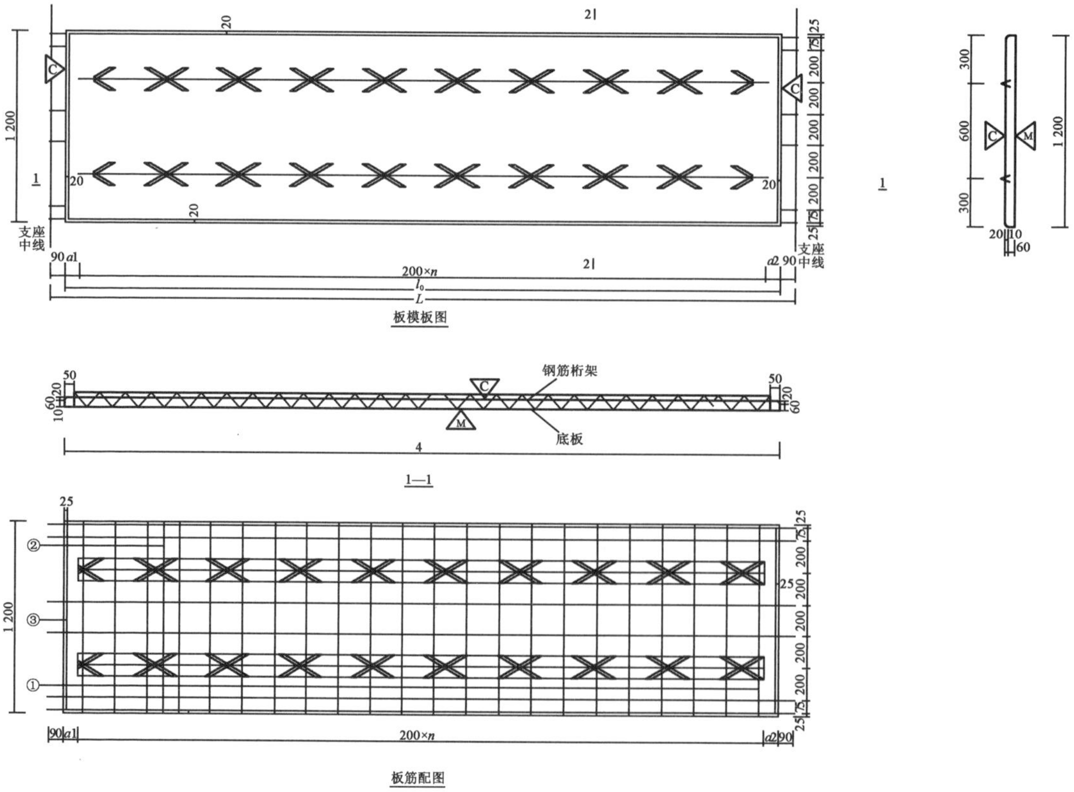

图 9.4 DBD67-2712-1 模板及配筋图

9.5　识读预制混凝土剪力墙内墙板详图

下面以无洞口内墙板 NQ－1828(一级抗震)为例,通过模板图(图 9.5)和配筋图(图 9.6)识读其基本尺寸和配筋情况。

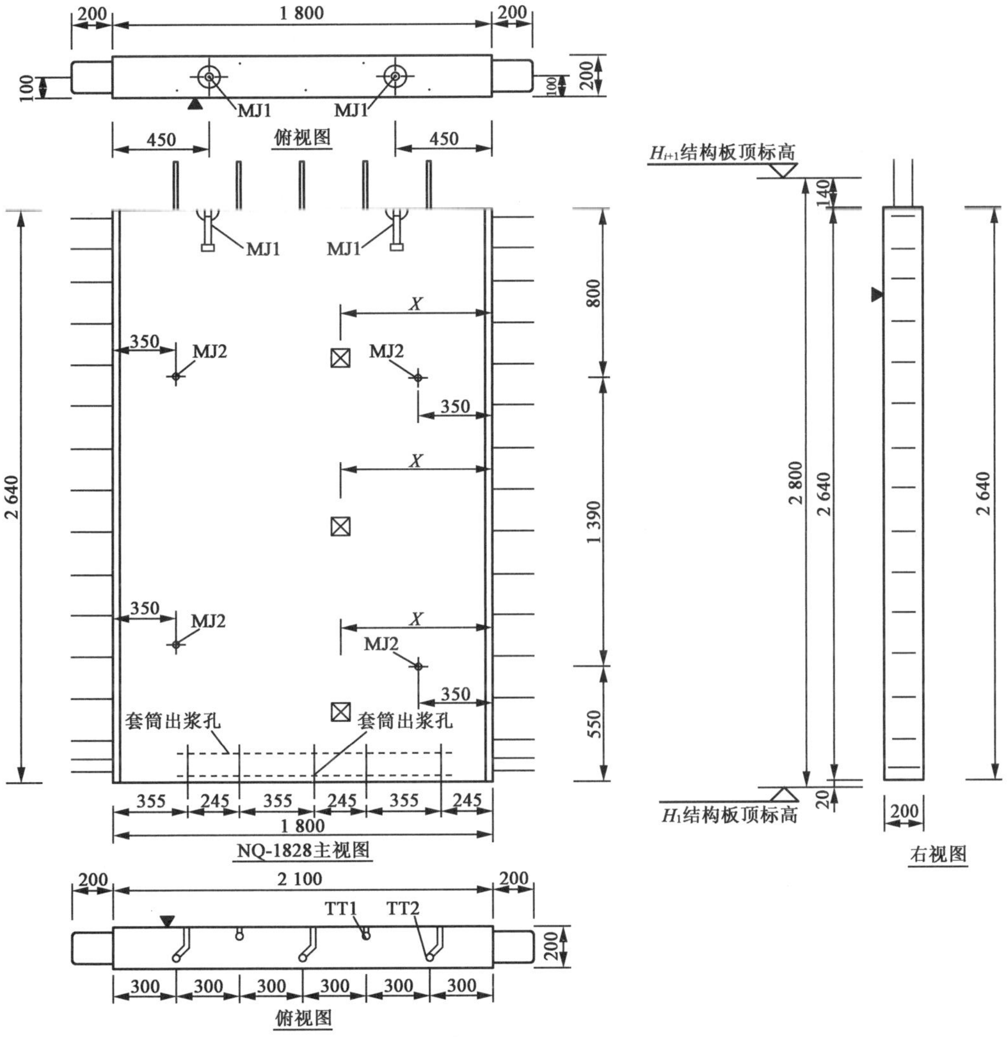

图 9.5　NQ－1828 模板图

注:墙板构件对角线控制尺寸为 3 373 mm。

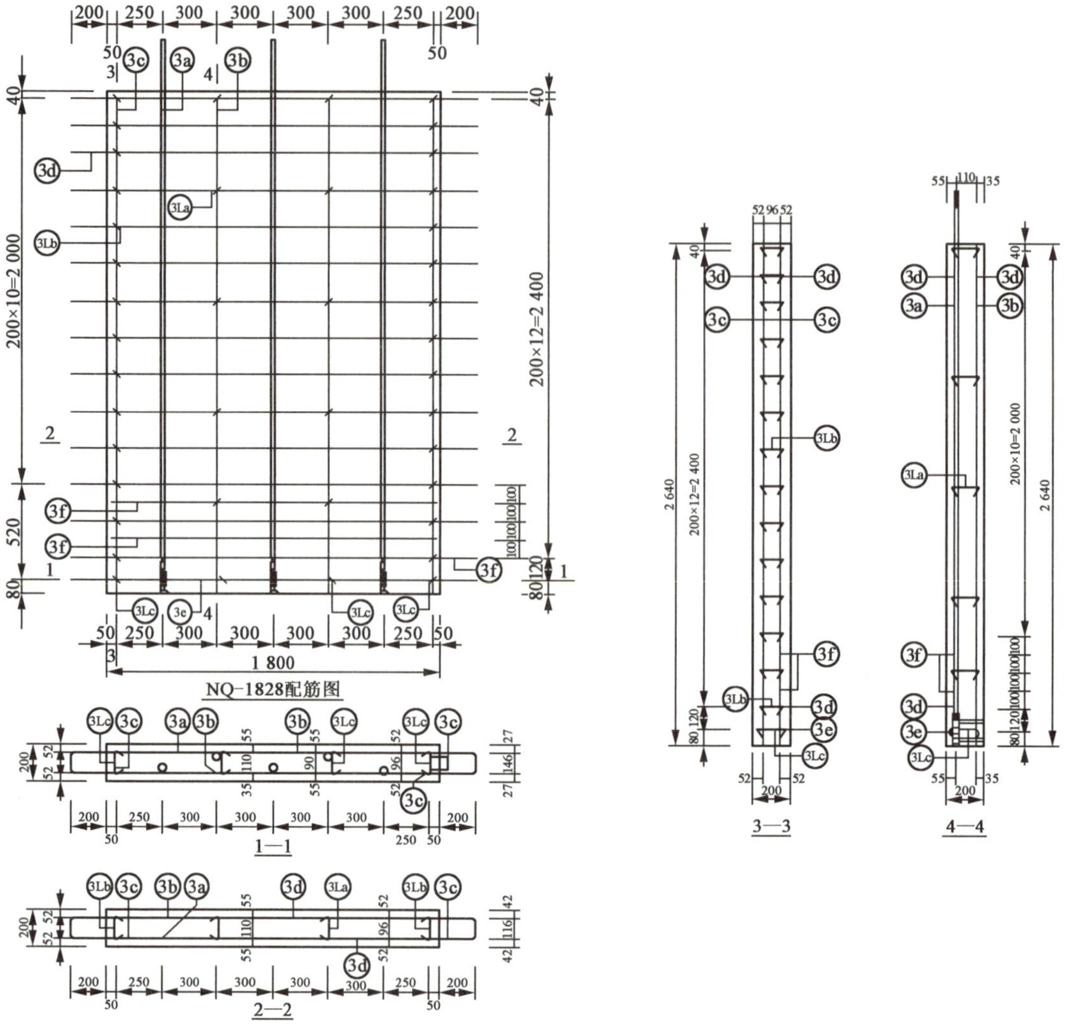

图 9.6　NQ-1828 配筋图

1. NQ-1828 模板图基本信息

(1)基本尺寸:墙板宽 1 800 mm(不含出筋),高 2 640 mm(不含出筋,底部预留 20 mm 高灌浆区,顶部预留 140 mm 高后浇区,合计层高为 2 800 mm),厚 200 mm。

(2)预埋灌浆套筒:墙板底部预埋 5 个灌浆套筒,墙板宽度方向上均匀布置(间距 300 mm),两层钢筋网片上的套筒交错布置,图示内侧 2 个,外侧 3 个。套筒灌浆孔和出浆孔均设置在墙板内侧面上(设置墙板临时斜支撑的一侧,下同)。同一个套筒的灌浆孔和出浆孔竖向布置,灌浆孔在下,出浆孔在上。灌浆孔和出浆孔间距因不同工程墙板配筋直径不同会有所不同,但灌浆孔和出浆孔均应各自都处在同一水平高度上,灌浆孔间和出浆孔间的水平间距不均匀。

(3)预埋吊件:墙板顶部有 2 个预埋吊件,编号 MJ1。在墙板厚度上居中布置,在墙板宽度上位于两侧 1/4 位置处。

(4)预埋螺母:墙板内侧面有 4 个临时支撑预埋螺母,编号 MJ2。矩形布置,距离墙板两侧边均为 350 mm，下部两螺母距离墙板下边缘 550 mm，上部两螺母与下部两螺母间距 1 390 mm。

（5）预埋电气线盒：墙板内侧面有 3 个预埋电气线盒，线盒中心位置与墙板外边缘间距可根据工程实际情况从预埋线盒位置选用表中选取。

（6）其他：墙板两侧边出筋长度均为 200 mm，构件对角线控制尺寸为 3 195 mm。

预制内墙板钢筋三维动画

2. NQ-1828 钢筋图基本信息

15G365-2 图集的第 11 页给出了预制叠合板 NQ-1828 配筋图，如图 9.6 所示，其中，3a 号钢筋为 5C16，3b 号钢筋为 5C6，3c 号钢筋为 4C12，3d 号钢筋为 13C8，3e 号钢筋为 2C8，3f 号钢筋为 2C8，3La 号钢筋为 C6@ 600，3Lb 号钢筋为 26C6，3Lc 号钢筋为 4C6。

根据图 9.6 并结合以上信息，可以获得 NQ-1828 钢筋图基本信息如下：

（1）基本形式：内外两层钢筋网片，水平分布筋在外，竖向分布筋在内。

（2）13C8 墙体水平分布筋 3d：自墙板顶部 40 mm 处（中心距）开始，间距 200 mm 布置，单侧共计 13 根水平分布筋。水平分布筋在墙体两侧各外伸 200 mm，同高度处的 2 根水平分布筋外伸后形成预留外伸 U 形筋的形式。

（3）2C8 灌浆套筒顶部水平加密筋 3f：在灌浆套筒顶部以上至少 300 mm 范围内，与原有水平分布筋一起，形成间距为 100 mm 的加密区。

（4）2C8 灌浆套筒处水平分布筋 3e：自墙板底部 80 mm 处（中心距）布置 1 根，在墙体两侧各外伸 200 mm，同高度处的 2 根水平加密筋外伸后形成预留外伸 U 形筋的形式。

（5）5C16 竖向分布筋 3a：与灌浆套筒连接的竖向分布筋，下端车丝，与墙板中的灌浆套筒机械连接。上端外伸，与上一层墙板中的灌浆套筒连接。自墙板边 300 mm 开始布置，间距 300 mm，两侧隔一设一，图中墙板内侧设置 3 根，外侧设置 2 根，共计 5 根。

（6）5C6 竖向分布筋 3b：与竖向分布筋 3a 对应的竖向分布筋。不连接灌浆套筒，不外伸，沿墙板高度通长布置。自墙板边 300 mm 开始布置，间距 300 mm，与竖向分布筋 3a 间隔布置，墙板内侧设置 2 根，外侧设置 3 根，共计 5 根。

（7）4C12 端部竖向构造筋 3c：距墙板边 50 mm，沿墙板高度通长布置。每端设置 2 根，共计 4 根。

（8）C6@ 600 墙体拉结筋 3La：矩形布置，间距为 600 mm。墙体高度上自顶部节点向下布置（底部水平筋加密区，因高度不满足 2 倍间距要求，实际布置间距变小）。墙体宽度方向上因有端部拉结筋 3Lb，自第三列节点开始布置。共计 10 根。

（9）26C6 端部拉结筋 3Lb：与端部竖向构造筋节点对应的拉结筋，每节点均设置，两端共计 26 根。

（10）4C6 底部拉结筋 3Lc：与灌浆套筒处水平分布筋节点对应的拉结筋，自端节点起隔一布一，共计 4 根。

3. 预制内墙板电气预留示意图

墙板单侧设置预埋电气线盒时，一般不得影响墙体竖向钢筋。若预埋位置处水平钢筋被截断，被截断的水平筋在线盒槽口边弯起 12d，线盒槽口内须设置与原水平筋直径相同的附加水平筋，且附加水平筋伸入线盒槽口两侧墙体混凝土内的锚固长度不小于抗震锚固长

度 L_{aE}。

低区和中区预埋电气线盒一般向下连接预埋线管，线盒预埋位置处的预制墙板下部须预留线路连接槽口。连接槽口尺寸：130 mm×90 mm×200 mm（墙宽方向×墙厚方向×墙高方向），根据电气需要设置在墙板内侧或外侧。连接槽口处水平筋可截断处理，靠近槽口顶部的水平筋可弯折处理。

高区预埋电气线盒一般向上连接预埋线管，与水平后浇带或后浇圈梁中的电气管线连接。

9.6 识读预制混凝土剪力墙外墙板详图

下面以无洞口外墙板 WQ－2728（一级抗震）为例，通过模板图（图 9.7）和配筋图（图 9.8）识读其基本尺寸和配筋情况。

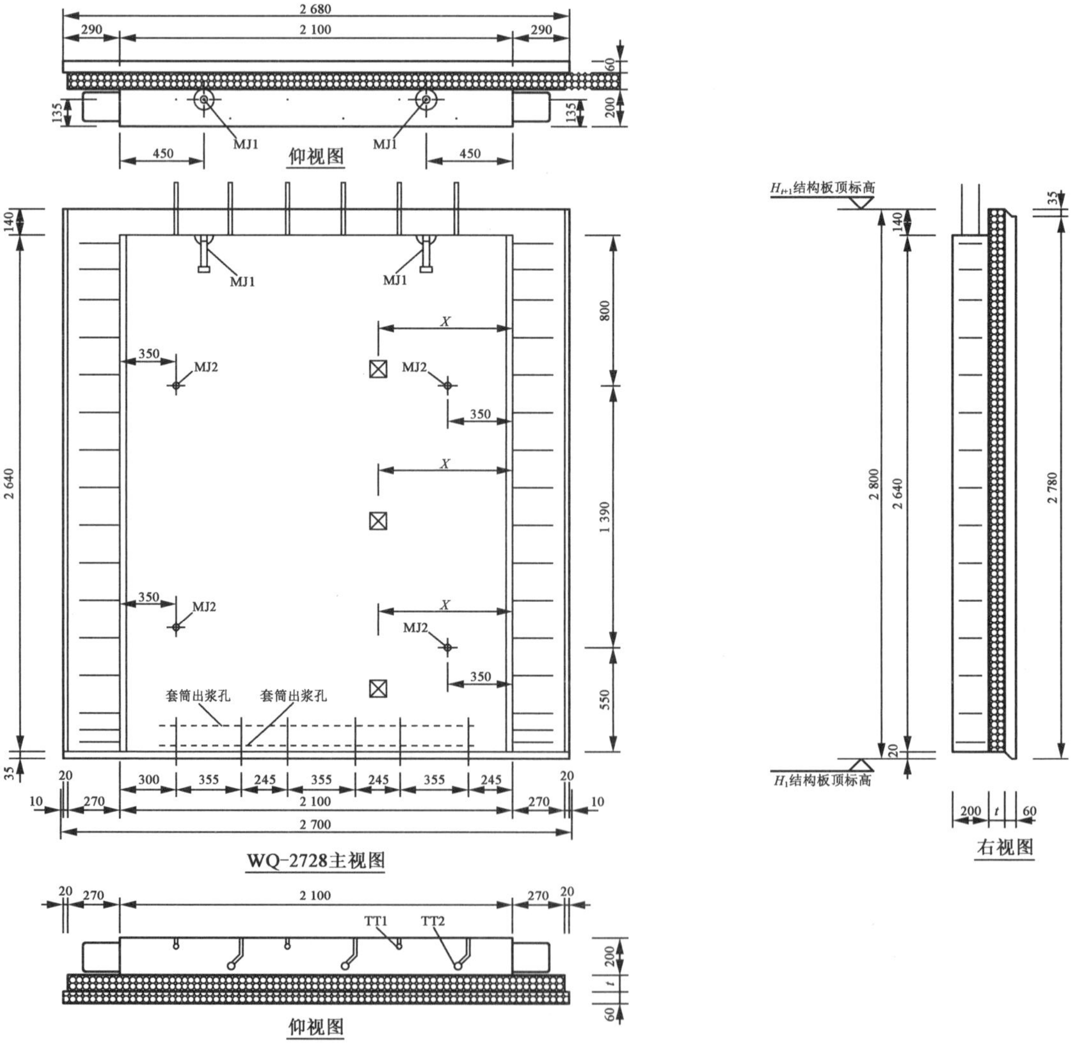

图 9.7 WQ－2728 模板图

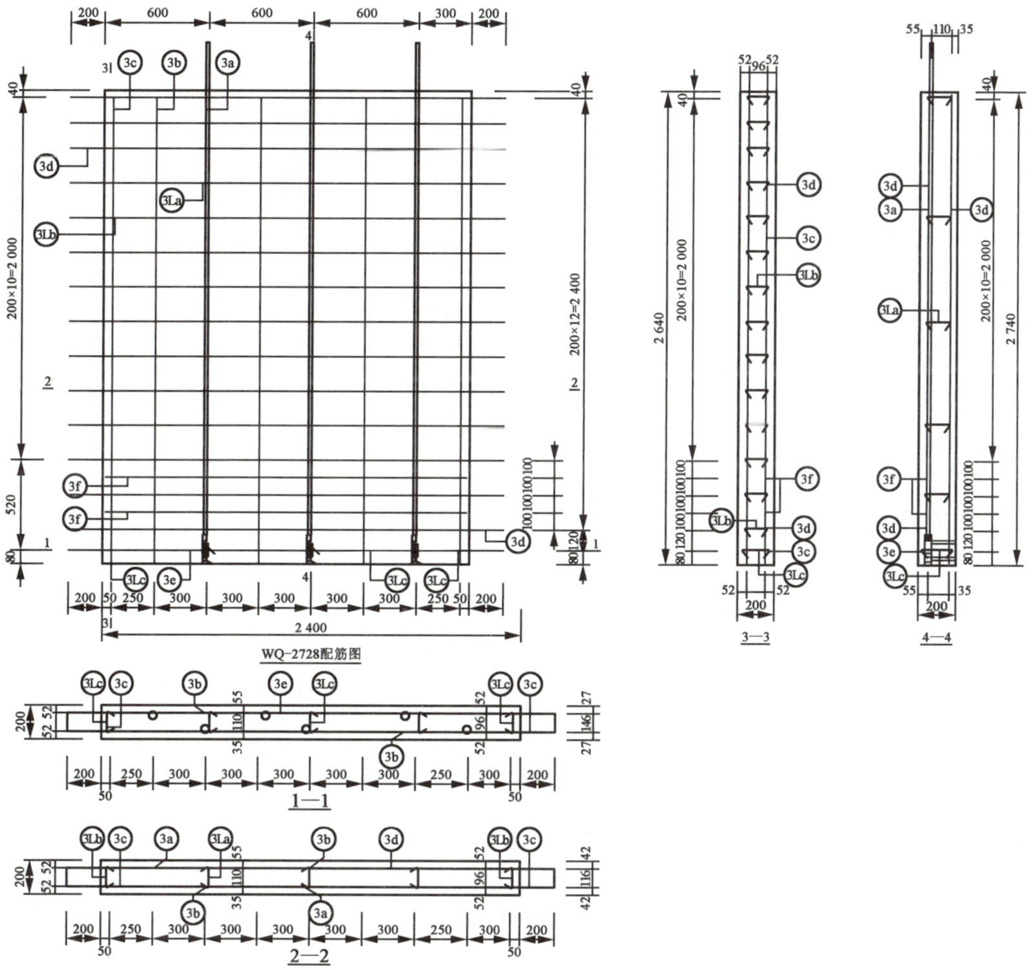

图 9.8　WQ-2728 配筋图

1. 内叶墙板、保温板和外叶墙板的相对位置关系

通过识读 WQ-2728 模板图,可以得到其内叶墙板、保温板和外叶墙板的相对位置关系如下:

(1)厚度方向:由内而外依次是内叶墙板、保温板和外叶墙板。

(2)宽度方向:内叶墙板、保温板、外叶墙板均同中心轴对称布置,内叶墙板与保温板板边距为 270 mm,保温板与外叶墙板板边距为 20 mm。

(3)高度方向:内叶墙板底部高出结构板顶标高 20 mm(灌浆区),顶部低于上一层结构板顶标高 140 mm(水平后浇带或后浇圈梁)。保温板底部与内叶墙板底部平齐,顶部与上一层结构板顶标高平齐。外叶墙板底部低于内叶墙板底部 35 mm,顶部与上一层结构板顶标高平齐。

2. WQ-2728 模板图基本信息

(1)基本尺寸:内叶墙板宽 2 100 mm(不含出筋),高 2 640 mm(不含出筋,底部预留 20 mm 高灌浆区,顶部预留 140 mm 高后浇区,合计层高为 2 800 mm),厚 200 mm。保温板宽 2 640 mm,高 2 780 mm,厚度按设计选用确定。外叶墙板宽 2 680 mm,高 2 815 mm,厚 60 mm。

(2)预埋灌浆套筒:内叶墙板底部预埋 6 个灌浆套筒,在墙板宽度方向上间距 300 mm 均匀布置,内外两层钢筋网片上的套筒交错布置。套筒灌浆孔和出浆孔均设置在内叶墙板内侧面上(设置墙板临时斜支撑的一侧,下同)。同一个套筒的灌浆孔和出浆孔竖向布置,灌浆孔在下,出浆孔在上。灌浆孔和出浆孔间距因不同工程墙板配筋直径不同会有所不同,但灌浆孔和出浆孔各自都处在同一水平高度上。又因外侧钢筋网片上的套筒灌浆孔和出浆孔须绕过内侧网片竖向钢筋后达到内侧墙面,故灌浆孔间或出浆孔间的水平间距不均匀。

(3)预埋吊件:内叶墙板顶部有 2 个预埋吊件,编号 MJ1。布置在与内叶墙板内侧边间距 135 mm,且分别与内叶墙板左右两侧边间距 450 mm 的对称位置处。

(4)预埋螺母:内叶墙板内侧面有 4 个临时支撑预埋螺母,编号 MJ2。矩形布置,距离内叶墙板左右两侧边均为 350 mm,下部螺母距离内叶墙板下边缘 550 mm,上部螺母与下部螺母间距 1 390 mm。

(5)预埋电气线盒:内叶墙板内侧面有 3 个预埋电气线盒,线盒中心位置与墙板外边缘间距可根据工程实际情况,从预埋线盒位置选用表中选取。

(6)其他:内叶墙板两侧边出筋长度均为 200 mm。内叶墙板两侧均预留 30 mm×5 mm 凹槽,保障预制混凝土与后浇混凝土接缝处外观平整,同时也能够防止后浇混凝土漏浆。内叶墙板对角线控制尺寸为 3 373 mm,外叶墙板对角线控制尺寸为 3 887 mm。

预制外墙板
钢筋三维动画

3. WQ-2728 钢筋图基本信息

图集 15G365-1 的第 17 页给出了预制叠合板 WQ-2728 配筋图,如图 9.8 所示,其中 3a 号钢筋为 6C16,3b 号钢筋为 6C6,3c 号钢筋为 4C12,3d 号钢筋为 15C8,3e 号钢筋为 1C8,3f 号钢筋为 2C8,3La 号钢筋为 C6@600,3Lb 号钢筋为 26C6,3Lc 号钢筋为 5C6。

根据图 9.8 并结合以上信息,可以获得 WQ-2728 钢筋图基本信息(本部分仅包含内叶墙板配筋)如下:

(1)基本形式:内外两层钢筋网片,水平分布筋在外,竖向分布筋在内。水平分布筋在灌浆套筒及其顶部加密布置,墙端设置端部竖向构造筋。

(2)6C16 与灌浆套筒连接的竖向分布筋 3a:自墙板边 300 mm 开始布置,间距为 300 mm,两层网片上隔一设一。图 9.8 中,墙板内、外侧均设置 3 根,共计 6 根。一、二、三级抗震要求时,采用 6C16 规格,下端车丝,长度为 23 mm,与灌浆套筒机械连接。上端外伸 290 mm,与上一层墙板中的灌浆套筒连接,下端车丝,长度 21 mm,上端外伸 275 mm。

(3)6C6 不连接灌浆套筒的竖向分布筋 3b:沿墙板高度通长布置,不外伸。自墙板边 300 mm 处开始布置,间距为 300 mm,与连接灌浆套筒的竖向分布筋 3a 间隔布置。图 9.8 中墙板内、外侧均设置 3 根,共计 6 根。

(4)4C12 墙端端部竖向构造筋 3c:距墙板边 50 mm,沿墙板高度通长布置,不外伸。每端设置 2 根,共计 4 根。

(5)15C8 墙体水平分布筋 3d:自墙板顶部 40 mm 处(中心距)开始,间距 200 mm 布置,共计 13 道。水平分布筋在墙体两侧各外伸 200 mm,同高度处的 2 根水平分布筋外伸后端部连接形成预留外伸 U 形筋的形式。

(6)2C8 灌浆套筒顶部水平加密筋 3f:在灌浆套筒顶部以上至少 300 mm 范围内,与墙体水平分布筋间隔设置,形成间距 100 mm 的加密区。共设置 2 道水平加密筋,不外伸,同高度处的 2 根水平加密筋端部连接做成封闭箍筋形式,箍住最外侧的端部竖向构造筋。

(7)2C8 灌浆套筒处水平加密筋 3e:自墙板底部 80 mm 处(中心距)布置 1 根,在墙体两侧各外伸 200 mm,同高度处的 2 根水平加密筋外伸后端部连接,形成预留外伸 U 形筋的形式。需注意的是,因灌浆套筒尺寸关系,该处的水平加密筋并不在钢筋网片平面内,其外伸后形成的 U 形筋端部尺寸与其他水平筋不同。

(8)C6@600 墙体拉结筋 3La:矩形布置,间距为 600 mm。墙体高度上自顶部节点向下布置(底部水平筋加密区,因高度不满足 2 倍间距要求,实际布置间距变小)。墙体宽度方向上,因有端部拉结筋 3Lb,自第三列节点开始布置,共计 15 根。

(9)26C6 端部拉结筋 3Lb:端部竖向构造筋与墙体水平分布筋交叉点处设置拉结筋,每节点均设置,两端共计 26 根。

(10)5C6 底部拉结筋 3Lc:与灌浆套筒处水平加密筋节点对应的拉结筋,自端节点起,间距不大于 600 mm,共计 5 根。

4. WQ 外叶墙板详图

无洞口外叶墙板中,钢筋采用焊接网片,间距不大于 150 mm。网片混凝土保护层厚度按 20 mm 计。竖向钢筋距离外叶墙板两侧边 30 mm 开始摆放,顶部水平钢筋距离外叶墙板顶部 65 mm 开始摆放,底部水平钢筋距离外叶墙板底部 35 mm 开始摆放。

思想提升:“天行健,君子以自强不息;地势坤,君子以厚德载物。”

——《周易》

释义:天道运行刚健有力,君子应效仿其精神,不断自我完善和进取。大地宽厚包容,君子应培养深厚德行,承载万物与社会责任。

思考题

1. 装配式混凝土结构与现浇混凝土结构施工图的不同之处有哪些?
2. 预制构件加工图包括哪些内容?
3. 预制底板分为单向板和双向板,应如何表示?
4. 简述预制混凝土叠合板中的钢筋种类。
5. 简述预制混凝土内墙和外墙中的钢筋种类。

第 10 章　装配式混凝土结构施工常见问题与防治

【学习目标】

1. 了解装配式结构预制构件生产与运输的常见问题。
2. 了解装配式结构预制构件施工安装的常见问题。

【能力目标】

1. 理解装配式结构预制构件生产与运输常见问题的防治措施。
2. 理解装配式结构预制构件施工安装常见问题的防治措施。

10.1　装配式混凝土结构施工常见问题概述

自装配式建筑在全国全面推广以来，取得了突破性的进展。各区域、各城市逐步完善了装配式建筑相关的配套设施，制定了相应的规范标准和设计图集，形成了比较完整的产业链。但由于发展时间相对较短，缺少系统的、全面的项目总结，各单位在具体操作实施过程中，难以系统地了解相关知识，对装配式建筑质量的把控存在一定难度。尤其是在近年众多的项目实践中，暴露出了许多与装配式建筑技术相关的常见问题，主要表现在设计过程、项目管理、预制构件生产与运输、预制构件施工安装等方面。本教材针对预制构件生产与运输及预制构件施工安装中的典型常见问题与防治措施进行介绍。

在预制构件生产运输环节，常见问题集中没有结合生产工艺、运输方式进行预制构件深化设计。例如，预制构件拆分尺寸过大，运输存在问题；预制构件外伸钢筋过长，或未设置有效的防护措施，导致钢筋弯折变形；设计未对预制构件的堆放提出要求，不合理堆放导致预制构件损坏；预制构件角部位置未设计倒角，出厂构件存在缺棱掉角等质量问题。

在施工安装环节，常见问题集中在吊装、定位及安装、钢筋支撑冲突、现场预埋预留等方面。例如，吊点设置不合理，导致吊装存在较大风险；设计失误导致预制构件管线、埋件与现场预留位置误差较大，后期剔凿影响预制构件的质量且耗费时间；预制构件固定点与铝模支撑系统冲突，现场无法固定安装；深化设计未对预制叠合板的支撑条件提出要求，造成现场施工时预制叠合板的变形或开裂；现浇墙柱与预制构件节点处钢筋密集，无法绑扎，且影响混凝土的浇筑等质量问题。

10.2　预制构件生产、运输和堆放常见问题与防治

预制构件生产是装配式建筑的重要环节，其产品质量直接影响装配式建筑能否顺利实施。预制构件生产前，在确保预制构件设计深度除满足预制构件结构性能和功能要求的基础上，还应当满足预制构件生产、吊装运输、现场安装、临时固定及与现浇结构连接、模板、支撑等施工要求。因此，预制构件生产企业应当提前介入预制构件设计，配合设计单位做好预制构件深化设计，且深化设计文件经施工图设计单位确认后才能进行批量化生产。

预制构件的生产过程质量管控，是预制构件能否满足设计要求的关键环节。一些预制构件生产企业在生产过程中，由于时间紧、任务重、管理不当等原因，造成预制构件成品出现质量缺陷，如出现表面色差、蜂窝、麻面、缺棱掉角、尺寸偏差等问题，进而影响装配式建筑的整体质量。

预制构件的运输与堆放，也是保证预制构件从出厂检验合格到进场验收合格的重要环节。为确保预制构件顺利安全地从工厂运送至施工现场，运输前应制订运输方案，并考虑运输及施工工地道路实际情况是否满足要求，如道路限高、承载力、转弯半径等。运输车辆的选取也需要结合预制构件的质量、尺寸、规格、工地情况等予以考虑，如拖挂车、低平板车等。预制构件在车辆上的临时固定绑扎会对预制构件产生次应力，路途颠簸容易磕碰导致预制构件损坏，车辆转弯时由于重心过高、车速过快而发生倾覆事故。因此，正式运输预制构件前，宜进行一次试跑，并做好记录工作。

本节针对预制构件生产、运输和堆放过程中遇到的常见问题进行梳理分析，并提出相应的防治措施。

1. 预制构件缺棱掉角外观质量问题（图 10.1）

原因分析：

(1)预制构件混凝土振捣不充分，存在漏振现象。

(2)预制构件脱模起吊时，混凝土强度未达到设计要求。

(3)拆模时未根据模具的结构特点及拆模顺序进行，拆模方式不当。

(4)吊点设计未满足平稳起吊的要求，致使构件在起吊过程中因起吊不稳造成磕碰。

(5)存放、运输、装卸过程中无成品保护措施。

防治措施：

(1)规范预制构件混凝土的振捣作业，确保混凝土振捣密实，尤其是要关注构件四周的振捣质量。

(2)预制构件脱模起吊时，同条件养护的混凝土立方体试块抗压强度应满足设计要求，且不应小于 15 MPa。

(3)模具的拆除应根据模具结构的特点制订合理的拆模顺序和方法，严禁使用大锤敲打的方式拆模。

(4)预制构件吊点设置应满足平稳起吊要求，平吊不宜少于 4 个，竖吊不宜少于 2 个且不宜多于 4 个。对吊点设计不合理的预制构件须及时与设计单位沟通，应增设吊点或调整吊点位置。吊装时宜设置牵引绳。

(5)预制构件在存放、运输、装卸过程中应进行成品保护,对预制构件边角部或与紧固装置接触处部位采用垫衬加以保护,在构件与刚性搁置点间设置柔性垫片。

(6)高、低企口和墙体转角等薄弱部位,应采用定型保护垫块或专用套件加强保护。

(7)存放、运输、装卸过程中采用有效的成品保护措施,如图 10.2 所示。

图 10.1　预制构件缺棱掉角

图 10.2　预制构件成品保护措施

2. 预制构件外露钢筋表面被水泥浆污染(图 10.3)

原因分析:

(1)作业人员未对模具与外露钢筋之间的缝隙进行严格密封,在混凝土振捣作业时,封堵措施失效,产生漏浆现象。

(2)未对外露钢筋采取防污染措施。

(3)外露钢筋被水泥浆污染后,作业人员未采取清理措施。

防治措施:

(1)作业人员在混凝土浇筑前,应对模具与外露钢筋间的缝隙采取密封措施,且密封措施应牢固有效,确保混凝土在振捣时不脱落、不产生漏浆现象。

(2)对外露钢筋采取防污染措施,避免混凝土浆液迸溅在外露钢筋表面。

(3)将外露钢筋污染纳入预制构件成品质量检验项目,加强质检力度,一旦发现外露钢筋污染问题须及时处理。

(4)如果构件钢筋污染无法清理,且影响钢筋锚固强度时,应当对构件做废弃处理。

图 10.3　预制构件外露钢筋表面被水泥浆污染

3. 预制构件粗糙面不符合设计要求(图 10.4)

原因分析:

(1)预制钢筋桁架叠合楼板构件拉毛时间过早或过晚。过早拉毛使得流动浮浆回填沟壑,造成粗糙深度不足;过晚拉毛则因表面硬结,难以达到粗糙深度要求或影响混凝土表面强度。

(2)模具与预制构件粗糙面混凝土接触的表面未均匀涂刷缓凝剂,或未选用合适的缓凝剂品种,或冲水压力选用不当。构件脱模后,混凝土强度不高,水压太大的情况下,混凝土浆液与骨料易被高压水枪冲走,甚至导致钢筋露出,失去保护层,影响预制构件外观质量,严重时会产生结构隐患。若对预制构件冲洗过迟或不完全,混凝土已经硬化,导致露骨料粗糙面表面平滑,凹凸深度不足。

(3)印花模具设计及制作不满足粗糙面深度与结合面的面积要求。

防治措施:

(1)预制钢筋桁架叠合楼板构件应在混凝土即将初凝前进行拉毛,使用铁耙等专用工具,人工操作时应注意控制拉毛深度与拉毛面积。

(2)当使用水洗方法时,混凝土浇筑前应在与构件粗糙面混凝土接触的模具表面均匀涂刷缓凝剂。构件脱模后应按照缓凝剂的要求,在规定时间内及时对粗糙面进行冲洗,同时保证水枪水压、距构件距离、出水方向、冲洗时间一致,使露骨料粗糙面满足设计要求。

(3)若采用硅胶模、聚乙烯棒或花纹钢板等印花模具制作粗糙面,印花模具设计应根据不同构件粗糙面深度要求进行。预制梁、柱、墙板粗糙面凹凸深度不应小于 6 mm,预制钢筋桁架叠合楼板不应少于 4 mm,粗糙面的面积不少于结合面的 80%。应使用经过处理的花纹钢板,保证凹凸深度。

(4)加强构件粗糙面的检测,对于粗糙面的面积小于结合面的 80%或凹凸深度小于设计要求的构件,粗糙面须进行凿毛处理。

图 10.4　预制构件粗糙面不符合设计要求

4. 预制构件桁架钢筋露出混凝土表面偏低(图 10.5)

原因分析:

(1)叠合层厚度偏薄,或者预制板生产的实际厚度较设计厚度偏厚。

(2)桁架钢筋与板底主受力方向钢筋放置于同一水平面上。

(3)桁架钢筋在生产制作过程中产生了负误差。

(4)桁架钢筋的设计高度偏小。

防治措施:

(1)进行预制板设计时,应明确预制板的设计厚度,以及桁架钢筋的设计高度,并且在预制构件的施工图中标出,必要时应与预制构件加工厂进行技术交底。

(2)应提高预制构件的生产工艺,避免在生产过程中,桁架钢筋在预制楼板中的布置位置产生误差。

图 10.5　预制构件桁架钢筋露出混凝土表面偏低

5. 预制构件桁架钢筋露出混凝土表面偏高(图 10.6)

原因分析:

(1)设计桁架钢筋高度错误。

(2)桁架钢筋在制作过程中产生正误差。

(3)桁架钢筋本身翘曲,使桁架局部偏高。

(4)预制板设计厚度偏厚,或者预制板生产的实际厚度较设计厚度偏薄。

防治措施:

(1)进行预制板设计时,应明确预制板的设计厚度,以及桁架钢筋的设计高度,并且在预制构件的施工图纸中标出,必要时应与预制构件加工厂进行技术交底。

(2)应提高预制构件的生产工艺,避免在生产过程中,桁架钢筋在预制楼板中的布置位置产生误差。

图 10.6　预制构件桁架钢筋露出混凝土表面偏高

6. 预制构件表面色差过大(图 10.7),具有混凝土缺陷,影响构件外观

原因分析:

(1)原材料变化及配料偏差。

(2)搅拌时间不足,水泥和砂石搅拌不均匀。

(3)由于混凝土的过振造成混凝土离析,形成类似裂缝状的缺陷影响外观。

(4)由于混凝土的不均匀或者浇筑过程中出现较长的时间间断,造成混凝土接茬位置形成青白颜色不均匀的色差。

(5)模板表面不光洁,未将模板清理干净。

(6)模板漏浆,脱模剂涂刷不均匀。

(7)局部缺陷修复后的结果。

(8)养护不稳定。

防治措施:

(1)对钢模板内表面进行抛光处理,保证内表面清洁。模板接缝处理要严密,防止漏浆。模板脱模剂应涂刷均匀,防止因混凝土黏模板和脱模剂不均造成的色差。

(2)严格控制混凝土配合比,做到计量准确。保证搅拌时间,使混凝土搅拌均匀,坍落度适宜。

(3)严格控制混凝土的入模温度和模板温度,防止因温度过高导致贴模的混凝土提前凝固。浇筑过程应连续,因特殊原因需要暂停的,停滞时间不能超过混凝土的初凝时间。

(4)严格控制混凝土搅拌时间。

(5)蒸汽养护时,严格控制升温速度、最高温度和降温速度,并做好记录。

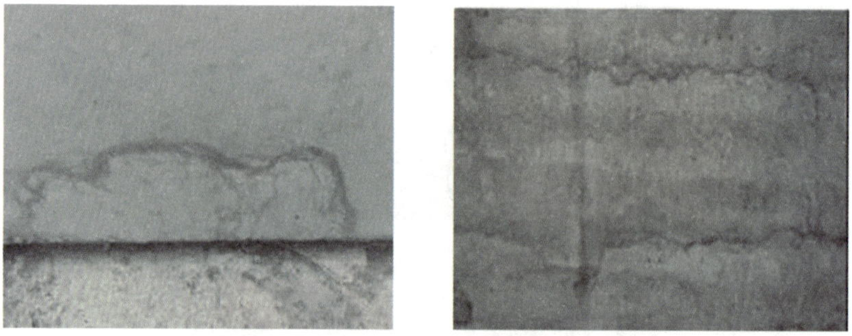

图 10.7　预制构件表面色差

7. 预制构件外露钢筋变形（图 10.8），影响预制构件与现浇结构的连接

原因分析：

外露钢筋设计长度过大，或运输过程未采取有效保护措施，导致预制构件的外露钢筋发生碰撞或者受到外物的压力产生变形。

图 10.8　预制构件外露钢筋变形

防治措施：

（1）预制构件生产方可与设计、施工单位沟通协调，改进设计，合理调整外露钢筋长度、出筋方式，以满足生产运输要求。

（2）预制构件的外露钢筋在运输过程应采取有效保护措施，避免钢筋发生变形，影响施工。

8. 预制构件表面麻面、蜂窝（图 10.9），影响预制构件的强度和质量

原因分析：

在预制构件制作过程中，模板漏浆、振捣不足或过度、跑漏浆严重、制作验收不到位、所造成的配合比不符合施工要求、进料把关不严等，都有可能导致预制构件表面麻面、蜂窝。

防治措施：

（1）进料严格把关，确保粗细骨料中无杂质，水泥及外加剂符合要求。

(2)生产前对混凝土工人进行岗前培训,使其严格按照规范振捣、施工,操作必须达到规范、熟练的程度。

(3)根据有关规章制度,明确设备维护责任人,定期对搅拌设备、振捣设备进行检修。确保机械在使用过程中不影响混凝土质量。

图 10.9　预制构件表面麻面、蜂窝

9. 预制混凝土叠合板现浇层厚度不足(图 10.10),管线安装困难

原因分析:

对于普通住宅建筑,部分开发商为节约造价,叠合楼板的现浇层采用 60 mm 厚度。在楼板中一般无法避免两层管线的交叉,可能会导致楼板现浇层厚度不足而引起的管线安装困难。

防治措施:

在楼板中安装管线较多部位采用厚度 80 mm 现浇层,或者在局部管线较少且无交叉的部位采用厚度 70 mm 现浇层的叠合楼板,以避免在叠合板楼板中因为现浇层厚度不足导致的管线安装困难。采用机电管线与主体结构分离是彻底解决该问题的有效途径之一。

图 10.10　预制混凝土叠合板现浇层厚度不足

10. 预制混凝土柱底键槽内未设置排气孔

原因分析:

设计人员不了解规范要求及灌浆施工工艺,柱底设计键槽时未同时设置排气孔。

防治措施:

(1)柱底采用集中式键槽时应设置相应排气孔(图 10.11),专项设计时应将排气孔作为设计要点不得遗漏。

(2)生产单位应了解预制构件基本构造要求,若发现专项设计存在遗漏,应及时提醒。

(a)柱底排气孔

(b)透气管顶部高于套管出浆口

图 10.11　预制混凝土柱底键槽内设置排气孔

11. 预制叠合板未做起吊吊点标识、未做安装方向标识(图 10.12)

原因分析:

预制构件生产企业未严格按设计要求标识吊点位置和安装方向。

防治措施:

预制构件生产企业应严格按设计要求标识吊点位置和安装方向。

图 10.12　预制叠合板未做起吊吊点标识、未做安装方向标识

12. 预制构件叠放错误(图 10.13)

原因分析:

(1)板式预制构件叠放时,支撑位置未统一,造成预制构件损伤开裂、变形等。

(2)叠合板未按照标准规范要求堆放，支撑点少、堆放层数过高等因素，导致叠合板出现裂缝和挠度过大等问题。

防治措施：

(1)严格按照规范要求进行堆放，对于预制楼板、叠合板、阳台板和空调板等构件宜平放。

(2)预制构件多层叠放时，每层构件间的垫块应上下对齐(图 10.14)。

(3)叠合板码放须定制方案，从层高、支撑点、木方摆放、吊装等多方面综合考虑，确定码放标准和程序。

(4)预制叠合板叠放层数不宜大于 6 层，预制楼梯叠放层数不大于 4 层，预制柱、预制叠合梁堆放高度不超过 2 层。

(a)叠合板叠放层数超过 6 层

(b)叠合板垫块不在同一垂直位置

图 10.13　预制构件叠放错误

图 10.14　预制构件正确叠放

10.3　预制构件施工安装常见问题与防治

装配式混凝土建筑的施工安装与传统现浇混凝土建筑有很大不同。因此，从事装配式建筑施工的现场作业人员和技术管理人员，均应经过专业的培训后持证上岗。在施工过程中，每道工序均应按设计文件与专项方案的要求进行作业交底，严格按规范要求施工、检查、交接验收和成品、半成品保护。

装配式建筑施工安装前，应针对项目特点，进行装配式建筑施工专项方案的详细策划和设计，包括平面布置、道路和场内水平运输、垂直运输、进场检验、临时堆放、吊车承载能力、施工顺序、现浇预埋尺寸控制与定位措施、预制构件安装就位测量调校、临时固定，钢筋连接、模板、支撑及爬架的搭接连接等方面，都要经过周密筹划、精心组织，编制出切实可行的专项方案和施工组织设计文件，确保装配式建筑施工顺利进行。

施工安全也是预制构件施工安装过程中必须高度重视的问题。预制构件的吊点、施工吊具均应经过生产、储运、吊装等工况的受力分析计算，并采取必要的加强措施。施工吊装作业必须严格遵守各项安全操作规程，最大限度地降低施工安全事故的发生概率。

本节针对预制构件施工安装过程中遇到的常见问题进行梳理分析，并提出相应的防治措施。

1. 预制构件随意堆放(图 10.15)

原因分析：

(1)现场预制构件堆放缺乏规划，未按平面布置方案所规划的位置堆放。

(2)竖向预制构件未严格按照规范要求设置存放架。

防治措施：

(1)施工单位规划场地时，应结合预制构件的吊装顺序、工期等因素，合理设置预制构件堆放区，并严格按平面布置方案实施。

(2)根据不同施工阶段，合理安排预制构件堆场位置。

(3)对于竖向构件，设置符合要求的存放架，同时在存放架与预制构件接触面加设柔性保护材料(图 10.16)。

图 10.15　预制构件随意堆放

图 10.16　预制构件正确堆放

2. 预制构件临时斜撑杆及配件样式繁多，规格不匹配(图 10.17)

原因分析：

(1)各施工单位根据自身习惯使用不同的斜撑形式，在介入项目时，设计往往已完成，有时构件也已生产。这就会产生施工方式与预制构件不匹配或施工单位自配的斜撑杆与预制墙板预埋件不匹配的情况发生。而且，施工单位有时会对已有产品进行简易改造，如斜撑杆切割变短或焊接加长等，质量难以保证。

(2)接驳连接金属件未按照设计图纸加工制作,随意变更,如金属环钩直径变细、环钩横筋无故取消等,使得斜撑杆未起到应有作用,导致预制墙板走位偏移。

防治措施:

(1)施工单位应事先熟读设计图纸,了解预制构件的特点及设计意图,配置适合工程要求的斜撑形式及预埋件,不应对成品支撑杆件随意改造。

(2)当设计图纸有明确配件形式要求时,应严格按图纸选购或加工配件,在预埋配件时,应与设计要求的材料、位置、做法相符。如设计无要求时,施工单位应提前对支撑系统及预埋件进行策划,并报送相关资料到深化设计单位予以确认。

图 10.17　预制构件临时斜撑杆及配件样式繁多,规格不匹配

3. 预制隔墙板线盒、线管预留不到位(图 10.18),墙板安装之后需要重新开凿,甚至出现跨越多道墙板的情况

原因分析:

(1)深化设计时各专业之间缺少配合,未考虑线盒预留,或现场预留不到位。

(2)接线盒在开设过程中发生错位,未及时调整位置。

(3)预留接线盒墙板安装定位措施不可靠,导致安装错位。

防治措施:

(1)构件深化时,应做到线盒、线管对齐,尽量做到简单化,以提升施工效率。

(2)严禁在轻质条板上开水平槽,严禁跨缝开槽。

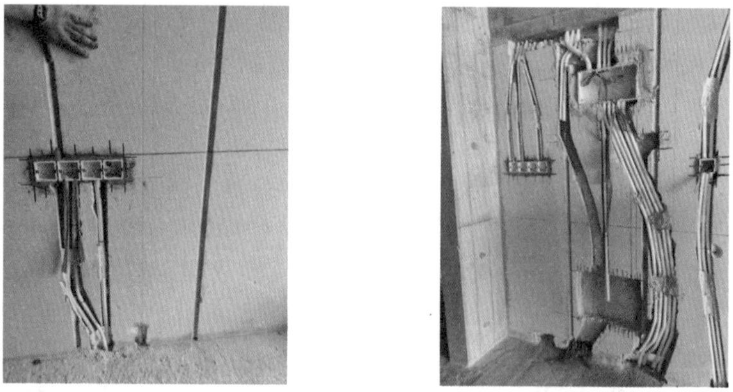

图 10.18　预制隔墙板线盒、线管预留不到位

4. 预制构件安装偏差超出允许范围(图 10.19)

原因分析:

(1)预制墙板构件安装后,垂直度偏差较大,相邻构件拼缝不齐。

(2)水平预制构件下部支撑的标高控制不当。楼板底部采用满堂钢管扣件脚手架支撑,用传统木楔作为调整标高手段,微调精度差、易变形。

(3)预制阳台等非对称构件安装后,竖向标高及水平限位均控制不当。预制非对称构件形状较为复杂,且构件较重不易调整,下部支撑方案及支撑位置较为讲究,施工单位普遍未予以重视。

(4)预制构件安装时,偏差在允许范围内,但后续工种作业对已安装完成的构件造成扰动。

防治措施:

(1)预制墙板构件安装时,应先根据测量标高放置下部垫块,垫块宜采用多种厚度规格的钢板。墙板垂直度调整应与测量同时进行,边调边测,条件允许时可采用测控一体化专用工具。墙板安装后应对相邻构件的平整度进行复核,保证偏差在允许范围内。预制构件安装累积误差应满足规范要求,而非仅测量单一楼层、单一构件。

(2)预制水平构件安装时,下部支撑应采用带有标高微调功能的支撑件,如专用独立钢管支架或者传统钢管加旋转顶托。

(3)预制阳台等非对称构件安装时,宜根据其重心位置设置支撑系统,防止构件向外滑移或倾覆。

(4)混凝土浇筑前,应对已安装的预制构件精度进行复核。

5. 预制竖向构件斜撑冲突(图 10.20)

原因分析:

(1)预制墙板布置比较集中,导致多方向斜撑相互交叉。

(2)预制构件斜撑位置设计时,未考虑相互之间的干涉影响。

(3)预制构件支撑的固定埋件在现场安装时,存在一定偏差。

防治措施:

(1)合理选择斜撑形式,尽量减少斜撑数量。预制墙板宜尽量分散布置,避免斜撑相互干涉。

（2）深化设计时，应全面考虑构件支撑之间的相互影响，并进行放样核对，对复杂易碰撞部位宜采用 BIM 技术事先校核，以避免斜撑相互干涉。

（3）控制固定埋件的现场安装误差，支撑点应严格按设计进行定位。

图 10.19　预制构件安装偏差超出允许范围

图 10.20　预制竖向构件斜撑冲突

6. 预制内墙板与结构顶部连接不符合要求（图 10.21）。

原因分析：

（1）专项施工方案未明确钢卡设置要求，或未严格按方案要求设置钢卡。

（2）现场监管不到位，存在钢卡的安装不到位现象。

防治措施：

（1）专项施工方案应明确墙板与顶板、结构梁连接处定位钢卡的安装位置及要求。

（2）钢卡应使用胀管螺丝、射钉等固定牢靠。

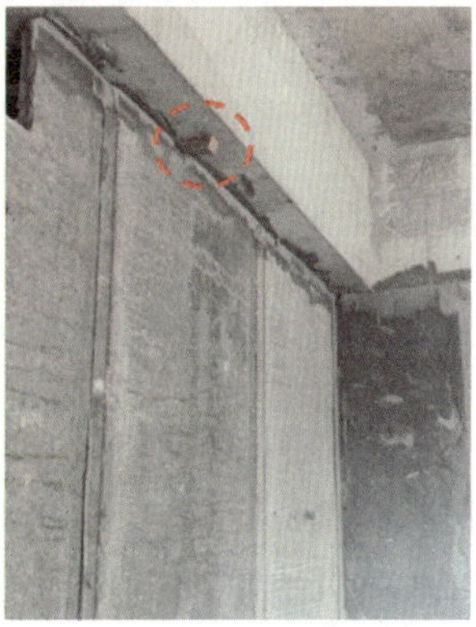

图 10.21　预制内墙板与结构顶部连接不符合要求

7. 预制叠合板拼缝处、阴角部位漏浆（图 10.22）

原因分析：

（1）叠合板翘曲、就位标高不准确。

（2）叠合板支撑板带处模板安装精度不足或支撑未顶紧。

（3）叠合板拼缝处、阴角位置的防漏浆措施不到位。

图 10.22　预制叠合板拼缝处、阴角部位漏浆

防治措施:

应采用合理的拼缝节点构造,按规范要求做好防漏浆措施。

8. 采用座浆法施工时防堵垫片选用不合理,座浆料进入灌浆套筒

原因分析:

(1)预制构件采用座浆法安装时,灌浆套筒底部未设置配套的防堵垫片。

(2)预制构件采用座浆法安装时,使用的防堵垫片过小或不能起到密封作用。

防治措施:

采用座浆法施工的预制构件,安装时应在锚固钢筋上设置配套的专用防堵垫片(图 10.23)。

图 10.23　采用座浆法施工时合理选用防堵垫片

9. 现场钢筋冲突(图 10.24)

原因分析:除了考虑预制构件本身加工存在施工误差外,还需要考虑带肋钢筋实际外围直径比标注的钢筋直径要大的因素。由于预制构件尺寸的施工误差,以及在节点处预制构件钢筋连接和锚固困难的问题,在施工现场进行预制构件安装时,容易出现困难和问题。

应对措施:

(1)设计应预留足够的施工误差,施工安装也应按要求控制安装精度。

(2)预制构件的施工和安装,需要综合考虑钢筋互相避让、预制构件尺寸的施工误差及钢筋外围实际尺寸与等效直径的区别。

(3)应与施工单位及时沟通现场问题,共同给出预制构件安装问题的处理方案。

图 10.24　现场钢筋冲突

10. 起吊工具或起吊方式不合格(图 10.25)

原因分析:未严格按照规范要求进行起吊。

防治措施:

(1)采用专用吊具。

(2)吊运过程采取安全可靠的措施。

(3)禁止松散物品随构件起吊。

图 10.25　起吊工具或起吊方式不合格

11. 预制构件设计或生产遗漏预埋管线,现场开凿埋设预埋管线(图 10.26)

原因分析:

由于设计人员的失误,预制构件预留线盒未设计接线管;或施工人员未按照施工图纸的规定精确标出线盒位置,导致遗漏线盒的预留位置,后期剔凿影响预制构件的质量,且耗费时间。

防治措施:

(1)深化设计应充分考虑给排水、电气、暖通等各个专业之间的相互配合,做好预留、预埋工作。在预制构件的相应位置上明确预埋件的布置和尺寸，必要时提供构件上预埋件的大样图。

（2）施工人员应该严格按照图纸要求，确保预埋件定位精确，预留正确的洞口尺寸，避免二次施工剔凿。

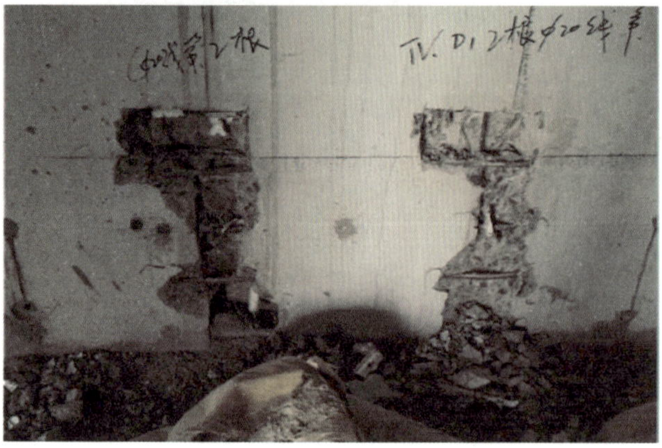

图 10.26　现场开凿埋设预埋管线

10.4　本章小结

装配式结构在生产、施工环节易产生质量问题，应在设计前端杜绝质量隐患，在生产过程把控构件质量，在施工环节加强质量控制，并在后期验收做好质量把关和整改。只有做到提前防范、过程控制、验收把关，做好全过程质量管理，才能避免常见质量问题的产生，才能做出高质量的装配式结构成品。

火神山雷神山医院施工单位党组织：最美建设者英雄的团队

同时，我们也要注意装配式建筑的主要特征是生产方式的工业化，关键环节是标准化设计。项目设计的优劣，在很大程度上决定了装配式建筑的安全性、合理性、经济性及现场构件安装的可实施性。因此，做好前期的装配式建筑设计是核心所在。在装配式建筑设计中，应当考虑技术前置、管理前移、协同设计，需要从方案阶段开始引入装配式建筑的设计理念，同时考虑设计各专业、内外装、门窗幕墙、构件制作与运输、施工安装、模板、外架等相关技术条件，进行协作、协同设计，才能达成装配式建筑“两提两减”的目标。

北京市桦皮厂胡同 8 号楼老旧小区改造项目介绍

思想提升：“博学之，审问之，慎思之，明辨之，笃行之。”

——《礼记 · 中庸》

释义：广泛学习知识，深入追问疑点，谨慎思考辨析，明确判断真伪，最终切实实践。

思考题

1. 预制构件生产、运输与堆放常见的质量问题有哪些?
2. 预制构件施工安装常见的质量问题有哪些?
3. 装配式结构在生产、施工环节产生的质量问题,总体上应该如何避免?

第 11 章　装配式建筑智能建造技术应用及工程案例

【学习目标】

1. 了解典型装配式建筑工程案例的工程概况。
2. 了解典型装配式建筑工程案例设计、施工方面信息化技术应用情况。

【能力目标】

1. 了解典型装配式建筑工程案例的数字化设计技术的应用场景。
2. 掌握典型装配式建筑工程案例的智能化施工技术的应用场景。

11.1　装配式建筑智能建造技术应用

与发达国家智能建造技术相比，我国仍存在一定差距。因此，我国迫切需要将推动智能建造与建筑工业化协同发展作为抢占建筑业未来科技发展高地的战略选择。通过推动建筑工业化、数字化、智能化升级，打造“中国建造”升级版，提升企业核心竞争力，助力我国迈入智能建造世界强国行列。

中国建筑业未来必将迈上绿色化、工业化、信息化发展之路。大力推进装配式建筑的发展是建筑业实现转型升级、走向绿色化、工业化、信息化发展的重要抓手。我们应以用智能化手段实现装配式建筑全产业链、全流程、全方位的系统性集成智能建造为目标，实现工程总承包的高效、优质建造。

1. 基于 BIM 技术的“正向设计”

(1)数字建造以 BIM 技术“正向设计”为基础。

正向是相对于逆向而言的，即设计的核心工作在 BIM 技术的工作框架下完成，利用 BIM 平台建立统一的三维可视化数据模型，进行各专业协同设计、出图管理，达到专业之间数据无缝衔接，支持多阶段、多参与方的模型协调深化。BIM 技术是承载和实现信息共享和协同的最好手段和工具，通过装配式建筑“三个一体化”建造，打通设计—采购—施工(EPC)点承包模式的全过程、全产业链管理，实现信息的快速共享和工作的高效协同。

(2)基于 BIM 技术的标准化预制构件组合“正向设计”。

基于标准化的套型模块，组合成各类标准楼栋。各专业(包括预制构件生产、装配施工、商务管理)共同结合“正向设计”，实现建造全过程的“数字孪生”，设计提供的 BIM 成果好不好，就生产效率而言，工厂说了算；就高效安装而言，工地说了算。

(3)基于 BIM 技术的土建深化“正向设计”。

在深化设计阶段,基于设计进度节点进行模型的拆解,并根据 BIM 技术信息化要求的模型深度,完善设计图纸中的构造做法等内容,确保设计图纸包含施工所需要的预制构件信息,如预制构件准确的尺寸、节点大样、配筋图等。同时,根据后续施工中的需要,提前增加构件的其他信息,使设计土建信息化模型进一步符合施工标准。

(4)基于 BIM 技术的机电管线深化“正向设计”。

在机电模型深化设计阶段,须综合考虑机房、管井、地下室等管线密集区域中给水、排水、强电、弱电、通风、采暖、消防系统、照明灯具等各专业、各系统的综合排布等内容。如管线穿墙部位是否与暗柱、构造柱、圈梁相冲突,人防门及消防卷帘开启是否与机电管线布置相冲突,集水坑与机电管线的连接部位是否满足使用要求,同时综合考虑有压管线和无压管线的找坡问题。

(5)基于 BIM 的内装深化“正向设计”。

主要内容包括对 BIM 技术信息化装饰装修深化设计建模。须考虑内装系统多样化、套餐式组装设计,虚拟现实(VR)/增强现实(AR)体验、确定内装方案,确保内装设计与建筑功能相协同(空间宜居、风格适宜),内装系统与主体结构的预留、预埋相协同。

(6)全专业、全过程协同设计。

不同专业设计师可以在同一平台上分工合作,按照一定的标准和原则进行设计,提高了设计成果的标准化程度。利用参数化快速建模技术,建立全专业构件库,将设计意图以参数形式驱动模型自动建立。一旦设计方案与工厂制造、现场施工出现冲突,可在同一参数化信息模型上进行优化设计。提前解决预制构件生产、现场施工可能会出现的问题,实现预制构件设计、工厂生产制造和现场安装的高效协调。

2. 智能工厂

智能工厂生产系统通过将互联网、物联网技术与机械化、智能化制造技术深度融合,将数据信息直接导入生产管理子系统,无须人工二次录入,从而实现工厂生产排产、物料采购、生产控制、构件查询、构件库存和运输的信息化管理。

基于 BIM 设计信息的工厂生产信息化管理技术,可将 BIM 信息直接导入工厂信息管理系统,实现工厂生产排产、物料采购、模具加工、生产控制、构件查询、构件库存和运输的信息化管理,实现生产全过程智能化。基于 BIM 设计信息的装配式结构构件信息化加工计算机辅助制造(computer aided manufacturing,CAM)和制造执行系统(manufacturing execution system,MES),无须人工二次录入,实现 BIM 信息直接导入加工设备,实现设备对设计信息的识别和自动化加工。

3. 智能施工与智慧工地

(1)数字化施工技术。

采用虚拟实体孪生建造方式,即先虚拟建造,再实体建造,二者相互融合。通过数字虚拟建造,将生产对象、生产要素、管理要素等通过各类终端进行连接和实时在线,对施工生产、商务、技术等管理过程加以指导、优化,提高工程建造的整体运营效率、管理效率和决策效率等,实现精益实体建造。

(2)智能建造平台。

以 BIM 信息化模型作为人机交互的载体,将从设计至运维阶段积累在信息化模型中的数据信息融入建造业务管理流程。该平台底层为经 BIM 技术"正向设计"形成的基础数据层,顶层为人机交互层,通过桌面端和移动端协调运行,最终实现多终端多用户的数据集成。

(3)质量监控。

现场质量巡检工作通过 App 在线完成检查、整改与复查循环,同时数据可以自动同步至网页端进行综合处理。针对项目可能存在的安全隐患,相关人员可通过移动端实现质量安全联动检查,实现施工现场旁站监督记录与安全日记记录的实时云端存储,并可多人同时在线协作。

(4)人员管理。

实名制系统可实时显示现场人员名单、所属单位及个人实名制信息。通过前端识别闸机设备,结合实名制系统与劳务人员信用系统,可完成对项目现场管理人员、特种作业人员及一般劳务人员的实时实名制管理,实现项目人员进出场情况实时记录,历史可追溯。同时,结合工人实际工作成果、质量安全模块,建立劳务工人信用系统和黑白名单。

(5)人工智能(AI)安全行为监管。

结合 AI 自主学习技术和机器视觉技术,捕捉现场动作和工人穿戴图像,对现场工人不安全行为进行实时识别、报警、现场处罚,最后将全过程记录在云端,进一步规范现场工人作业行为,杜绝安全隐患。

(6)无人机航拍建模。

无人机可以根据现场拍摄需求,自动智能规划飞行航线,执行航拍任务,并依照预设的飞行轨迹,完成全自动巡航飞行及图像采集。根据飞行拍摄的图片及影像,通过边界重叠算法生成现场三维模型,直观地反映现场施工进度,也可用于计算现场土方量。

(7)远程监控。

结合远程监控系统和机器视觉技术,实现对现场工人和大型机械的自动识别及对不安全行为的识别,实现工程现场情况全天 24 h 的远程调取,视频数据云端备份。

11.2 装配式建筑工程案例——深圳市长圳公共住房及其附属工程总承包(EPC)项目

11.2.1 项目概况

深圳市长圳公共住房及其附属工程项目(以下简称长圳项目)位于深圳市光明区凤凰城,南临光侨路,西临科裕路,紧邻 6 号线长圳站,于 2018 年 6 月 15 日动工,2022 年 6 月 30 日完成竣工验收。项目效果图及实拍鸟瞰图如图 11.1、图 11.2 所示。项目的基本信息如下。

项目地点:深圳市光明区光侨路与科裕路交会处东北侧。

开发单位:深圳市住房保障署。

设计单位:深圳市建筑设计研究总院有限公司。

施工单位：中建科技集团有限公司、中国建筑第二工程局有限公司、中建二局第一建筑工程有限公司。

生产单位：中建科技（深汕特别合作区）有限公司。

项目规划有 24 栋高层塔楼、4 层商业裙房及配套设施、3 所 18 班幼儿园及 2 层地下车库（局部 1 层），项目性质为保障性住房、集中商业、配套商业及附属工程。项目总用地面积 17.7 万 m^2，总建筑面积约 116 万 m^2，建成后提供住房 9 672 套，包括 65 m^2 户型 6 064 户，80 m^2 户型 2 844 户，100 m^2 户型 680 户，150 m^2 户型 84 户。

该项目建设目标是：秉持“以人为本、高质量发展”理念，改变过去“保障性房等同于低端住房”的低标准，以国际一流标准建设高品质住宅，由“住有所居”向“住有宜居”提升，打造建设领域新时代践行发展新理念的城市建设新标杆。为此，深圳市政府主动进行管理模式和建造方式的创新，在管理模式上，采用建筑师负责制+带方案的 EPC 工程总承包+全过程工程咨询模式，突出了责任主体、监督主体和实施主体，通过科技创新实现建造方式的根本性变革。在建筑系统性集成建造、一体化标准化设计实践、数字化设计智能生产和智慧施工等方面取得了很多创新成果，成为引领行业工业化、一体化、数字化转型的样板。

图 11.1　项目效果图

图 11.2　项目实拍鸟瞰图

长圳项目集成应用了国家重点研发计划“绿色建筑及建筑工业化”重点专项中的若干项关键技术研究成果，并通过集成创新，进行示范应用，下面对该项目工业化建筑设计和BIM技术应用两方面进行简要介绍。

(1)在工业化建筑设计关键技术方面，形成并实践了工业化建筑一体化、标准化设计方法。

项目创新研发了平面标准化、立面标准化、构件标准化、部品标准化的“四个标准化”设计方法。所谓平面标准化，简言之就是“有限模块无限生长”，意思是通过制订大空间可变、结构可变、模数协调和组合多样等规则，解决了平面标准化和建筑适应性的对立统一问题；所谓立面标准化，意指“标准化和多样化的统一协调”，形成了立面要素标准化和组合多样化的设计方法，解决了工业化建筑立面呆板、千篇一律的问题；所谓构件标准化，也就是“少规格、多组合”，形成了构件标准化的设计方法，满足了工业化、规模化生产的需要，解决了设计不能满足工厂生产和现场装配需求的问题；部品标准化则创新性地提出了“模块化、精细化”的设计方法，解决了模块化内装部品如何进行标准化、精细化设计的难题，以及内装部品如何让居住者有获得感，提升品质的问题。

(2)在应用BIM技术及建筑信息化方面，创新开发了BIM一体化协同设计关键技术。

通过建立企业私有云，推进“全员、全过程、全专业”的“三全BIM”应用，引入制造业的理念，在设计阶段就让工厂工程师和施工装配工程师参与设计，以平台化、软件化、流程化的模式，构建全员共享、共建、共同确认的数字孪生建筑。解决了下列3个关键问题：

①通过平台实现建筑全生命周期各个阶段、各个参与方的在线实时工作协同。

②通过平台实现BIM设计成果的互联网化，解决不同BIM设计软件接口标准、数据标准不统一及兼容性差的问题。

③通过平台实现各专业间数据接口开放，解决各专业、各工作阶段数据单向流动、无法实现数据交互的问题。

11.2.2 数字化设计

(1)数字化设计指南库和部品构件库。

长圳项目在设计环节，结合装配式建筑设计特点，建立数字化设计指南库，并研发了以BIM轻量化模型为载体的标准化部品构件库，与企业级、项目级的部品构件实现匹配对应关系。通过构建标准部品构件库及设计指南库，实现以单一构件为最小管理单元，完成项目由构件—标准层—塔楼—社区的全链条数据组合形式。实现设计成果数字化、云端化，并以此为数据载体，贯穿于采购、生产、施工、运维各阶段。长圳项目10号楼预制构件组合、BIM示意图如图11.3所示。

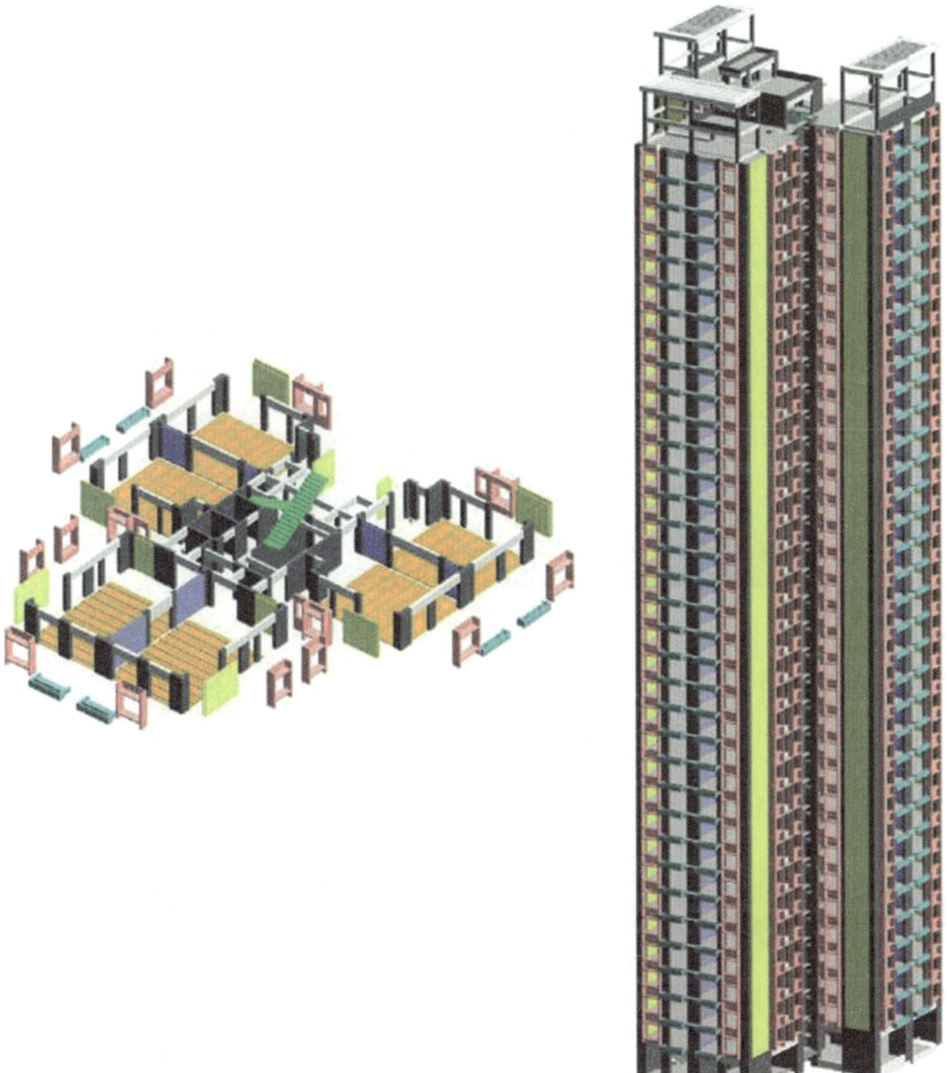

图 11.3　长圳项目 10 号楼预制构件组合、BIM 示意图

(2)各专业标准化协同设计建模。

长圳项目运用标准化设计体系，对建筑、结构、机电和给排水等各专业进行协同建模，遵循“少规格、多组合”的原则，提高建筑基本单元、构件、部品等的标准化、系列化水平。同时，对管线综合排布质量与效果进行可视化审查，提高管线综合图审查效率和图纸审批效率。基于 BIM 的施工现场平面布置图及 BIM 技术辅助管线图如图 11.4、图 11.5 所示。

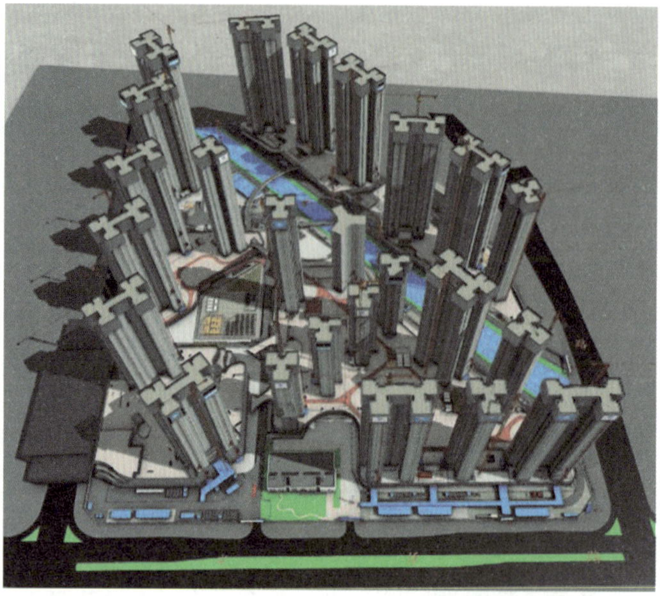

图 11.4　基于 BIM 的施工现场平面布置图

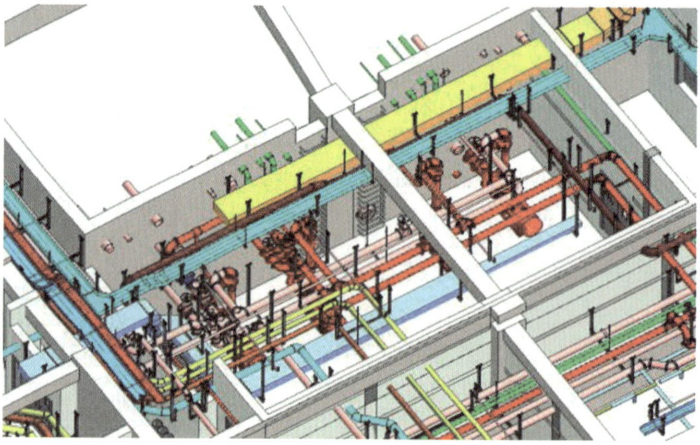

图 11.5　BIM 技术辅助管线图

(3)BIM 全过程模拟预演。

长圳项目在设计阶段,充分考量了生产阶段、施工阶段、运维阶段各参与方的需求与要求,从而在设计阶段就可以进行全过程的模拟预演。通过 BIM 技术实现生产、施工、运维阶段信息交互(图 11.6、图 11.7),达成了“全员、全专业、全过程”的三全 BIM 信息化应用目标。

(4)BIM 平台造价管理。

在长圳项目投标阶段,根据各专业高效协同完成的全专业 BIM 模型,对 BIM 轻量化模型进行数据提取和加工。通过 BIM 技术“正向设计”,自动生成 4 万页工程量及造价清单,算量准确率超过 99.5%,有效节约人工成本,提高工作效率。在项目投标时间仅有 1 个月的情况下,完成了长圳项目投标工作,对最终的报价起了决定性作用。

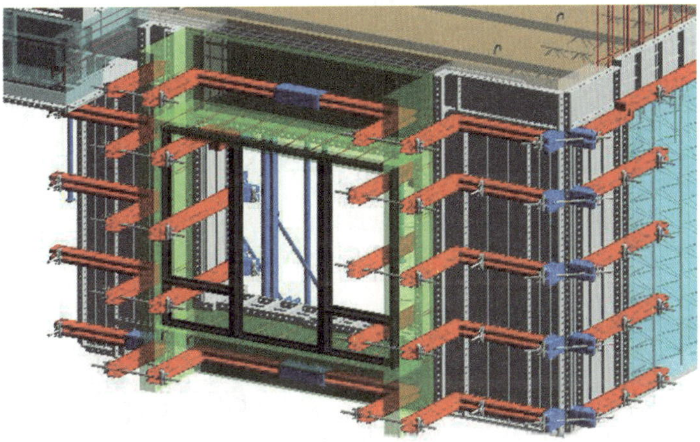

图 11.6　BIM 技术辅助模拟铝模加固

图 11.7　BIM 技术辅助吊装模拟

11.2.3　智能生产与智能化施工应用

(1)自动生产线及工业化机器人。

长圳项目塔楼高度是 103.05 m,其中地下 2 层,地上 36 层,层高 2.8 m,是深圳市第一个将双面叠合剪力墙进行工程实践的项目,也是当时在建的全国最高的双面叠合剪力墙结构工程。在双面叠合剪力墙构件生产阶段,长圳项目利用 BIM 信息驱动工厂自动生产线及工业化机器人智能化生产,并通过应用工厂的生产管理系统,对构件生产状况实时统计及管控,实现了预制构件从设计、排产、品控、物流、验收全过程质量可追溯(图 11.8)。

双面叠合剪力墙-浇筑混凝土实录

双层叠合剪力墙生产线(进口)　配套钢筋加工线(进口)　长线台预应力生产线(进口)　混凝土自动运输设备(进口)

双面叠合剪力墙-生产线全景实录

叠合板生产线(进口)　长线法双T板生产线(进口)　固定模台生产线(进口)　墙板生产线(进口)

图 11.8　双面叠合剪力墙构件自动化生产线

(2)预制构件全生命周期追溯(图 11.9)。

在施工阶段,长圳项目应用智慧建造平台实现预制构件全生命周期追溯。预制构件追溯服务以 BIM 轻量化模型为数据载体,利用移动端 App 对构件的不同阶段进行扫码操作,记录预制构件从设计、生产、验收、吊装的建筑全生命周期的信息,从而实现对构件的全生命周期追溯。基于预制构件全生命周期追溯数据,在云端建立以实际建造数据为基础的数字孪生建筑。长圳项目全过程追溯装配式建筑预制构件有万余个,建立模拟施工进度的三维模型有 20 余个。

图 11.9　预制构件全生命周期追溯

(3)智能视频监控服务。

在施工阶段,长圳项目应用智慧建造平台提供的智能视频监控服务,结合 AI 自主学习技术和机器视觉技术,捕获现场工人动作和工人穿戴图像,对现场工人不安全行为进行实时识别和预警,从而规范现场工人作业行为。在长圳项目部署应用期间,智能视频监控设备采集到的异常图像在云端进行留档记录,共采集安全隐患问题图像 4 万余张,AI 图像识别准确率达到 95%以上。

(4)无人机自动巡检。

在施工阶段,应用智慧建造平台直观反映现场情况和施工进度。

(5)智能安全生产管理。

在施工阶段,长圳项目应用信息化管理方式进行安全生产管理工作。通过移动端 App 实时记录安全隐患问题,并借助智慧建造平台进行数据的收集、整理及分析统计,对过期未整改、待整改、待验收等问题发出及时预警提示,从而督促安全隐患整改进程,提高项目整体质量。

(6)数字化运维管理。

在交付阶段,长圳项目运用全景 VR 和物联网技术,提供智联空间云端服务,为建筑的交付及运维增值。项目以建造管理全过程的核心数据为基础,结合 VR 技术研发数字孪生竣工模型,实现数字化运维管理。基于包含建筑多维度的智造体系 BIM 数据模型,可视化项目整体机电管线、强弱电设备布置信息,提供建造接驳节点、隐蔽施工等关键位置的施工信息,提供物业电子说明书,如图 11.10 所示。整合设计、采购、生产、施工、运维数据,形成建筑建造全生命周期数据池,实现 100%工程信息记录和 100%管理行为留痕,打造以工程项目为主体的数据资产,提供各工程项目全过程数据信息,为智慧城市提供基础数据支撑。

图 11.10　电子说明书

11.2.4　建筑机器人在该工程项目中的应用

(1)智能钢筋绑扎机器人。

在构件生产阶段,长圳项目应用自主研发的智能钢筋绑扎机器人进行凸窗钢筋网笼生产。智能钢筋绑扎机器人(图 11.11)采用世界先进的工业六轴机器人为主体,融合智能分析感知系统、人机视觉技术、智能控制技术、机器人技术等高新技术手段,搭配全自主研发的末端执行器、工装夹具及核心软件算法平台。其机械臂末端装有工业级 3D 视觉传感器,搭配领先的智能钢筋节点识别算法和智能控制技术,以便精准地进行钢筋笼识别和定位钢筋及智能化的钢筋绑扎；同时，配合自主研发的末端执行机构及核心软件算法平台，通过更换程序参数和末端执行器，可实现钢筋的自动夹取与结构搭建、钢筋视觉识别追踪与定位、钢筋节点的绑扎等智能化工作，以机器替代人工，实现钢筋绑扎的自动化加工。

为实现对远程管理终端多台机器人多机多态协同作业控制，将凸窗钢筋网笼机器人与自研的智慧建造平台对接，使钢筋网笼生产状况可以被监测，使自动化生产线在加工过程始终处于监控状态，从而提高生产效率、生产质量。智能钢筋绑扎机器人主要用于预制构件中的凸窗钢筋网笼生产，可大量节约建筑工业化部品生产过程及施工过程中的劳动力成本，提高了钢筋绑扎的生产效率和产品质量，提高生产安全，降低事故率。

图 11.11　智能钢筋绑扎机器人

(2)质量检测机器人。

双面叠合剪力墙-钢筋桁架自动焊接实录

在项目验收阶段，长圳项目应用自主研发的建筑施工过程质量检测机器人进行质量检测。建筑施工过程质量检测机器人即点云扫描机器人(图 11.12)，主要由小型履带式移动底盘和点云扫描仪组成。履带式移动底盘可满足高密度负载、建筑空间感知、适应复杂地面、多配件搭载等需求，满足工厂和工地的多场景化应用。点云机器人可实现在没有 GPS 与网络信号的室内环境下的自主定位与导航，自动规划路径到达需要检测的区域，扫描区域外观尺寸。并通过智能化点云算法，可以快速且准确地计算出房屋的各项指标，还原现场施工情况，测量墙面、柱面的平整度和垂直度。点云扫描机器人通过将点云扫描技术与智能巡检载具相配合，利用三维点云扫描技术具有高精度和高效率的特点及优势，对复杂的工地环境进行全方位扫描，生成点云模型，并与 BIM 轻量化模型进行比对。现场质量检测自动化设备数据自动对接至智慧建造平台，结合设计信息，生成施工偏差报告，为建筑施工质量报告提供数据依据。

双面叠合剪力墙-机器人自动拆模实录

图 11.12　点云扫描机器人

思想提升：“差以豪氂，谬以千里。”

——《汉书·司马迁传》

释义：开始时有一点小错误，最后也有可能酿成大错。

思考题

1. 本章的工程案例在数字化设计方面做了哪些工作？
2. 本章的工程案例如何实现预制构件全生命周期追溯？

第 12 章　混凝土模块化建筑应用及工程案例

【学习目标】

1. 了解混凝土模块化建筑的优势。
2. 了解混凝土模块化建筑的分类。
3. 了解混凝土模块化建筑在国内的发展情况。

【能力目标】

1. 理解混凝土模块工厂生产工艺流程。
2. 掌握混凝土模块化建筑的技术体系。

12.1　混凝土模块化建筑简介

混凝土模块化建筑是将工厂预制的混凝土模块单元在现场装配连接而成的建筑，具有标准化设计、工厂化生产、装配化施工、一体化装修、信息化管理和智能化应用等技术特点，拥有快速建造、高度集成、施工便捷、节约资源、灵活应用的技术优势。目前，模块化建筑在中国、新加坡等国家已有广泛使用。在中国香港，其被称为 MIC(modular integrated construction)；在新加坡，则被称为 PPVC(prefabricated prefinished volumetric construction)。混凝土模块化建筑可广泛应用于高层建筑、住宅项目、酒店和旅游度假区、教育和医疗设施、绿色低碳可持续建筑、应急救灾和临时设施、城市更新和公共建筑，能提供更快速、更高效、更灵活、更可持续且质量可控的建筑方案。

1. 模块化建筑的优势

模块化建筑能够有效缓解工期压力、降低劳动力和人力成本、节约资源，具有绿色低碳可持续性，同时设计灵活、可定制，质量控制更严格，具体数据如下：

(1)工业化预制装配率超过 80%。

(2)高质量工业生产率超过 90%。

(3)绿色低碳全周期减碳超过 55%。

(4)友好施工，高风险作业降低风险 85%以上。

(5)节工省材，劳动力消耗降低 60%以上。

(6)建设高效，缩短建设周期 50%以上。

城乡住房和建设部制作的模块化建筑宣传视频

2. 模块化建筑的分类

从结构形式来看，模块化建筑主要分为钢结构和混凝土结构两类（图 12.1）。钢结构模块化建筑指模块由钢柱、钢梁、顶部钢板及混凝土组合楼板组成，外围护结构采用的是轻钢龙骨墙体，模块外立面可搭配多种饰面效果。混凝土模块化建筑指由框架梁、框架柱、轻质填充墙、底板、顶板围成的六面体结构。模块内包含框架结构，故性能稳定，节点采用螺栓连接，框架可拆卸并重复使用。

(a)钢结构

(b)混凝土结构

图 12.1　模块化建筑的分类

3. 混凝土模块化建筑在国内的市场发展

混凝土模块化建筑的协同设计是工厂化生产、装配化施工建造的前提，应把一体化设计贯穿于工程设计全过程，在整个建造过程中，实现全产业链上各行业、各专业之间全过程的紧密合作。在设计的同时要考虑工厂生产和现场装配的可实现性，对模块单元进行优化，从而提高模块化建筑的建造效率及质量，降低整体生产安装成本。模块化建筑前景广阔，在特殊时期，医院、检测站、采样仓、酒店和营地大量应用了模块化建筑。在住房和城乡建设部发布的《装配式建筑发展可复制推广经验清单（第一批）》（建办标函〔2022〕389 号）中，广东省深圳市在学校、酒店、方舱医院等 30 多个项目中大力推广模块化建筑，总建筑面积超过 100 万 m^2。2023 年，香港北部都汇区已经开始大规模建设，优先采用模块化建筑。

深圳高度重视模块化建筑的推广应用，早于 2015 年率先开展模块化建筑试点工作，坚持政府先行带动市场推广模式，具备较好的市场发展基础，成功打造了一批模块化建筑项目群。截至 2025 年，深圳建设模块化建筑项目超 60 个，实施面积超 130 万 m^2、投入使用的模块化单元超 3 万个，覆盖普通商品住宅、学校、办公、酒店、公寓、公共厕所等多种建筑类型。其中，2023 年创新打造了国内首个百米高层混凝土模块化建筑——华章新筑保障性住房项目，成为广东省智能建造现场观摩及全国标杆项目。

12.2 混凝土模块化建筑工厂生产与吊装

12.2.1 混凝土模块化建筑工厂生产

混凝土结构模块能实现水电管线的集成与装饰装修一体化。在模块内预埋管线,仅需现场拼装,同时房间内部装修可在工厂完成,这有利于成本管控、材料节约、质量提升。

1. 模具方案

混凝土结构模块模具的制作选用全钢模体系,面板主材宜选用 6 mm 钢板,支撑结构选用型钢或者钢板,规格可根据模具形式选择,应满足以下要求:

(1)模具应具有足够的承载力、刚度和稳定性,保证在混凝土模块生产时能够可靠承受浇筑混凝土的质量、侧压力及工作荷载。

(2)模具应安装、拆卸方便,且应便于钢筋安装和混凝土浇筑、养护。

(3)模具的部件与部件之间应连接牢固,混凝土模块上的预埋件均应有可靠固定措施。

混凝土结构模块的模具(图 12.2)主要分为墙模及顶底板模具和混凝土结构模块模具,其中墙模及顶底板浇筑方式为平躺浇筑,模具在标准模台上进行安装,四周旁板采用角钢和钢板加工制作;混凝土结构模块模具为四周墙体及顶/底板后浇带模具,模具由底台、外模和内模组成,其中底台为型钢焊接成形的固定框架,外模为可活动滑轮结构,内胆由固定边和可拆卸活动边组成。

混凝土结构模块的混凝土浇筑方案有两种,以下对其进行简要介绍。

(1)方案一:混凝土结构模块先浇筑顶板及四周墙体,再浇筑底板(图 12.3)。

其施工顺序为:模具制作→预制墙模,同步预制顶/底板→内模安装→墙模及预制顶板固定→厂内后浇混凝土钢筋绑扎、预埋件安装→外模安装→浇筑四周墙体及顶板后浇带→拆除模板→模块起吊至底板模台→浇筑底板后浇带。

图 12.2 混凝土结构模块的模具

图 12.3 混凝土结构模块的混凝土浇筑(方案一)

(2)方案二:混凝土结构模块先浇筑底板及四周墙体,再浇筑顶板(图 12.4)。

其施工顺序为:模具制作→预制墙模,同步预制顶/底板→内模安装→墙模及预制顶板固定→厂内后浇混凝土钢筋绑扎、预埋件安装→外板安装→浇筑底板及四周墙体→拆除内模→浇筑顶板后浇带。

图 12.4　混凝土结构模块的混凝土浇筑(方案二)

以混凝土浇筑方案一为例,图 12.5 给出了混凝土结构模块生产工艺流程。

(a)第 1 步:内模吊运安装

(b)第 2 步:模具调平

(c)第 3 步:内模垂直度检查

(d)第 4 步:内模平整度检查

图 12.5　混凝土模块工厂生产工艺流程

(e)第 5 步:内模喷油

(f)第 6 步:预制墙板安装

(g)第 7 步:钢筋笼制作

(h)第 8 步:钢筋笼安装

(i)第 9 步:预埋线管灯盒

(j)第 10 步:附加筋下料绑扎

续图 12.5

(k)第 11 步:现浇墙体钢筋下料绑扎

(l)第 12 步:外模板安装

(m)第 13 步:预制顶板安装

(n)第 14 步:顶板钢筋下料绑扎

(o)第 15 步:顶板预埋安装

(p)第 16 步:墙身浇筑混凝土

续图 12.5

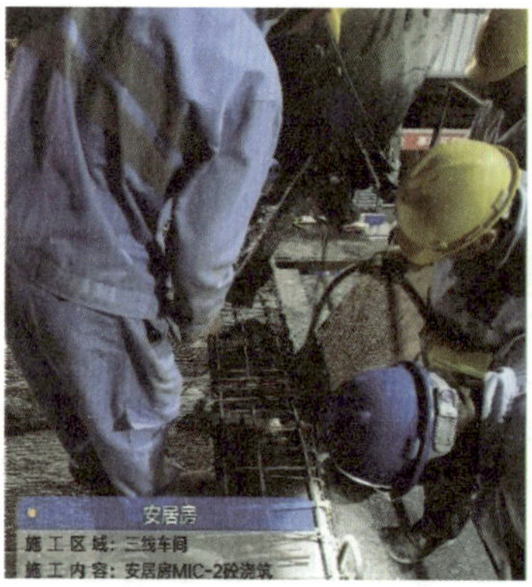

(q)第 17 步：浇筑顶板后浇带

(r)第 18 步：外模板拆除

(s)第 19 步：模具内胆拆除

(t)第 20 步：混凝土模块五面体吊出

(u)第 21 步：底板安装及扎筋

(v)第 22 步：底板浇筑混凝土

续图 12.5

(w)第 23 步:混凝土模块成品试水

(x)第 24 步:混凝土模块成品修补打磨

续图 12.5

12.2.2　混凝土模块化建筑吊装

混凝土模块运输车辆采用特种运输车。在吊装作业时,必须明确指挥人员,统一指挥信号。不同混凝土结构模块应按规格、尺寸分类叠放。装车时,先将运输架放至车厢底板上,运输架下部装有弹簧支座减震垫,上部放有橡胶垫,可有效减震缓冲,防止构件在运输途中因震动而受损。构件运至场地后,应按规定或编号顺序有序摆放在规定的位置。堆码混凝土结构模块时,要码靠稳妥,垫块摆放位置要上下对齐,受力点要在同一条水平线上。装卸混凝土结构模块时,要妥善保护,必要时要采取专用吊具吊装。随运混凝土结构模块应设标牌,标明混凝土结构模块的名称、编号。

1. 模块运输

模块的装车固定有两种方案,分别是装车点焊固定和装车绑扎固定。

(1)装车点焊固定(图 12.6)。

运输架需要与车排点焊固定,产品四处边角也需要加角钢点焊与车排固定限位。超宽的混凝土模块采用两头加槽钢点焊加固限位。

(2)装车绑扎固定(图 12.7)。

采用 10 cm 宽绑带进行绑扎,绑扎时顶部与产品接触需要用剪短的旧绑带(或纸皮)垫。

图 12.6　装车点焊固定

图 12.7　装车绑扎固定

2. 混凝土结构模块吊装顺序

对于单户型混凝土结构模块吊装,需考虑主体施工流水作业。混凝土结构模块吊装顺序一般由一侧向另一侧依次吊装,或由中间向两侧依次吊装,原则上不允许跳位吊装,以避免模块穿插吊装情况。对于组合模块吊装时,必须充分考虑箱体间的相互关系及其影响因素,如桁架钢筋及现浇部位钢筋绑扎、机电设备预埋、模块降板部位、模块吊架与外架、相邻模块吊点布置及摘取钩、组合模块吊装与传统施工的流水穿插紧密配合等。要制订最优的吊装顺序,保证施工顺畅。

3. 模块吊装技术要点

针对模块化建筑施工特点,应采用混凝土模块吊装系统(图 12.8),保证吊装作业安全、高效。混凝土模块的吊装系统包括起重设备、吊架、吊链、吊钉或吊钩、手拉葫芦等,应根据混凝土结构模块的形状、尺寸、质量和作业半径等要求,选择吊具和起重设备。

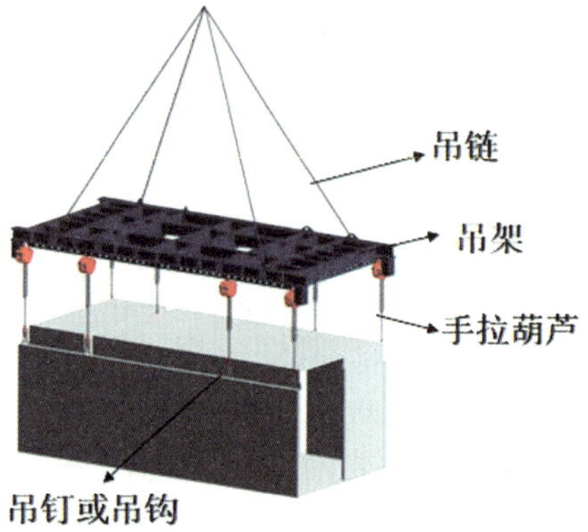

图 12.8　混凝土模块吊装系统

(1)混凝土结构模块起吊调平(图 12.9)。

起吊时,通过手拉葫芦的方式控制吊架与混凝土结构模块保持水平。对于混凝土结构模块的调平,因混凝土结构模块形式相对多样,混凝土结构模块吊点受制约因素较多,吊点高度多不在同一平面且各混凝土结构模块重心偏移不一致。因此调平必须使用与起重量相对应的手拉葫芦调节,根据吊装落位需求,使混凝土结构模块达到微倾斜或全平衡状态。吊索水平夹角不宜小于 60°,不应小于 45°。

(2)模块吊运。

应采用慢起、稳升、缓放的操作方式。吊运过程中,应保持稳定,不得出现偏斜、摇摆和扭转的情况,严禁吊装混凝土结构模块长时间悬停在空中。混凝土结构模块吊运应采取避免混凝土模块变形和损伤的临时加固措施。

(3)混凝土结构模块标高控制。

标高控制为混凝土结构模块吊装的重点项。通过结构标高对箱体标高进行调平,使用 1 mm、5 mm、10 mm U 形钢垫片(适用于钢结构模块)或硬质橡胶垫片(适用于混凝土结构模块)进行标高调整,容许误差为 3 mm。若有排水系统模块,排水点标高可调低 1~2 mm,以防止反坡水情况发生。

(4)混凝土结构模块吊装对线安装。

混凝土结构模块吊装前须根据轴线弹出模块边线。混凝土结构模块吊装时,须以模块边线为标准严格对线安装。混凝土结构模块吊装完成后，须对其 1 m 水平线、垂直度、拼箱拼缝处等进行全面检查，检查合格后方可摘取钩。

(5)混凝土结构模块预留筋定位。

混凝土结构六面体类型必须做好现浇墙柱预留筋定位(图 12.10)，避免墙柱搭接筋与箱体结构或箱体预留搭接筋、桁架筋冲突。对于混凝土结构模块灌浆剪力墙类型及双层叠合剪力墙类型，除上述定位外，现浇楼面或模块出筋须对灌浆钢筋或剪力墙插筋通过轴线进行钢板定位，以保证其预留钢筋位置精准，保证上层混凝土结构模块吊装精准。同时，混凝土结构模块灌浆套筒亦须做好定位措施。

图 12.9　混凝土模块起吊调平

图 12.10　混凝土结构模块预留筋定位

(6)混凝土结构模块吊装座浆控制。

混凝土结构模块须在现浇结构楼板上按设计图对应模块位置进行座浆处理(图 12.11)，起到防水及模块底板防颤变形的作用。施工时，根据座浆施工图纸，使用防水砂浆座浆，座浆高度略高于标高，待混凝土结构模块落位后达到压实效果。同时，根据混凝土结构模块吊装时长控制座浆时间，避免等待时间过长导致座浆料干结。

(7)混凝土结构模块顶板支撑体系。

因混凝土结构模块顶板为叠合板设计，吊装完成后，须对其顶板按设计图进行回顶支撑(图 12.12)，防止其因跨度过大或材料堆放等，造成顶板下挠、开裂等质量问题。

(8)混凝土结构模块拼缝处理。

混凝土结构模块拼缝根据设计图纸，对不同部位采用不同的方式处理。现浇梁底多采用发泡聚乙烯棒+防水砂浆处理。竖向拼缝多采用发泡剂+发泡聚乙烯棒+防水耐候密封胶处理。横向拼缝多采用座浆砂浆+发泡聚乙烯棒+防水耐候密封胶（防水砂浆）处理，以保证其拼缝防水。

图 12.11　混凝土结构模块吊装座浆处理

图 12.12　混凝土结构模块顶板支撑体系

12.3　混凝土模块化建筑工程案例

12.3.1　工程概况

华章新筑项目（图 12.13）由深圳市人才安居集团旗下龙华人才安居公司投资建设，中国建筑国际集团旗下中建海龙科技有限公司、中海建筑有限公司担任 EPC 总承包单位。项目总建筑面积 17.3 万 m^2，规划建造 5 栋 28 层、99.7 m 高的建筑，于 2022 年 6 月 28 日开工建设。

该项目创新采用模块化建筑技术全过程智慧建造，集标准化设计、工厂化生产、一体化装修、便捷化施工和信息化管理“五化一体”，融合了混凝土结构模块化建筑技术体系、屋顶机电房快建体系、装配式地下室等技术，采用数字技术打通项目的设计、生产、施工及数字交付等各环节，做到了建筑结构安全、技术先进、资源节约、环境友好、便捷高效。根据测算，项目建设周期仅为传统建造方式的 1/3，可实现 1 年快速交付、节省 70%以上现场用工量、减少超过 75%的建筑废弃物。

图 12.13　项目效果图

12.3.2　项目特点与难点

(1)本项目为国内首个采用混凝土结构模块化集成建筑体系建设的高层住宅类项目,通过新型建筑工业化创新技术,实现项目全生命周期绿色建造、智慧建造。

(2)工期要求紧:充分发挥 EPC 工程总承包管理优势,并采用数字化重构等科技手段,工厂加工与现场施工双线并行,实现快速建造。

(3)场地高差大,周边交通环境严峻:项目选址临近山脚,场地内高差较大,仅北侧有一条交通路线,通行条件较差。为应对这一挑战,充分运用智慧交通调度手段、结合 C-Smart 智慧工地平台,实现场地布置及交通调度的精准模拟和动态管控。

(4)混凝土结构模块化建筑体系集成度高,各子系统接口精度要求高:采用 BIM"正向设计",精准模拟各系统间的空间关系;采用智能化精度校核体系与可追溯数字化管理平台,实现混凝土模块化集成建筑工业级生产精度;采用专利吊装工法,设计专用快速可调吊具,由中建海龙科技有限公司自有的产业化工人进行吊装作业。

12.3.3　项目目标

实现"3 个一":

(1)全国第一个混凝土模块化高层建筑。

(2)全国建设速度最快的高层保障性住房项目。

(3)全国第一个 BIM 全生命周期数字化交付模块化建筑项目。

确保"3 个奖":

(1)深圳市优质结构工程奖。

(2)广东省建设优质结构工程奖。

(3)中国建设工程鲁班奖或国家优质工程奖或中国土木工程詹天佑奖。

打造"3 个示范":

(1)深圳市建设工程安全生产与文明施工优良工地。

(2)广东省房屋市政工程安全生产文明施工示范工地。

(3)智能建造全国示范项目。

根据建筑平面方案,每一标准层主要分为 3 类户型,35 m^2、70 m^2 A 及 70 m^2 B 户型,结构剪力墙布置应根据标准户型相应分布,保证相同户型的模块拆分一致,如图 12.14 所示。模块总数量为 6 028 个,阳台模块为 1 370 个,房间模块单元为 4 658 个。

在进行混凝土模块拆分时,综合考虑生产、运输、施工难度进行拆分。具体拆分方案为:标准层平面共 3 种户型,具体拆分如图 12.15 所示,对于挑板及阳台,采用预制构件的形式,与现浇楼板和剪力墙连接。

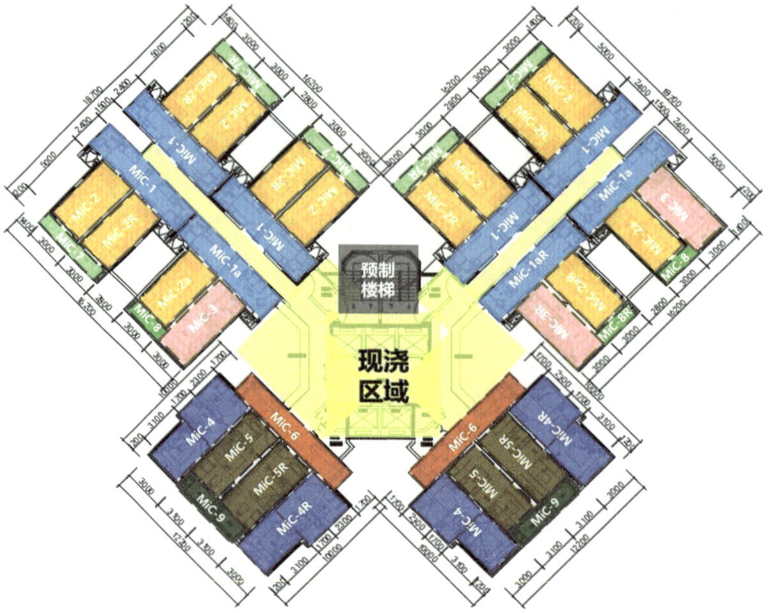

图 12.14　户型平面图

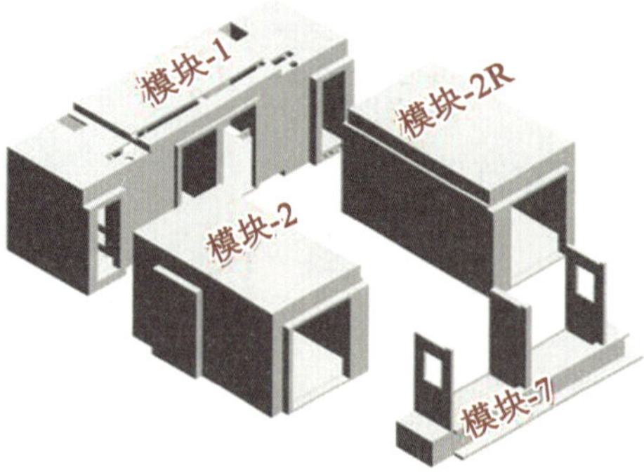

(a) 35 m² 户型

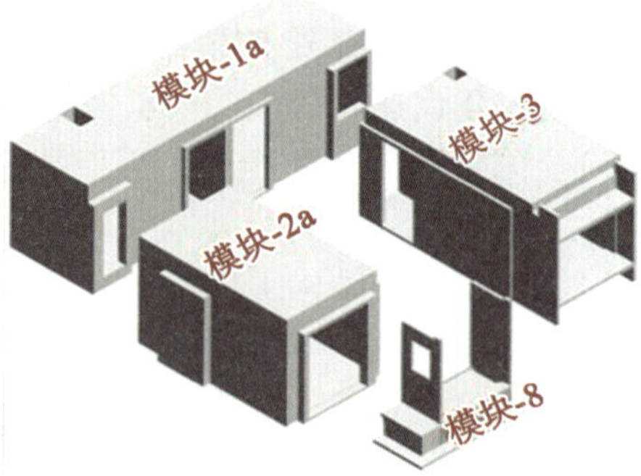

(b) 70 m² A 户型

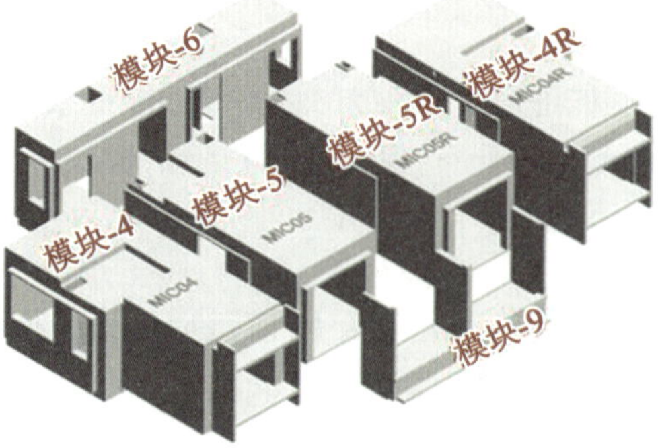

(c) 70 m² B 户型

图 12.15　户型模块拆分图

标准层平面共包含 9 种模块单元，其中 2 种模块存在变异类型，3 种阳台模块，房间模块的质量包含 19.5 t、11.1 t、10.4 t、15.3 t、18.9 t、12.4 t 和 3.6 t 共 7 种，阳台模块的质量包含 8.1 t、3.5 t 和 7.8 t 共 3 种。混凝土模块化集成建筑的各部分材料情况如下。

(1) 墙模：采用高强混凝土，配钢筋网片和桁架筋进行构造。

(2) 梁模：采用高强混凝土，配梁膜连接筋进行构造。

(3) 底板：采用普通混凝土板+装饰面层。

(4) 顶板：采用普通混凝土叠合板，配板底筋和桁架筋进行构造。

(5) 轻质隔墙(外墙)：采用容重为 18 kN/m^3 的陶粒混凝土，配钢筋网片进行构造。

如图 12.16 所示为混凝土结构模块在生产中的情景。混凝土模块化建筑内剪力墙施工工序流程为：测量放线，周边座浆；吊装带桁架模块，内剪力墙一侧水平筋优化至桁架上，定位调平；内剪力墙钢筋绑扎；另一侧模块吊装，定位调平，墙模加固。

图 12.16　混凝土结构模块在生产中的情景

该项目地下室部分外围一圈采用双面预制叠合剪力墙(图 12.17)，墙厚 300 mm(外侧预制部分 80 mm+空腔 160 mm+内侧预制部分 60 mm)。采用两层预制钢筋混凝土板，通过桁架或连接件连接成具有中间空腔的墙板构件，经现场安装后，浇筑混凝土填充中间空腔，形成完整的混凝土墙板。

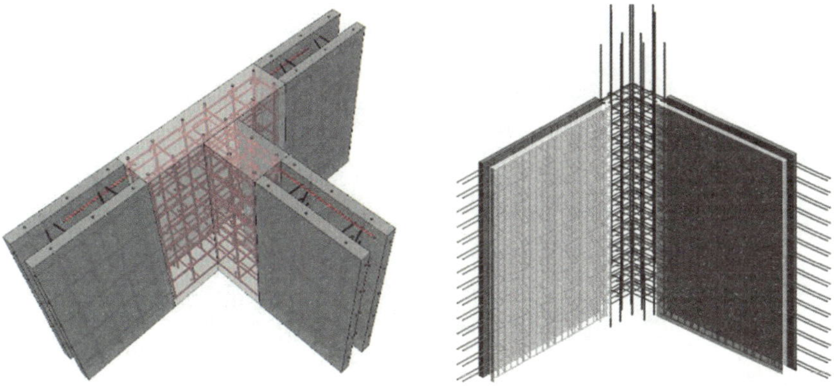

图 12.17　双面预制叠合剪力墙在项目中的应用

基础部分采用预制高性能混凝土承台模壳(图 12.18)+桩基础的形式。施工时,通过预制承台壳,在现场完成钢筋绑扎后,直接后浇混凝土即可。这种施工方式免去了承台支模,减少了施工步骤,提升了施工效率。

图 12.18　预制高性能混凝土承台模壳在项目中的应用

地下室部分标准跨采用预制框架柱+预制主梁+预制次梁+钢筋桁架楼承板;预制框架采用灌浆套筒连接、梁柱节点核心区现浇;预制梁采用叠合梁,主、次梁连接采用牛担板形式;楼板采用钢筋桁架楼承板,如图 12.19 所示。

(a)预制框架柱　　(b)预制梁

(c)钢筋桁架楼承板

图 12.19　预制高性能混凝土模壳在项目中的应用

12.3.5　工程智慧化

该项目积极推动建筑与工业的有机融合，实现自动化生产和数字化管理，为建筑赋予了工业化产品所拥有的精度、品质、效率。

该项目不断完善自主开发的装配式 BIM 设计平台和生产协同管理平台（数据中台+MES 系统），采用三维可视化、参数化的协同设计，以设计数据和模型为先导，实现设计端和生产端的无缝衔接，一次性生成生产计划、工序管理、质量检测、车间库存、发货管理的闭环数据。同时，通过与 C-Smart 平台（图 12.20）的联动，对人、机、料、法、环、测等要素进行实时监控和智能化运维，实现装配式 EPC 全环节数字化管理。

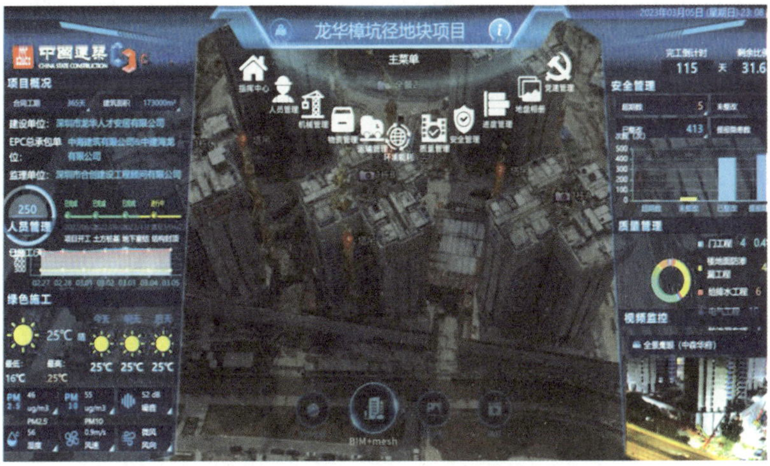

图 12.20　C-Smart 平台在项目中的应用

该项目还运用 BIM 技术分析现场交通流线、模拟施工进度、模拟吊装工序，确保项目进度、质量、安全。并根据混凝土结构模块化建筑的特点，定制项目专属智慧方案，实现基于混凝土结构模块装配式施工的智慧施工全过程管理。

在项目中推动劳务用工产业化管理实践，通过给劳务人员赋码，实现唯一身份 ID 贯穿劳务实名制管理、宿舍管理、现场用工管理等所有涉及的劳务用工场景（图 12.21）。

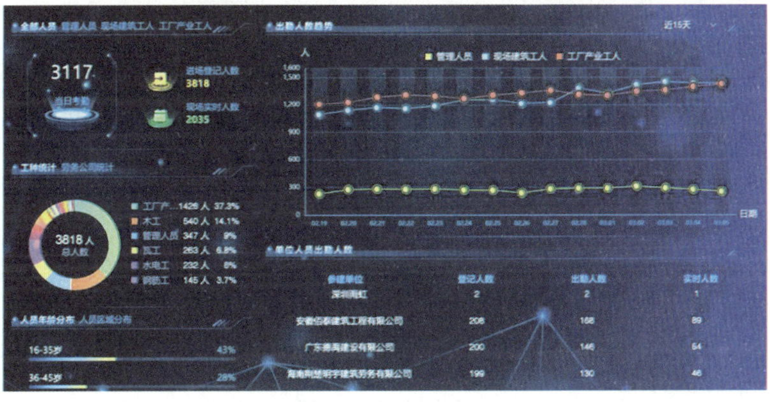

图 12.21　劳务人员智慧化管理

参考汽车行业，在项目中应用“产品流水号+吊装位置号”的双编码体系，以唯一产品ID贯穿设计、生产、运输、施工全环节模块化建筑关键信息管理。

针对项目场内地形复杂，场外交通受限、路宽不足的实施难点，邀请科研团队，建立全过程智慧交通调度体系。

12.3.6 工程绿色化建造

通过全过程应用绿色建造技术，在废弃物、材料损耗、碳排放、能耗、水耗等指标上取得显著的低碳、环保成效。根据绿色建筑相关标准，将建筑废弃物资源化等绿色及可持续发展理念贯穿整个项目流程，从建筑废弃物的源头减量、分类处理及回收利用等环节，实现相关减排目标，具体见表12.1。

表12.1 建筑废弃物综合利用

阶段	分类	材料名称	处理措施
地基基础阶段	无机非金属类	渣土	回填利用
		混凝土桩头	破碎用于路基垫层
		泥浆	干化后再利用
	金属类	钢筋、铁丝、废锯片、废钻头、废钉子等	专业回收冶炼
	木材类	模板、木方	现场修复再利用或专业回收利用
	塑料类	塑料包装、苯板条、防水卷材	专业回收处理
	有害类	废电池、废柴油等	专业回收处理
	其他类	玻璃胶等	集中处理
主体结构阶段	无机非金属类	混凝土	集中回收处理，用于再生骨料、无机人造石、预制构件等水泥制再生建材产品
		砖石、碎砖	
		废弃浆料	
	金属类	钢筋、铁丝、金属支架	现场再利用+专业回收冶炼
		废锯片、废钻头、焊条头、废钉子	专业回收冶炼
	木材类	木制包装、纸质包装等	专业回收处理
	塑料类	塑料包装、废胶带、防水卷材、废毛刷、安全网、塑料薄膜、编织袋	专业回收处理
	有害类	废电池、废柴油、涂料等	专业回收处理
	其他类	岩棉等	集中处理
机电装修阶段	无机非金属类	瓷砖边角料、石材边角料、碎砖、损坏的洁具、损坏的井盖（混凝土类）	资源化再生利用
		油漆、玻璃、泥子	废品站集中处理

续表

阶段	分类	材料名称	处理措施
机电装修阶段	金属类	电线、电缆、信号线头、铁丝、角钢、型钢、涂料金属桶、金属支架	专业处理回收
		废锯片、废钻头、废钉子	专业处理回收
	木材类	竹木纤维、木制包装	专业处理回收
	塑料类	废消防水带、编织袋、机电管材	专业处理回收
	有害类	废电池、涂料、乳胶漆、玻璃胶、结构胶、密封胶、发泡胶、油漆等	专业回收处理
	其他类	石膏板、油漆桶等	废品站集中处理

思想提升：“苟日新，日日新，又日新。”

——《礼记·大学》

释义：如果能够一天新，就应保持天天新，新了还要更新。

思考题

1. 简述混凝土模块化建筑的优势。
2. 简述混凝土模块化建筑的分类。
3. 简述混凝土模块化建筑的吊装过程技术要点。

附录 1　装配式混凝土结构构件施工虚拟仿真

教师根据课堂讲授内容，通过装配式建筑职业技能实训系统向学生布置课后任务拓展作业。装配式建筑职业技能实训系统由山东新之筑信息科技有限公司自主研发，系统根据建筑产业现代化装配式建筑流程特点，分别从预制构件生产、装配化施工流程进行设计，具备装配式建筑过程的仿真模拟、动态演示、交互式操作实训、结果智能考核等多项功能。

实训内容包含预制剪力墙外墙板、预制剪力墙内墙板、桁架叠合板、预制楼梯、预制叠合梁、预制柱等常见预制构件的生产施工全流程。如附图 1 所示为该实训系统登录界面，如附图 2 所示为系统模块，包括理论、生产和施工 3 个模块。

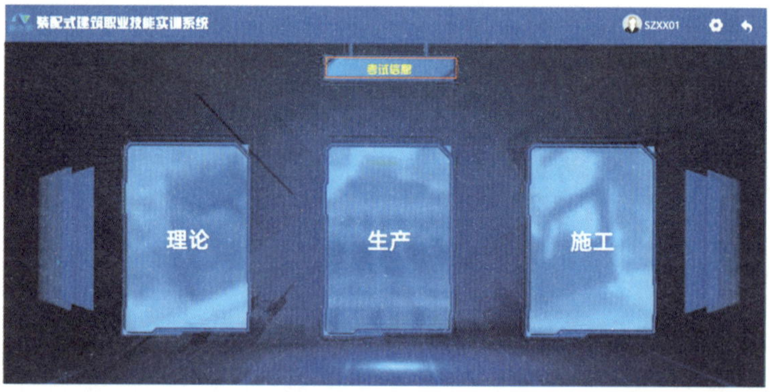

附图 1　系统登录界面

附图 2　系统模块

本部分以装配式剪力墙吊装案例为例，介绍课后虚拟仿真任务完成过程。

（1）点击“施工”模块中构件吊装的“外墙”开始练习，如附图 3、附图 4 所示。

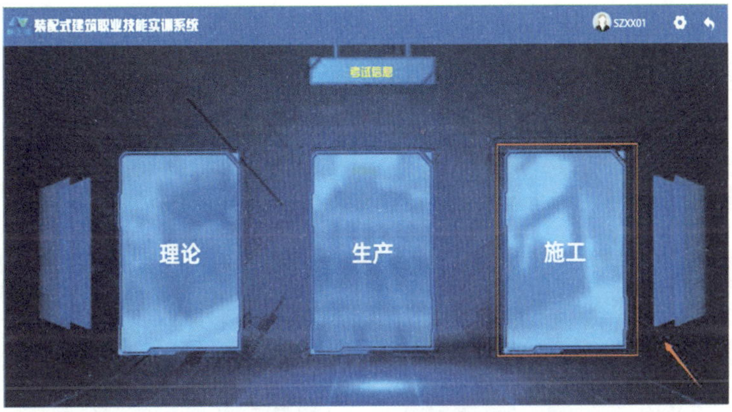

附图 3　选择施工模块

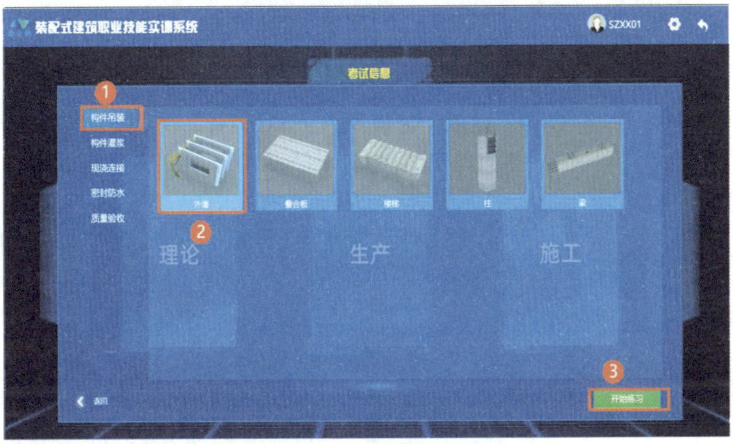

附图 4　选择外墙吊装

（2）进行“施工准备”，依次选择对应的劳保用品并穿戴，最后点击“确认”，如附图 5 所示。

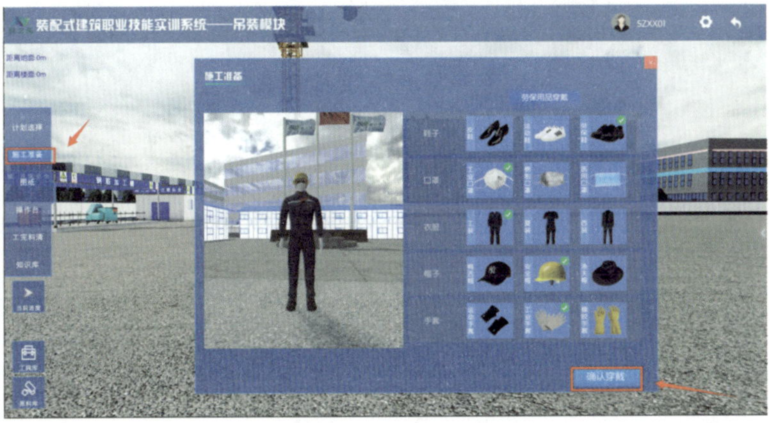

附图 5　劳保用品穿戴

(3)点击任务栏的“计划选择”,在构件列表中点击一个未完成的构件任务,点击“确认”,如附图 6 所示。

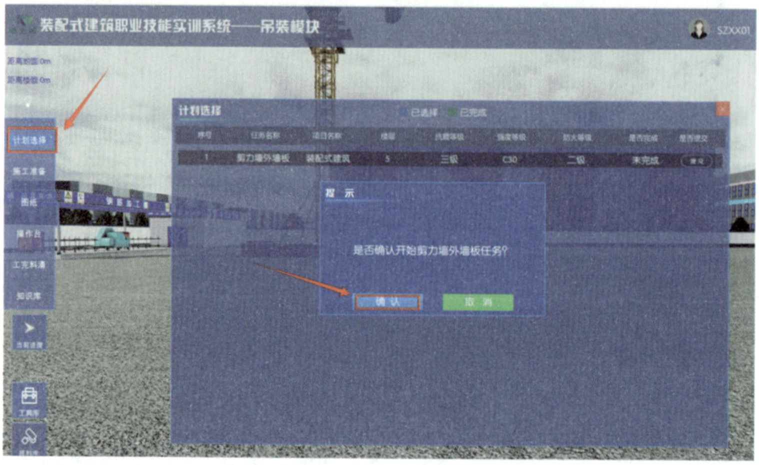

附图 6　计划选择

(4)从工具库中领取“卷尺、打气筒、钢直尺”,点击“外墙板”,弹出对话框后依次进行“信息查验、吊点检查、灌浆孔清理和埋件位置检查”操作,如附图 7 所示。

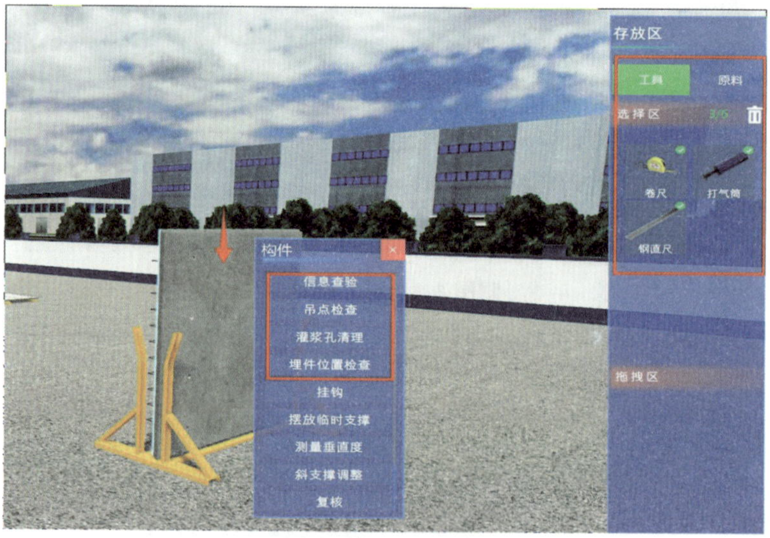

附图 7　构件检查

(5)按住键盘上的“ALT”键,弹出对话框后,点击“楼顶区域”。到达楼顶后,才可进行其余步骤。接着,从“工具库”中领取“墨斗”和“卷尺”,点击安装区域的地面,弹出对话框后,点击“墙板控制线”,如附图 8 所示。输入 200 mm,点击“确认”,如附图 9 所示。

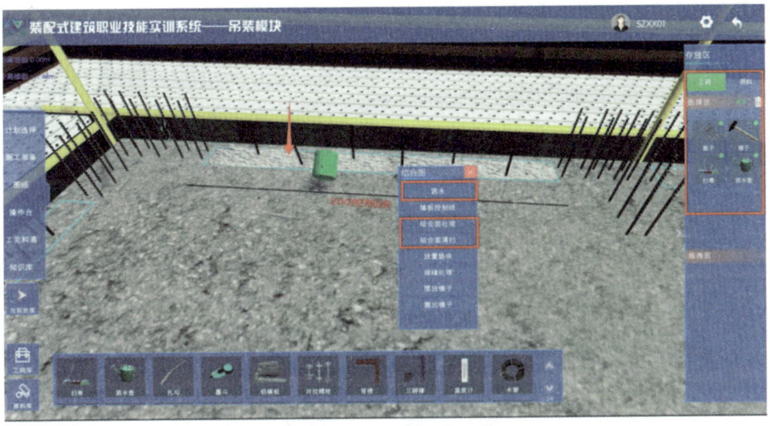

附图 8　画墙板控制线

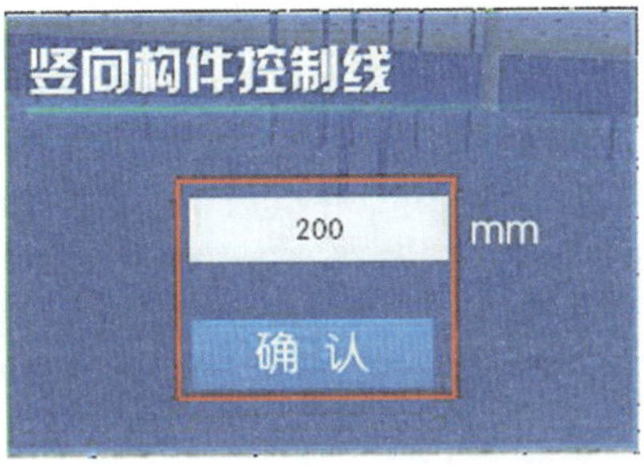

附图 9　墙板控制线距离

(6)从“工具库”中领取“凿子、锤子、扫帚和洒水壶”，点击安装区域的地面，弹出对话框后，依次点击“结合面处理、结合面清扫和洒水”，如附图 10 所示。

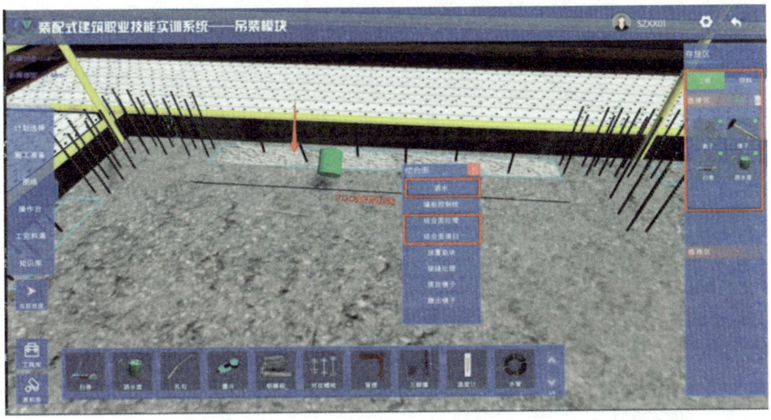

附图 10　工具领取及结合面处理

(7)从“工具库”中领取“钢刷、水平靠尺、钢筋扳手和定位工装”，点击倾斜的钢筋，弹出对话框后，依次点击“钢筋清理、钢筋校准，钢筋矫正”，再次进行“钢筋校准”，如附图 11 所示。

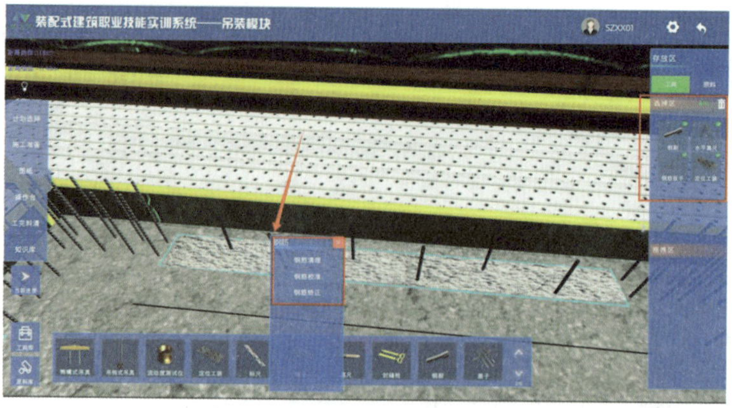

附图 11　钢筋处理

(8)从“工具库”中领取“水准仪”和“标尺”,并从原料库中领取“垫块”点击安装区域的地面,弹出对话框后,点击“放置垫块”,如附图 12 所示。

(9)此时在后方可以看到“水准仪安放点 A”,点击该点,并安放“水准仪”,如附图 13 所示。此时右上方有“参照点 A”,点击“选定”并摆放“标尺”,如附图 14 所示。

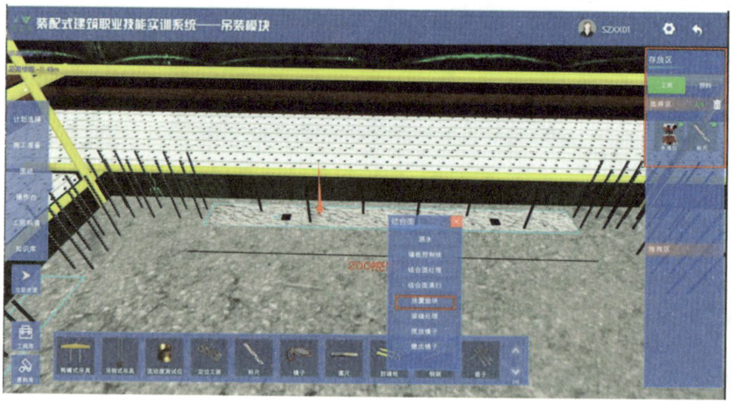

附图 12　放置垫块

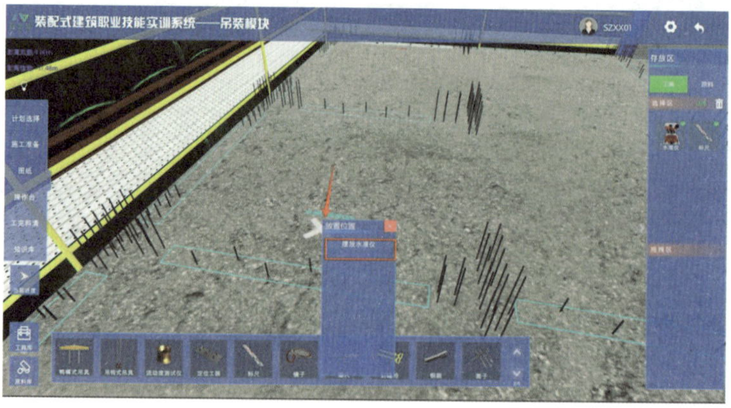

附图 13　放置水准仪

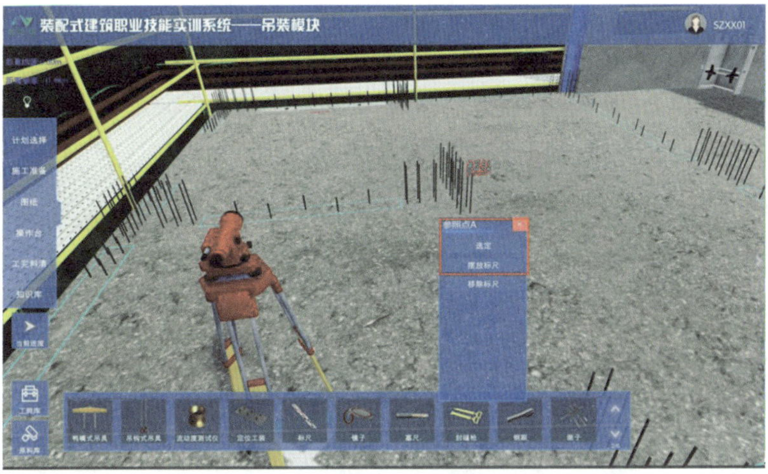

附图 14　选定参照点及摆放标尺

（10）点击“水准仪”，弹出对话框后分别进行“标尺数据读取”和“数据填写”，如附图 15 所示。完成后，点击“参照点 A”弹出对话框，点击“移除标尺”，此时“参照点 A”已经测量完毕，如附图 16 所示。

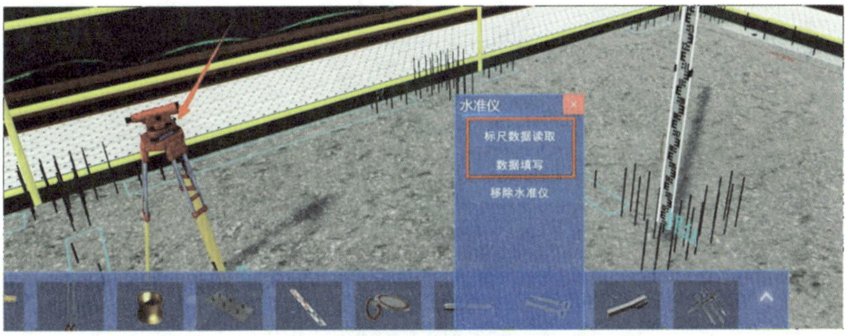

附图 15　数据读取及填写

附图 16　移除标尺

（11）移步至安装区域，依次点击两块“垫块”，重复测量“参照点 A”动作，如附图 17 所示。将测量所得数据填入到数据表中并计算高差。计算公式一般为：后视读数+（参照物高度-初始默认垫块高度）-前视读数=高差，如附图 18 所示。当存在高差时，需要“更换垫块”，如附图 19 所示。

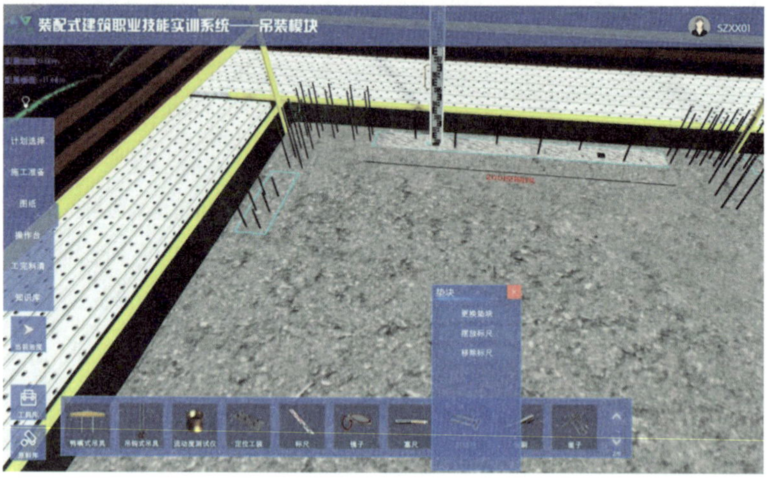

附图 17　垫块处理

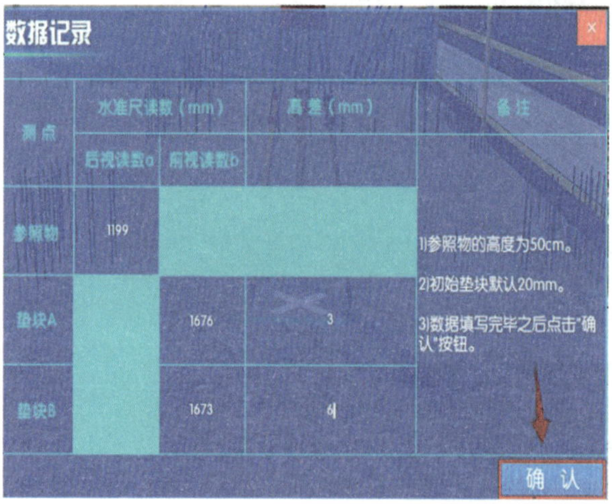

附图 18　数据处理

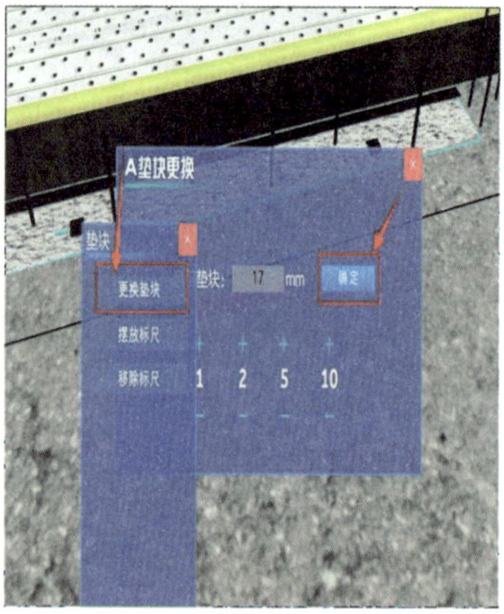

附图 19　更换垫块

（12）从原料库中领取 1 盘“橡塑棉条”，点击安装区域，弹出对话框，点击“接缝处理”，打开图纸，查看模板图，填入相应长度和宽度，点击“确认”，即可完成，如附图 20 所示。

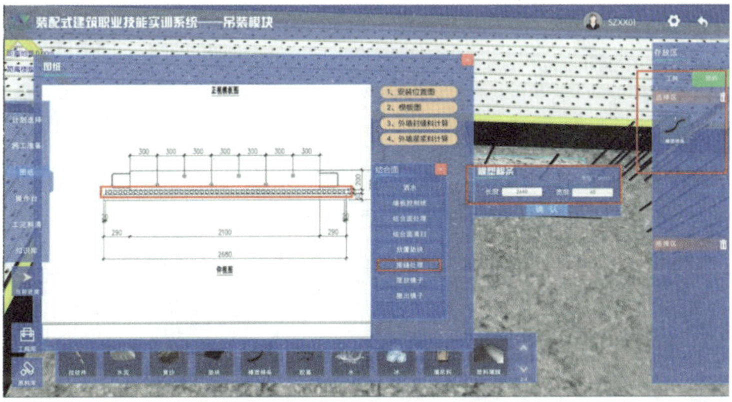

附图 20　领取原料及接缝处理

（13）领取“鸭嘴式吊具”，点击“吊钩”，弹出对话框，选择“前往钩取位置”，可以打开“操作台”中塔吊加速键，如附图 21 所示。

（14）回到“构件初始区域”，点击“外墙”，弹出对话框，进行“挂钩”操作。当外墙上升到 0.3 m 可停顿，进行试吊处理，当试吊完成后，方可继续吊装至楼顶，如附图 22 所示。

附图 21　塔吊操作

附图 22　试吊

(15)当外墙放置一定高度时,可以借助“吊装梁”和摆放“镜子”进行调整位置,预防出现碰筋的现象,如附图23所示。

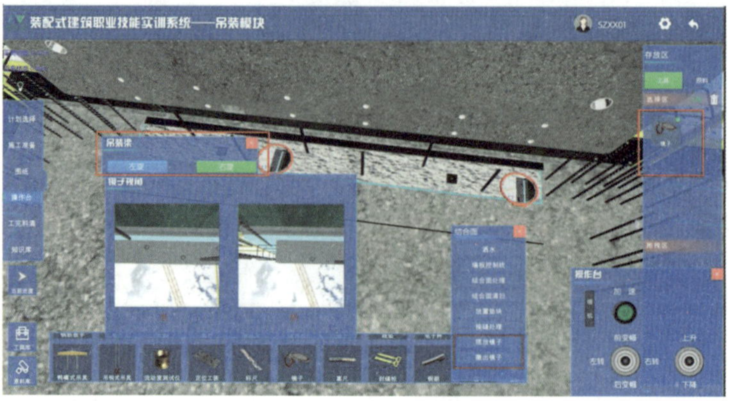

附图23 构件吊装

(16)从“工具库”领取“斜支撑、水平靠尺和卷尺”,点击“外墙”,弹出对话框,依次进行“摆放临时支撑、测量垂直度、测量墙板位置、斜支撑调整”操作,如附图24所示。最后进行“复核”操作,如附图25所示。

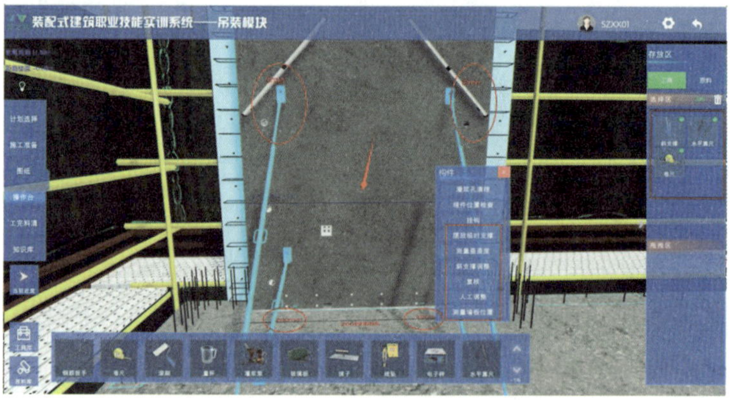

附图24 操作步骤

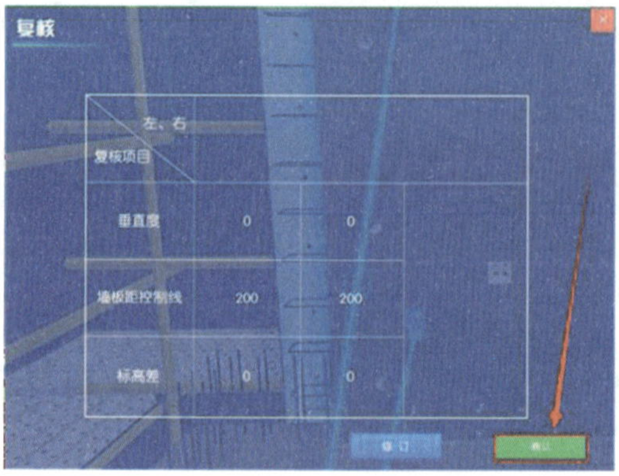

附图25 数据复核

(17)进行“摘钩、塔吊复位”及“工完料清”操作,如附图 26 所示。

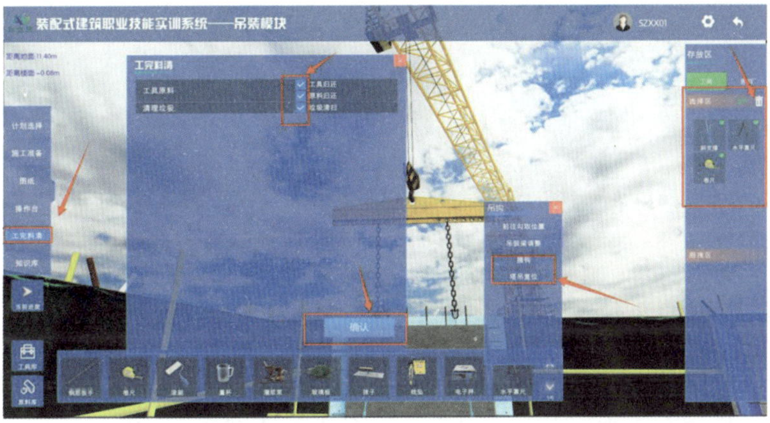

附图 26　工完料清

(18)点击“计划选择”,将任务“提交”,最后“确认”,剪力墙吊装任务完成,如附图 27 所示。

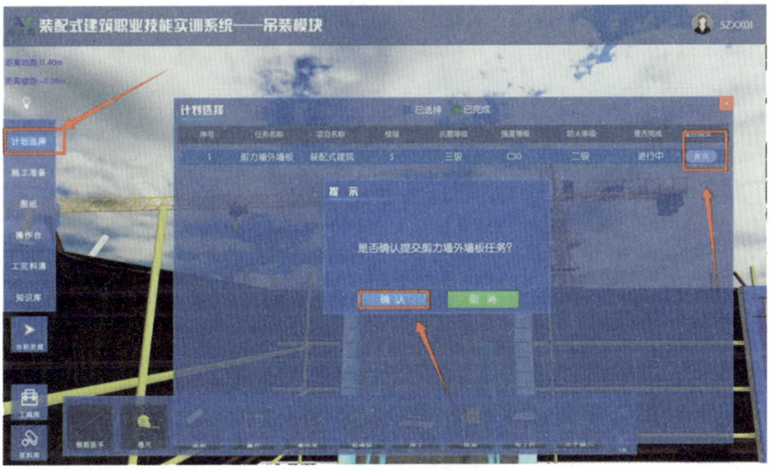

附图 27　任务完成

附录2 装配式混凝土结构施工技能测试题

一、单项选择题(共150题)

1. 装配式建筑打破了传统建造方式受工程作业面和气候的影响,这是因为其(　　)。

A. 大幅度地提高劳动生产效率　　B. 节省能源

C. 缩短了生产周期、安装周期　　D. 采用工厂生产,减少现场作业

2. 预制叠合板吊装,应选用相应工具,根据尺寸采用(　　)的方法。

A. 单点起吊　　B. 两点起吊

C. 三点起吊　　D. 多点起吊

3. 按照惯常设计经验,叠合板 B1-DLB03-3 需要设置桁架筋,桁架筋的布置方向为(　　)。

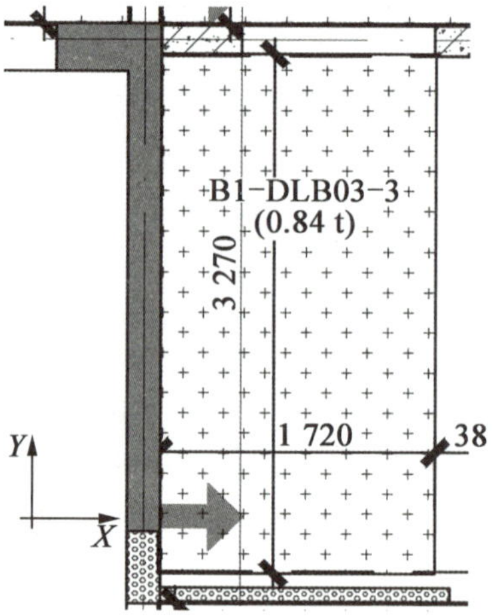

3题图

A. 平行于 X 轴　　B. 平行于 Y 轴

C. 平行于对角线轴　　D. 沿着 X 轴及 Y 轴双向设置

4. 关于垫块,以下设置错误的是(　　)。

A. 垫块顶部可以铺设座浆料　　B. 在墙板的两端对称放置

C. 一般距墙板端部 300~400 mm　　D. 放置垫块后需要测量复核垫块顶标高

5. 以下图纸中属于建筑施工图的是(　　)。

A. 结构竖向构件配筋图

B. 建筑立面图、总平面图、建筑材料构造做法表

C. 电气系统图

D. 结构模板图

6. 预制叠合板的几何尺寸检查时,须精确到(　　)。

A. m　　　　B. cm

C. mm　　　　D. dm

7. (　　)可以表达关于预制构件的安装流程。

A. 预制构件平面布置图　　　　B. 预制构件配筋图

C. 预制构件结构设计总说明　　　　D. 预制构件安装流程图

8. (　　)可以查阅上、下层预制构件的临时固定配件(一字马)。

A. 预制构件平面布置图　　　　B. 装配式建筑专篇

C. 预制构件立面布置图　　　　D. 预埋件及加工图详图

9. 如图所示,当叠合板采用宽缝连接时,施工现场应在沿着宽缝长边方向配备(　　)底筋。

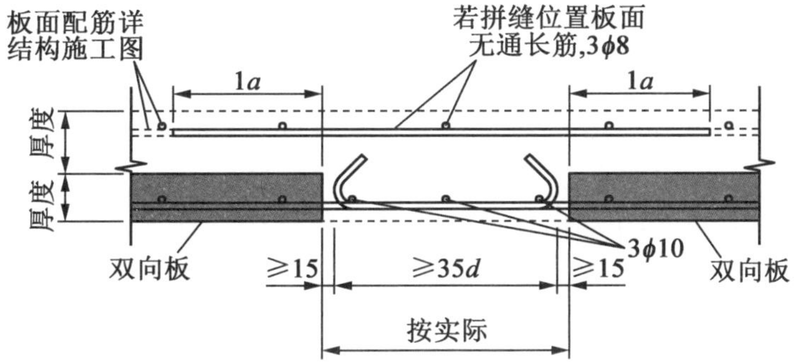

双向板拼缝构造大样

9 题图

A. 3 根直径为 8 的 HRB400 钢筋　　　　B. 3 根直径为 10 的 HRB400 钢筋

C. 3 根直径为 8 的 HRB335 钢筋　　　　D. 3 根直径为 10 的 HRB335 钢筋

10. 预制构件安装前,须核对预制构件的平面定位,如图所示,预制凸窗 1-YTC01aR 与 1-YTC02R 之间的缝隙间距为(　　)。

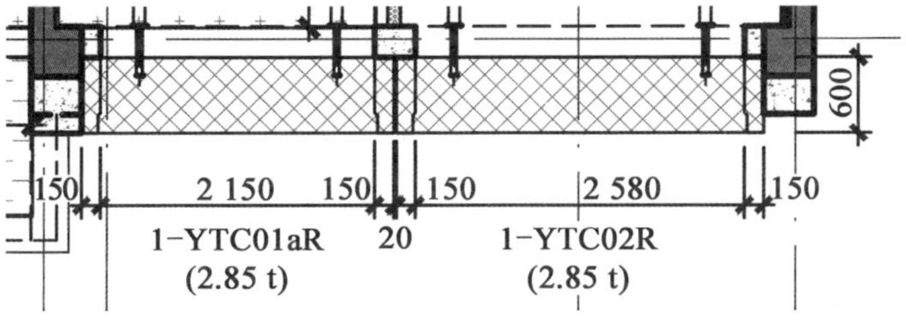

10 题图

A. 20 mm　　　　B. 30 mm

C. 300 mm　　　　D. 320 mm

11. 预制构件详图中，除标高以外，其余尺寸标准一般以(　　)为单位。

A. mm　　B. cm

C. dm　　D. m

12. 下图所表达的是(　　)的平面定位。

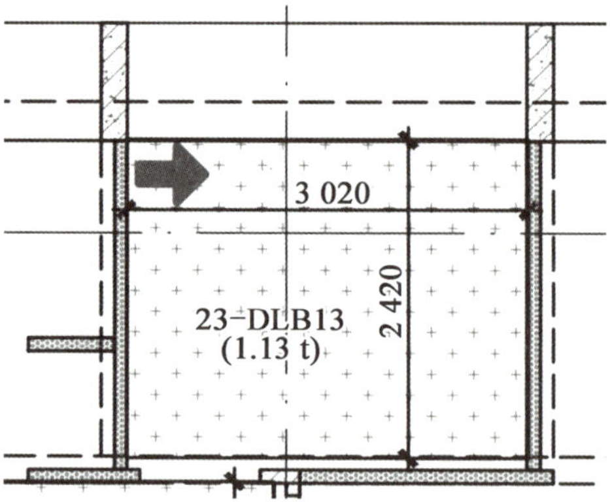

12 题图

A. 预制凸窗　　B. 预制叠合楼板

C. 预制楼梯　　D. 预制阳台板

13. 如图和表所示，主卫生间周边非承重墙体材料为(　　)。

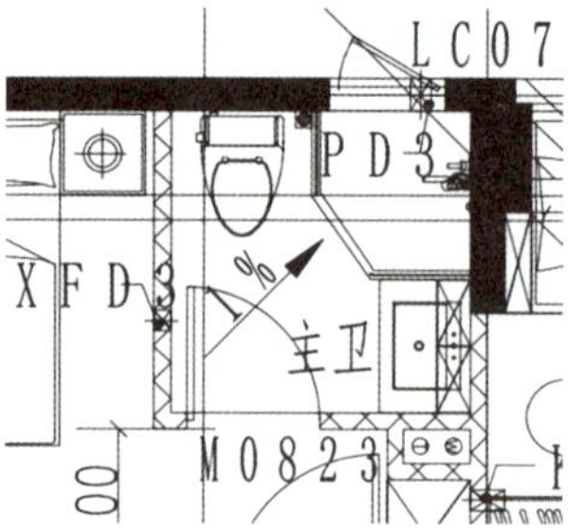

13 题图

13题表　墙体材料图例

	预制墙板
	构造混凝土墙
	砌体墙
	钢筋混凝土墙

A. 预制墙板　　B. 构造混凝土墙

C. 砌体墙　　D. 预制凸窗

14. 预制叠合板预制板厚 60 mm，现浇层板厚 80 mm，现浇层支座板面筋详见(　　)。

A. 预制叠合板构件详图　　B. 预制构件安装流程图

C. 预埋件及加工图详图　　D. 结构板配筋图

15. 如图所示为预制凸窗顶视图，预埋件统计见表，用于构件吊装使用的预埋件是(　　)。

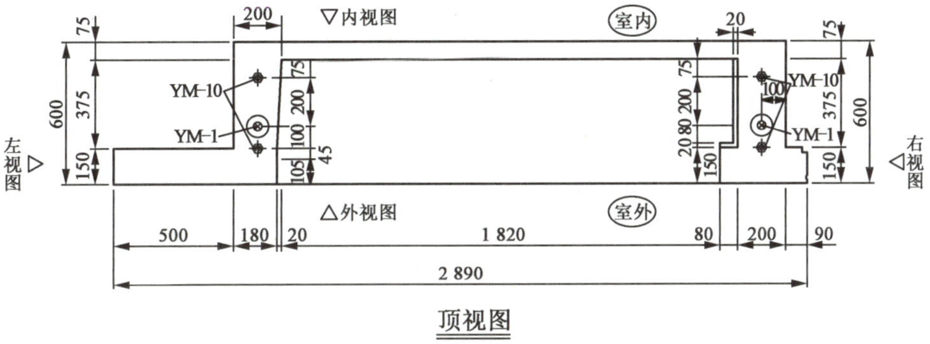

15 题图

15题表　预留预埋统计表

编号	预埋金属或相关部件	标记	数量	备注
YM-1	5T吊钉	⊗	2	用于吊装
YM-1C	M16螺栓套筒 L=55,S=30,D=20	⌖	4	用于调节垂直标高

A. 2 个 YM-1　　　　B. 4 个 YM-1

C. 2 个 YM-1C　　　　D. 4 个 YM-1C

16. 如图所示,预制凸窗 23-YTC01R 构件的质量为(　　)。

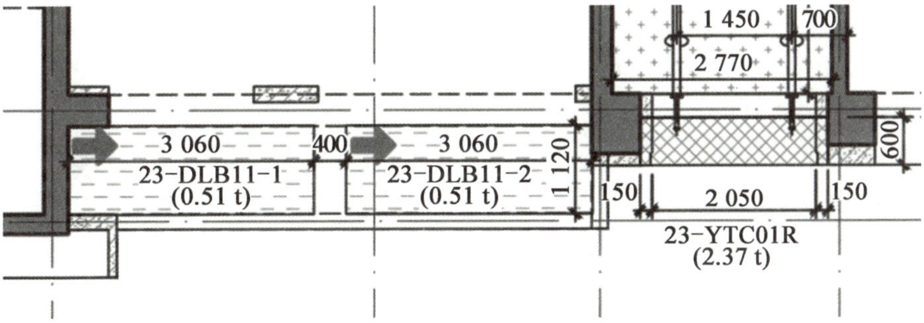

16 题图

A. 0.51 t　　　　B. 2.37 t

C. 3.06 t　　　　D. 2.77 t

17. 如图所示为预制柱水平剖面图及钢筋放样图,相关部件统计见表,剖面图中展示的箍筋数量为(　　)。

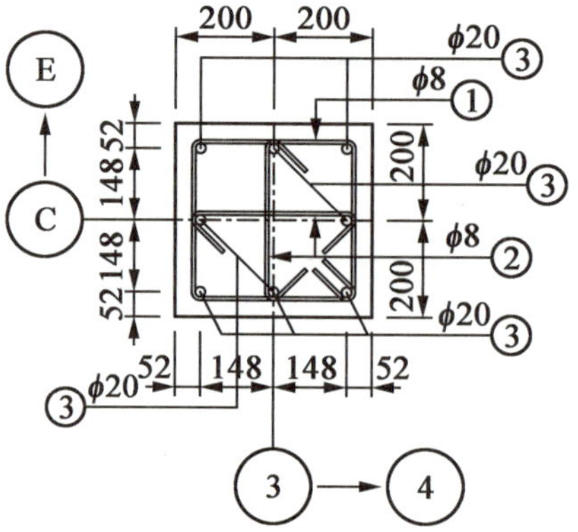

17 题图

17题表 相关部件统计表

序号	名称	规格(标号)	简图(型号)	长度/mm	数量/个
1	混凝土	C35			
2	①a钢筋	ϕ8	356 356 80	1 584	2
3	②a钢筋	ϕ8	80 356 80	516	4
4	①钢筋	ϕ8	332 332 80	1 488	22

A. 2 个　　B. 4 个
C. 22 个　　D. 无正确选项

18. 下列关于钢丝绳吊索应符合的规定中，说法错误的是(　　)。

A. 吊索与所吊构件间的水平夹角宜大于 60°

B. 当利用吊索上的吊钩、卡环钩挂重物上的起重吊环时，吊索的安全系数不应小于 6

C. 吊索的绳环或两端的绳套可采用压接接头，压接接头的长度不应小于钢丝绳直径的 20 倍，且不应小于 300 mm

D. 吊索的长度和直径应根据吊物的几何尺寸、质量和所用的吊装工具，吊装方法确定

19. 吊装预制构件的吊环，其采用的钢筋是(　　)。

A. 冷拉钢筋　　B. HPB300 钢筋
C. HRBF500 钢筋　　D. 热处理钢筋

20. 起吊叠合板构件时，吊点位置应根据(　　)确定。

A. 没有要求　　B. 经验
C. 图纸　　D. 根据构件规格尺寸

21. 下列选项中，不可以直接用作吊索具的是(　　)。

A. 钢丝绳　　B. 吊带
C. 链条　　D. 缆风绳

22. 预制构件多层存放时，下列描述中不正确的是(　　)。

A. 每层构件间的垫块应上下对齐

B. 预制楼板、叠合板、阳台板和空调板等构件宜平放

C. 长期存放时，应采取措施控制预应力构件起拱

D. 多层存放时为节约空间，应尽量多的堆放

23. 下列选项中，不是临时安装用的配件是(　　)。

A.

B.

C.

D.

24. 下列选项中，不是预埋配件的是(　　)。

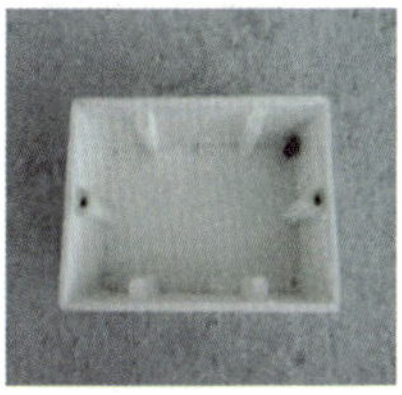

A.

B.

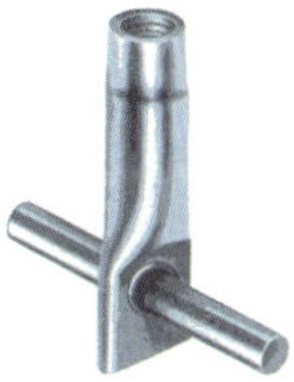

C.

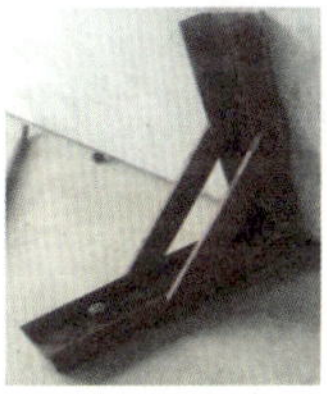

D.

25. 下列关于预制构件吊运的描述错误的是(　　)。

A. 构件运输前应制订预制构件的运输计划和方案，对于超高、超宽、形状特殊的大型构件的运输和码放，应有专项质量安全保证措施

B. 生产企业内翻转、起吊、运输预制构件时，混凝土强度无专门要求

C. 预制构件起吊应使用专门吊具，并应确保每根钢丝绳均匀受力，钢丝绳与产品的夹角不宜大于 60°，不应小于 45°，起吊时应轻起慢放

D. 预制构件运输时，运输车应有专用垫木，车速应平稳缓慢，不得使产品处于颠簸状态

26. 下列选项中最适用于叠合板的起吊工具是(　　)。

A. 吊梁　　　　B. 吊架

C. 双爪吊链　　D. 单爪链

27. 在吊装竖向构件时，除吊点之外，还应额外增加一条安全绳，此安全绳的作用是(　　)。

A. 方便塔吊司机查看　　B. 警示作用

C. 安全保护　　D. 防风

28. 下列选项中适用于竖向预制构件的起吊工具是(　　)。

A. 吊梁　　B. 吊架

C. 四爪吊链　　D. 吊钩

29. 手拉葫芦在吊装预制构件中的主要作用是(　　)。

A. 调节平衡　　B. 省力

C. 快捷　　D. 方便

30. 下列图片中，是鸭嘴吊扣的是(　　)。

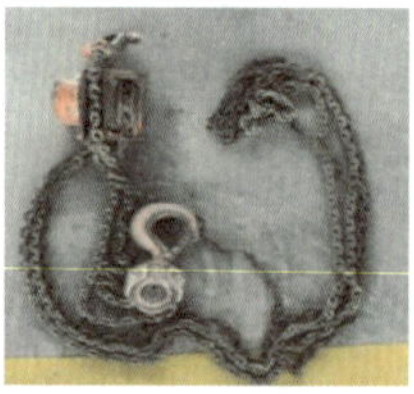

A.

B.

C.

D.

31. 预制构件中的预埋吊钉主要与(　　)进行搭配吊装使用。

A. 鸭嘴吊扣　　B. 吊梁

C. 蝴蝶扣　　D. 吊链

32. 下列图片中，是蝴蝶扣的是(　　)。

A.

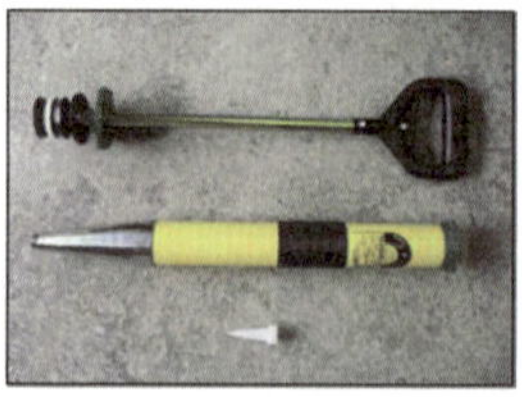

B.

C.

D.

33. 预制外墙的固定斜撑安设不得少于(　　)个。

A. 1　　B. 2

C. 3　　D. 4

34. 下列关于新型建筑工业化优势的描述,错误的是(　　)。

A. 生产场所由工地转向工厂

B. 施工人员为产业工人,施工人员较多

C. 生产方式制造为主,干作业为主

D. 工程进度较快

35. 下列关于预制构件成品保护规定的描述,错误的是(　　)。

A. 吊装前,宜采取保证预埋螺栓孔清洁的措施

B. 预制构件成品外露保温板,应采取防止开裂措施

C. 外露钢筋为方便运输可弯曲

D. 外露预埋件和连接件等外露金属件,应按不同环境类别进行防护和防腐、防锈

36. 不属于预制构件结合面粗糙化处理工艺的是(　　)。

A. 水洗法　　B. 拉毛

C. 压花　　D. 喷砂

37. 在构件表面破损和裂缝处理方案中,影响钢筋、连接件、预埋件锚固强度破损情况的处理方案为(　　)。

A. 现场修补　　B. 修补

C. 废弃　　D. 修补前告知甲方及监理

38. 在混凝土浇筑前及浇筑过程中,采用(　　)对定位钢筋进行定位并固定,在混凝土浇筑完成后对预留钢筋进行复核并校正。

A. 专用的钢筋定位卡具　　B. 卷尺

C. 镜子　　D. 游标卡尺

39. 预制构件固定后,预制构件调平通常根据楼层放设的(　　)标高控制线对预制构件进行校对。

A. 5 m　　B. 10 m

C. 1 m　　D. 100 mm

40. 吊装竖向预制构件前,应对(　　)进行清理干净。

A. 整体楼面　　B. 与预制构件连接部位

C. 与铝模连接部位　　D. 可不清理

41. 预制构件的控制线是在吊装(　　)设置。

A. 之前　　B. 之后

C. 无前后之分　　D. 可不设置

42. 预制楼梯(　　)设置控制线。

A. 看情况　　B. 不需要

C. 需要　　D. 可不设置

43. 下列选项中，不属于预制构件与连接部位混凝土检查质量内容的是(　　)。

A. 是否出现离析现象　　B. 是否出现狗洞现象

C. 是否出现蜂窝现象　　D. 是否出现粗糙面现象

44. 当预制构件采用座浆法时，(　　)。

A. 应提前对整体楼面进行清理干净

B. 应提前对与预制构件连接部位基层进行清理干净

C. 应提前对与铝模连接部位进行清理干净

D. 可不清理

45. 下列关于预制构件吊装应符合的规定中，错误的是(　　)。

A. 应根据预制构件的形状、尺寸、质量和作业半径等要求选择吊具和起重设备，所采用的吊具和起重设备及其操作，应符合国家现行有关标准及产品应用技术手册的规定

B. 吊点的数量、位置应经计算确定，只需保证吊具及构件重心在竖直方向上重合

C. 吊索水平夹角不宜小于 60°，不应小于 45°

D. 应采用慢起、稳升、缓放的操作方式

46. 下列关于预制梁的安装应符合的要求中，错误的是(　　)。

A. 梁吊装顺序应遵循先主梁后次梁，先低后高的原则

B. 预制梁安装前应测量并修正柱顶标高，确保与梁底标高一致，柱上弹出梁边控制线

C. 预制梁安装前应复核柱钢筋与梁钢筋位置、尺寸，对梁钢筋与柱钢筋安装有冲突的，应按经设计部门确认的技术方案调整

D. 预制梁安装过程中可根据需要确定是否设置临时支撑

47. 关于预制构件吊装，下列选项中描述不正确的是(　　)。

A. 使用合格吊具　　B. 各类构件吊装应遵循吊装方案操作

C. 使用自制吊具吊装　　D. 不可以在吊装的构件下方操作

48. 关于叠合板吊装就位，下列说法中错误的是(　　)。

A. 若叠合板有预留孔洞时，吊装前先查清其位置，明确板的就位方向

B. 同时检查、排除钢筋等就位的障碍

C. 吊装时应按预留吊环位置，采取多个吊环同步起吊的方式

D. 就位时，应使叠合板对准所划定的叠合板位置线，按设计支座搁置长度快降到位，稳定落实

49. 关于后浇混凝土的施工，不符合规定的是(　　)。

A. 浇筑时应采取保证混凝土或砂浆浇筑密实的措施

B. 预制构件结合面疏松部分的混凝土可以不用剔除清理干净

C. 预制梁、柱混凝土强度等级不同时，预制梁柱节点区混凝土强度等级应符合设计要求

D. 构件接缝混凝土浇筑和振捣应采取措施防止模板、相连接构件、钢筋、预埋件及其定位件位移

50. 叠合板吊装整体顺序应是(　　)。

A. 从一个方向向另一个方向推进，每跨内按照先内后外、先不规则后规则的顺序进行

B. 从一个方向向另一个方向推进，每跨内按照先外后内、先规则后不规则的顺序进行
C. 从一个方向向另一个方向推进，每跨内按照先外后内、先不规则后规则的顺序进行
D. 以上说法都正确
51. 关于叠合板，下列描述中错误的是(　　)。
A. 叠合板板侧的分离式接缝可以不需要附加钢筋
B. 叠合板面层钢筋绑扎时，应根据在叠合板上方钢筋间距控制线绑扎
C. 混凝土浇筑前，应将模具内及叠合面垃圾清理干净，并剔除叠合面松动的石子、浮浆
D. 叠合板施工完毕后，绑扎叠合板面筋同时埋设预埋管线
52. GB 50204—2015 中规定，对工厂生产的预制构件，进场时应检查其(　　)和表面标识。
A. 质量证明文件　　B. 混凝土强度等级
C. 钢筋原材料　　D. 生产记录文件
53. GB 50204—2015 中规定，预制构件的外观质量不应有(　　)，且不应有影响结构性能和安装、使用功能的尺寸偏差。
A. 缺棱掉角　　B. 严重缺陷
C. 钢筋歪斜　　D. 少量蜂窝麻面
54. GB 50204—2015 中规定，预制构件的尺寸偏差检查数量：按同一生产企业、同一品种的构件，不超过 100 个为一批，每批抽查构件数量的(　　)，且不少于 3 件。
A. 3%　　B. 5%
C. 10%　　D. 15%
55. GB 50204—2015 中规定，预制构件的尺寸偏差检查时，构件宽度、高(厚)度的检验方法是(　　)。
A. 尺量检查　　B. 2m 靠尺和塞尺检查
C. 在两端尺量　　D. 钢尺量一端及中部，取其中偏差绝对值较大处
56. 造成水平预制构件裂缝的可能原因不包括(　　)。
A. 原材料达不到要求　　B. 模具偏差
C. 吊装运输不规范　　D. 成品码放不规范
57. 模板拆除的顺序，应遵循的原则是(　　)。
A. 先支先拆，后支后拆　　B. 先支后拆，后支先拆
C. 先支与后支的同时拆除　　D. 先支的可先拆，也可后拆
58. 预制叠合板构件的验收中，不是主要检查项目的是(　　)。
A. 板的尺寸　　B. 架筋高度
C. 预埋件位置　　D. 板的拉毛深度
59. 预制剪力墙构件吊装之前应采用(　　)达到设计板底标高。
A. 座浆　　B. PE 棒
C. 定位钢筋　　D. 硬质垫片

60. 外墙在起吊过程中为什么要悬停一段时间？（　　）。

A. 塔吊司机确定运行方向　　B. 吊装工人系缆风绳

C. 检查吊具是否平衡　　D. 检验吊运过程是否稳定

61. 在外墙板的安装过程中，激光水平仪的作用是（　　）。

A. 检查构件安装定位是否准确　　B. 检查构件是否水平

C. 控制构件的标高　　D. 控制构件垂直度

62. 在外墙安装过程中，靠尺的作用是（　　）。

A. 测量轴线外墙板的距离　　B. 检查垂直度

C. 检查构件尺寸　　D. 检查水平标高

63. 在外墙安装过程中，下列选项中不属于卷尺的作用是（　　）。

A. 检查预留钢筋尺寸　　B. 检查构件尺寸

C. 检查构件到控制线距离　　D. 检查水平度

64. 在吊装外墙过程中，缆风绳的主要作用是（　　）。

A. 引导构件的运行方向　　B. 临时捆绑操作工具

C. 做标志方便识别　　D. 增加安全系数

65. 人站在外墙板内侧安装并用水平尺竖向检测时，水准管内气泡在右侧，斜撑如何调节？（　　）。

A. 斜撑朝外伸长，可调节部位朝左　　B. 斜撑朝外伸长，可调节部位朝右

C. 斜撑朝外缩短，可调节部位朝左　　D. 斜撑朝外缩短，可调节部位朝右

66. 下列关于预制柱、梁、楼梯堆放的描述，不正确的是（　　）。

A. 预制柱、梁等细长构件宜平放

B. 预制柱、梁等细长构件存放时可不设垫木

C. 与清水混凝土面接触的垫块应采取防污染措施

D. 应合理设置垫块支点位置，确保预制构件存放稳定

67. 下列工具中，在吊装过程不需要使用的是（　　）。

A. 安全帽　　B. 电钻

C. 缆风绳　　D. 扳手

68. 构件固定斜向支撑支设完毕后，可用来摘除吊具的是（　　）。

A. 斜支撑　　B. 人字梯

C. 凸出部钢筋　　D. 怎么方便就怎么样处理

69. 在预制构件吊装前，不需要提前设定（　　）。

A. 构件左右定位控制线　　B. 构件标高控制线

C. 装修标高控制线　　D. 构件前后定位控制线

70. 关于预制内外墙板的场地堆放要求，不正确的是（　　）。

A. 预制内外墙板、挂板宜采用专用支架直立存放

B. 堆放需要的支架应有足够的强度和刚度

C. 薄弱构件、构件薄弱部位和门窗洞口应采取防止变形开裂的临时加固措施

D. 采用靠放立架时，构件应对称靠放，每侧可放 6 层

71. 在吊装过程中，用手扶稳构件对准竖向钢筋缓慢下落就位时，下列操作中错误是(　　)。

A. 手扶构件钢筋顶端　　B. 手扶构件侧立面

C. 手扶构件窗台面　　D. 手扶构件的铝合金

72. 在外墙安装过程中，预吊的高度一般是(　　)。

A. 1 500 mm　　B. 500 mm

C. 10 mm　　D. 1 000 mm

73. 垂直构件安装时，不需要调整(　　)尺寸。

A 上下位置及左右位置　　B. 预制外墙内外位置及垂直度

C. 构件本体尺寸　　D. 预制外墙水平位置及垂直度

74. 外挂墙板与主体结构采用点支承连接时，对于节点构造叙述错误的是(　　)。

A. 连接点不应少于 4 个

B. 承重连接点不应多于 2 个

C. 在外力作用下，外挂墙板相对主体结构在墙板平面内不能水平滑动或转动

D. 连接件的滑动孔尺寸应根据穿孔螺栓直径、变形能力需求和施工允许偏差等因素确定

75.《职业技能考评标准 PC 构件装配工》(T/ZJX 001—2018)中，关于预制构件场地的堆放，不正确的是(　　)。

A. 场地必须硬化　　B. 为节约空间，堆放越高越好

C. 放于排水流畅处，不能有积水　　D. 便于吊装，减少周转次数

76. 下列不属于装配式建筑优点的选项是(　　)。

A. 节约人工　　B. 节约材料

C. 机械减少　　D. 环保

77. 现浇部分与预制构件连接部分的钢筋应在预制构件吊装(　　)绑扎。

A. 之前　　B. 之后

C. 没有前后顺序　　D. 同时

78. 不符合预制楼梯安装规定的是(　　)。

A. 设置调平装置　　B. 安装前检查楼梯构件平面定位及标高

C. 就位后及时调整固定　　D. 就位调整时可不考虑垂直方向

79.《混凝土结构工程施工质量验收规范》(GB 50204—2015)中明确，预制构件的混凝土强度应达到设计强度的(　　)%及以上。

A. 50　　B. 75

C. 80　　D. 100

80. 下列关于叠合板的安装工艺流程，正确的是(　　)。

A. 测量放线→支架搭设→预制叠合板进场验收→挂钩吊装(拴缆风绳)→安装就位→微调定位→摘钩

B. 测量放线→预制叠合板进场验收→挂钩吊装(缆风绳)→安装就位→支架搭设-微调定位→摘钩

C. 支架搭设→预制叠合板进场验收→测量放线→挂钩吊装(拴缆风绳)→安装就位→微调定位→摘钩

D. 测量放线→预制叠合板进场验收→挂钩吊装(缆风绳)→支架搭设→安装就位→微调定位→摘钩

81. 下列关于吊装作业安全表述中,不正确的是( )。

A. 吊装区域内非工作人员禁止入内

B. 高空应通过惯性改变预制构件方向

C. 遇到雨雪雾天气或者风力大于 5 级,不得吊装

D. 预制构件吊起后,应先提升 300 mm 作业,检查钢丝绳吊具状态,确认安全后再吊装

82. 竖向构件安装后需要校核与调整的内容不包括( )。

A. 安装位置　　B. 安装标高

C. 垂直度　　D. 安装方向

83. 构件安装原则上以( )控制位置。

A. 短边中点　　B. 中心线

C. 长边中点　　D. 长边中点

84. 关于预制柱安装,下列说法中不正确的是( )。

A. 就位前应预先设置柱底抄平垫块,控制柱安装标高

B. 预制柱的就位以单向轴线为控制线

C. 预制柱安装就位后应在两个方向设置可调斜撑做临时固定

D. 采用套筒灌浆连接的预制柱调整就位后,柱脚连接部位应采用相关措施进行封堵

85. 预制墙板就位时,预制构件要求( )安装。

A. 垂直向下　　B. 垂直向上

C. 斜向下,后扶直　　D. 先斜向定位后,垂直向下

86. 套筒灌浆的预留钢筋定位精度对( )有重要影响。

A. 钢筋连接　　B. 预制构件安装

C. 混凝土浇筑　　D. 模板支设

87. 竖向预制构件安装就位后,可通过临时支撑对构件的位置和( )进行微调。

A. 垂直度　　B. 标高

C. 长度　　D. 宽度

88. 尺寸较大或形状复杂的预制构件应选择分配梁或分配桁架的吊具,并应保证吊车主钩位置、吊具及构件重心在( )方向重合。

A. 水平　　B. 竖直

C. 水平和竖直　　D. 水平或竖直

89. JGJ 1—2014 要求,多层剪力墙底部采用座浆材料时,其厚度不宜大于( )。

A. 10 mm　　B. 15 mm

C. 20 mm　　D. 25 mm

90. 关于有外露钢筋的预制构件的成品保护描述,下列描述中错误的是( )。

A. 外露钢筋无须防护,可随意弯折

B. 预制件拆模时，应对外露钢筋进行保护，尽量避免弯折

C. 运输时要考虑外露钢筋的长度对运输的影响

D 预制板应尽量避免存放在道路上，防止钢筋剐蹭

91. 下列关于外挂墙板构件安装缝处理要求不正确的是(　　)。

A. 接缝在设计阶段应当设置 3 道防水处理

B. 不得通过板缝传力

C. 板缝施工时应保证四周空腔内不得混入杂物

D. 接缝有气密条时，应当在安装构件时黏结在构件上

92. 关于外挂墙板，以下说法中不正确的是(　　)。

A. 板缝施工时应保证四周空腔内不得混入硬质杂物

B. 外挂墙板的连接节点及接缝构造应符合设计要求

C. 外挂墙板是自承重构件，可通过板缝进行传力

D. 墙板安装完成后，应及时移除临时支撑支座、墙板接缝内的传力垫块

93. 根据 GB/T 51231—2016 要求，竖向预制构件安装采用临时支撑，临时支撑不宜少于(　　)道。

A. 1　　B. 2

C. 3　　D. 4

94. 预制构件吊具应根据预制构件形状、尺寸及质量等参数进行配置，下列描述中错误的是(　　)。

A. 吊索水平夹角不宜小于 60°且不应小于 45°

B. 对尺寸较大或形状复杂的异形构件宜采用分配钢梁或分配桁架的吊具

C. 满足构件吊装的安全系数时，可使用铁链或钢丝绳来起吊异形构件

D. 吊装预制楼梯要使用楼梯专用吊具

95. 关于预制构件的安装，下列规定中描述错误的是(　　)。

A. 构件安装前应根据测量放线成果设计支撑构件的架体

B. 对首层支撑架体的地基平整度不做要求

C. 架体必须有足够的刚度和稳定性

D. 叠合梁、叠合板的预制部分应根据施工荷载进行承载力和裂缝验算，确定合理的临时支撑，且临时支撑间距不应大于等于 1.8 m，距离墙、柱、梁边净距不宜大于 0.5 m，竖向连续支撑层数不应少于 2 层

96. 关于预制构件吊装应注意的事项，下列描述中错误的是(　　)。

A. 应设专人指挥，操作人员应位于安全可靠位置，不应有人员随预制构件一同起吊

B. 构件吊装应采用慢起、快升、缓放的操作方式，保证构件平稳放置

C. 构件吊装就位，可采用先粗略安装，再精细调整的作业方式

D. 预制构件吊装就位后，未采用临时固定措施就进行校准

97. 关于预制墙板构件的安装及安装工艺操作，下列描述中错误的是(　　)。

A. 预制构件吊至离构件安装位置上部 1 m 左右时，扶住构件顺势慢慢就位

B. 构件就位利用撬棒使预制构件准确就位至墙板控制线范围内

C. 锁紧上部调节斜支撑后下部定位短支撑

D. 构件落地后马上松开吊索,准备起吊下一个构件

98. 关于预制剪力墙安装施工,下列操作描述中错误的是(　　)。

A. 安装前可以不要清洁结合面

B. 用该 PC 构件的定位钢板校正剪力墙连接接头钢筋

C. 墙板构件底部应设置可调整接缝厚度和底部标高的垫块

D. 可选用符合设计要求的座浆料进行铺设座浆

99. 关于预制填充 PC 外墙防水施工,下列操作描述中正确的是(　　)。

A. 预制填充 PC 外墙可以直接打座浆进行吊装安装

B. 预制填充 PC 外墙按设计要求进行接点塞 PE 棒,打结构耐候胶

C. 预制填充 PC 外墙按设计要求进行接点塞 PE 棒,用与构件同标号砂浆进行封堵

D. 确保施工质量后可以不用做淋水试验

100. 关于预制叠合板支架的搭设,下列说法中不正确的是(　　)。

A. 支撑安装应自一端向另一端延伸,自下而上按步搭设

B. 严格按照施工流程作业,平面方向先采用 4 根立杆组成 2 个塔式稳定体,安装水平横杆后再向周边扩展

C. 非现浇处,斜支撑可减少

D. 根据专项施工方案与支撑体系平面布置图,采用弹线布置每个可调底座

101. 关于预制楼梯吊装安装施工,下列操作描述中错误的是(　　)。

A. 预制楼梯吊装安装必须使用专用预制楼梯吊具,预制楼梯吊点不少于 4 个吊点进行吊装施工

B. 预制楼梯吊装安装前,必须清理清洁楼梯上下两端的支撑搁置位置

C. 预制楼梯安装,必须先做好楼梯两端的标高控制垫块并抹饱满的座浆后才能安装就位

D. 楼梯安装完成后,可以不及时灌浆与封堵,楼梯安装完成后要及时进行成品保护

102. 关于预制阳台构件安装施工,下列操作描述中错误的是(　　)。

A. 预制阳台构件安装前,搭设安全稳固的预制阳台支撑架体,独立阳台架体必须与内部架体形成安全有效的连接,防止独立架体失稳倾倒

B. 预制阳台支撑架体在构件起吊前,必须按设计标高进行调整到位

C. 构件就位后进行按设计位置进行垂直平整调整后才能脱钩解绳

D. 预制阳台垂直平整调整后,不需要检查与相邻预制阳台、下方楼层阳台做左右与上下的安装质量检查

103. 下列关于施工现场应根据施工平面规划设置运输通道和存放场地的说法中,不正确的是(　　)。

A. 施工现场内道路应按构件车辆的要求合理设置转弯半径及道路坡度

B. 构件的存放架应具有足够的抗倾覆性能

C. 存放场地应设置在吊装设备的有效起重范围内

D. 构件临时存放可对场地的硬化程度要求降低

104. 预制凸窗的斜支撑除了临时固定预制构件外，还具有(　　)作用。

A. 调节构件安装垂直度　　B. 调节构件安装标高

C. 调节安装轴线位置　　D. 无其他作用

105. 调节预制外墙垂直度可选择(　　)。

A. 靠尺　　B. 斜支撑

C. 卷尺　　D. 塞尺

106. 预制构件安装之前剔凿底板混凝土残渣，避免因混凝土松动造成上部预制构件沉降，从而避免引起构件标高偏差及(　　)。

A. 垂直度　　B. 平整度

C. 长度　　D. 宽度

107. 采用套筒灌浆连接、钢筋浆锚搭接连接的预制构件施工时，下列描述中不正确的是(　　)。

A. 现浇混凝土中伸出的钢筋应采用专用模具进行定位，并应采用可靠的固定措施控制连接钢筋的中心位置及外露长度满足设计要求

B. 当连接钢筋倾斜时，对安装影响小的，可不进行校直

C. 应检查被连接钢筋的规格、数量、位置和长度

D. 当连接钢筋倾斜时，应进行校直，连接钢筋偏离灌浆套筒或孔洞中心线不宜超过 3 mm

108. JGJ 355—2015 中规定，套筒灌浆连接接头的抗拉强度不应(　　)连接钢筋抗拉强度标准值，且破坏时应断于接头外钢筋。

A. 小于　　B. 小于等于

C. 大于　　D. 大于等于

109. JGJ 355—2015 中规定，灌浆套筒进厂后，抽取套筒采用与之匹配的灌浆料制作对中连接接头，进行(　　)检验。

A. 抗压强度　　B. 抗扭强度

C. 抗剪强度　　D. 抗拉强度

110. 一端采用套筒灌浆连接，另一端采用机械连接方式连接钢筋的灌浆套筒为(　　)。

A. 半灌浆套筒　　B. 全灌浆套筒

C. 铸造灌浆套筒　　D. 机械加工灌浆套筒

111.《钢筋连接用灌浆套筒》JG/T 398—2019 中规定，灌浆套筒按加工方式分为铸造灌浆套筒和(　　)。

A. 机械加工灌浆套筒　　B. 全灌浆套筒

C. 半灌浆套筒　　D. 镦粗直螺纹灌浆套筒

112.《钢筋连接用套筒灌浆料》JG/T 408—2019 中规定，套筒灌浆料 3 d 抗压强度应大于等于(　　)MPa。

A. 55　　B. 60

C. 65　　D. 70

113. JGJ 1—2014 规定，吊装时吊具应按国家现行有关标准的规定进行设计、验算和试验检验。吊具应根据预制构件形状、尺寸及质量等参数进行配置，吊索水平夹角不应小于(　　)。

A. 30°　　B. 45°

C. 60°　　D. 80°

114. (　　)既适用于竖向构件(墙)的钢筋连接也适用于横向构件(梁)的钢筋连接。

A. 全灌浆套筒　　B. 铸造灌浆套筒

C. 机械加工灌浆套筒　　D. 半灌浆套筒

115. 预制构件使用的吊具和吊装时吊索的夹角，涉及拆模吊装时的安全，故此项内容非常重要，应严格执行。在吊装过程中，吊索水平夹角不宜小于(　　)且不应小于(　　)。

A. 90°,60°　　B. 90°,45°

C. 60°,30°　　D. 60°,45°

116. JG/T 398—2019 中规定，为保证套筒内灌浆料对钢筋的锚固能力，套筒灌浆连接端钢筋锚固长度不宜小于(　　)倍钢筋直径。

A. 5　　B. 6

C. 7　　D. 8

117. JG/T 398—2019 中规定，灌浆套筒是通过水泥基灌浆料的传力作用将钢筋对接连接所用的金属套筒，依据制造工艺的不同，可以分为(　　)。

A. 全灌浆套筒和半灌浆套筒

B. 铸造灌浆套筒和机械加工套筒

C. 机械加工灌浆套筒

D. 滚轧直螺纹灌浆套筒和粗直螺纹灌浆套筒

118. 下列铺设座浆操作中，不符合要求的是(　　)。

A. 座浆料应具有微膨胀性　　B. 使用过的座浆料可以回收利用

C. 采用配套工装进行铺设座浆料　　D. 中间高，两端低

119. JG/T 398—2019 中规定，灌浆套筒按结构形式套筒分为全灌浆套筒和半灌浆套筒，半灌浆套筒按非灌浆一端连接方式的不同，又分为滚轧直螺纹灌浆套筒、剥肋滚轧直螺纹灌浆套筒和(　　)。

A. 铸造灌浆套筒　　B. 全灌浆套筒

C. 机械加工灌浆套筒　　D. 镦粗直螺纹灌浆套筒

120. 套筒灌浆施工时，以下规定表述不正确的是(　　)。

A. 灌浆前应制订套筒灌浆操作的专项质量保证措施，被连接钢筋偏离套筒中心线偏移不超过 5 mm，灌浆操作全过程应有人员旁站监督施工

B. 灌浆料应由经培训合格的专业人员按配置要求计量灌浆材料和水的用量，经搅拌均匀后直接灌注

C. 浆料应在制备后 30 min 内用完，灌浆作业应采取压浆法从下口灌注，当浆料从上口流出时应及时封堵，持压 30 s 后再封堵下口

D. 冬期施工时环境温度应在 5 ℃以上，并应对连接处采取加热保温措施，保证浆料在 48 h 凝结硬化过程中连接部位温度不低于 10 ℃

121. JG/T 398—2019 中规定，灌浆料在标准温度和湿度条件下，1 d 的抗压强度大于(　　)MPa。

A. 75　　B. 60

C. 35　　D. 85

122. JGJ 355—2015 中规定，套筒灌浆连接接头单向拉伸、高应力反复拉压、大变形反复拉压试验加载过程中，当接头拉力达到连接钢筋抗拉荷载标准值的(　　)倍而未发生破坏时，应判为抗拉强度合格，可停止试验。

A. 1　　B. 1. 1

C. 1. 15　　D. 1. 20

123. JGJ 355—2015 中规定，套筒灌浆连接接头强度不应(　　)连接钢筋抗拉强度标准值，且破坏时应断于接头外钢筋。

A. 大于等于　　B. 大于

C. 小于　　D. 小于等于

124. JGJ 355—2015 中规定，采用套筒灌浆连接的混凝土构件接头连接钢筋的强度等级不应(　　)灌浆套筒规定的连接钢筋强度等级。

A. 低于　　B. 等于

C. 高于　　D. 小于

125. JGJ 355—2015 中规定，灌浆料拌合物应采用电动设备搅拌充分、均匀，并宜静止(　　)min 后使用。

A. 1　　B. 2

C. 3　　D. 5

126. JGJ 355—2015 中规定，灌浆施工时，环境温度应符合灌浆料产品使用说明书要求；环境温度低于(　　)时不得施工。

A. 10 ℃　　B. 5 ℃

C. 0 ℃　　D. −5 ℃

127. 灌浆套筒长度应根据试验确定，且灌浆连接端长度不宜小于(　　) 倍钢筋直径。

A. 6　　B. 8

C. 10　　D. 12

128. 灌浆料宜在加水后(　　)min 内用完，以防后续灌浆遇到意外情况时灌浆料可流动的操作时间不够。

A. 15　　B. 20

C. 30　　D. 60

129. 套筒灌浆连接接头的抗拉连接强度不宜小于(　　)且破坏时应断于接头外钢筋。

A. 连接钢筋抗拉强度标准值的 1. 1 倍　　B. 连接钢筋抗拉强度标准值的 1. 5 倍

C. 连接钢筋抗压强度标准值　　D. 连接钢筋抗压强度标准值的 1. 5 倍

130. 灌浆后灌浆料同条件养护试件抗压强度达到(　　)MPa 后方可进行对接头有扰动的后续施工。

A. 10　　B. 15

C. 35　　D. 20

131. 灌浆施工中，需要检验灌浆料的抗压强度，抗压强度试验试件的尺寸为(　　)。

A. 100 mm×100 mm×100 mm　　B. 70.7 mm×70.7 mm×70.7 mm

C. 150 mm×150 mm×150 mm　　D. 40 mm×40 mm×160 mm

132. 套筒灌浆料 28 d 抗压强度应大于等于(　　)MPa。

A. 35　　B. 60

C. 70　　D. 85

133. 采用灌浆套筒连接时，灌浆料应从(　　)注入。

A. 灌浆孔的上口　　B. 灌浆孔的下口

C. 墙板下方　　D. 灌浆孔上下均可

134. JGJ 355—2015 中规定，对于灌浆套筒钢筋锚固长度的要求，灌浆套筒设计的锚固深度为 8 倍钢筋直径，若 20 型号的灌浆套筒连接直径 18 mm 的钢筋时，则直径 18 mm 的钢筋应按(　　) mm 的锚固长度。

A. 144　　B. 154

C. 160　　D. 164

135. 预制构件合格证内容不包括(　　)。

A. 生产单位　　B. 出厂日期

C. 构件编号　　D. 存放天数

136. 当墙板采用靠放架堆放或运输构件时，靠放架应具有足够的承载力和刚度且与地面倾斜角度宜大于(　　)。

A. 60°　　B. 70°

C. 80°　　D. 90°

137. 混凝土构件的灌浆套筒长度范围内，预制混凝墙最外层钢筋的混凝土保护层厚度不应小于(　　) mm。

A. 10　　B. 15

C. 20　　D. 25

138. 预制柱中柱纵向受力钢筋直径不宜小于(　　) mm。

A. 16　　B. 18

C. 20　　D. 22

139. 灌浆料在标准温度和湿度条件下，28 d 的抗压强度要求为大于等于(　　)MPa。

A. 75　　B. 60

C. 35　　D. 85

140. 灌浆料凝固后，应对灌浆接头数量的(　　)进行外观检查。

A. 全部　　B. 90%

C. 70%　　D. 50%

141. 夹心外墙板宜采用平模工艺生产，下列说法中正确的是（　　）。

A. 生产时应先浇筑外叶墙板混凝土层，再安装保温材料和拉结件，最后浇筑内叶墙板混凝土层

B. 生产时应先浇筑内叶墙板混凝土层，再安装保温材料和拉结件，最后浇筑外叶墙板混凝土层

C. 生产时应先浇筑外叶墙板混凝土层，再浇筑内叶墙板混凝土层，最后安装保温材料和拉结件

D. 生产时应先浇筑内叶墙板混凝土层，再浇筑外叶墙板混凝土层，最后安装保温材料和拉结件

142. 隐蔽工程质量验收的内容不包括（　　）。

A. 混凝土粗糙面的质量，键槽的尺寸、数量、位置

B. 预埋件、预留管线的规格、数量、位置

C. 预制构件接缝处防水、防火等构造方法

D. 内饰面的平整度

143. 下列关于灌浆套筒的描述中不正确的是（　　）。

A. 灌浆套筒是由专门加工的套筒、配套灌浆料和钢筋组装的组合体

B. 套筒灌浆接头具有性能可靠、适用性广、安装简便等优点

C. 在连接钢筋时通过注入快硬无收缩灌浆料，依靠材料之间的黏结咬合作用连接钢筋与套筒

D. 套筒的强度高，灌浆时可不用灌满

144. 关于预制墙板安装，下列描述中正确的是（　　）。

A. 墙板应设置临时固定和调整装置

B. 墙板安装完成后无须进行轴线复核即可固定

C. PC 构件安装须先装内墙后安装外墙

D. 墙板吊装时可临时依靠在其他建筑物上

145. 下列不属于钢筋套筒灌浆施工及检测机具的是（　　）。

A. 灌浆机　　B. 量杯

C. 红外线水准仪　　D. 截锥圆模

146. 下列关于成品保护的描述中，不正确的是（　　）。

A. 当进行混凝土施工时，应防止物料污染、损坏预制构件和部品表面

B. 交叉作业，应做好工序交接，不得对已完工工序的半成品及成品破坏

C. 预制构件达到强度后可以不用保护

D. 如遇大风、大雪、大雨等恶劣天气，应采取措施对存放预制构件的成品进行保护

147. 下列关于外墙板接缝防水施工的表述中错误的是（　　）。

A. 防水施工前，应将板缝空腔清理干净

B. 应按设计要求填塞背衬材料

C. 密封材料嵌填应饱满、密实、均匀、顺直、表面光滑
D. 防水施工结束立即进行试验,检测是否漏水

148. 叠合梁为了缩短生产周期,一般采用(　　)。

1. 自然养护　　　　B. 蒸汽养护
C. 浇水养护　　　　D. 涂膜养护

149. 关于预制构件安装,以下说法中不正确的是(　　)。

A. 安装施工前,宜选择有代表性的单元进行预制构件试安装
B. 装配式混凝土施工宜采用工具化、标准化的工装系统
C. 装配式混凝土施工宜采用 BIM 技术对施工全过程进行信息化模拟
D. 装配式混凝土施工宜采用安全措施,并应符合国家现行有关标准的规定

150. 关于设备与管线工程施工,以下说法中不正确的是(　　)。

A. 预制构件中电气接口应根据装修和设备要求预留
B. 预制结构中宜预埋管线或预留沟、槽、孔、洞的位置
C. 预制结构中不宜预埋管线或预留沟、槽、孔、洞的位置
D. 预制墙板中应预留空调室内机、热水器的接口,并与预制墙板可靠连接

二、判断题(共 50 题)

1. 预制构件深化设计应满足原主体设计的技术指标、结构安全和建筑性能等要求,第三方预制构件深化设计单位可随意修改影响原结构安全、建筑性能及装配式建筑评价指标的相关内容。(　　)

2. 预制构件深化设计仅属于单一专项设计工作,无须考虑其他相关单位配合可独立完成深化工作。(　　)

3. 使用四爪链吊运叠合楼面板时,链条与叠合楼面板的水平面夹角宜小于 60°。(　　)

4. 吊装前,应检查机械、索具、夹具、吊环等是否符合要求并应进行试吊。吊装时注意,安装吊钩前必须要对构件上预埋吊环进行认真检查,看预埋吊环是否有松动断裂迹象,如只有肉眼可见的微小裂痕,可以吊装。(　　)

5. 预制外墙安装完成后,发现安装斜支撑紧固部件老化,空隙较大,应立即在现场采用临时木楔固定。(　　)

6. 预制构件所用的吊装用具可以不经过合理的设计计算,在现场自制使用。(　　)

7. 预制凸窗首层吊装时,现浇层进行残渣清理。(　　)

8. 浇筑混凝土过程中安排专人进行调整竖向钢筋的位置,在浇筑完混凝土后及时放控制线,确保预留钢筋位置准确,预制构件顺利吊装。(　　)

9. 叠合板安装完毕后,板面可以堆放钢筋、模板等材料。(　　)

10. 预制外挂墙板的轴线、垂直度和接缝平整三者发生矛盾时,以轴线为主进行调整。(　　)

11. 预制构件应按设计要求设置粗糙面。(　　)

12. 叠合板面粗糙面凹凸深度不应小于 4 mm,粗糙面的面积不宜小于结合面的 70%。 ( )

13. 预制梁端、柱端、墙端粗糙面凹凸深度不应小于 6 mm,粗糙面的面积不宜小于结合面的 80%。 ( )

14. 对预制剪力墙体系而言,剪力墙竖向钢筋的连接是极为关键的。 ( )

15. 预制混凝土框架结构有两种连接方式,一种是等同现浇结构(柔性连接),大部分节点位置采用现浇的柔性连接,另一种是不等同现浇结构(刚性连接),楼梯等部位采用刚性连接。 ( )

16. 预制叠合楼盖的预制板厚度不宜小于 60 mm,现浇层厚度不应小于 60 mm。 ( )

17. 预制构件在安装就位后,应先调整水平位置,再调整标高。 ( )

18. 起重吊装作业前,必须编制吊装作业的专项施工方案,并进行安全技术措施交底;作业时,可由施工人员根据现场情况更改技术措施。 ( )

19. 隔墙安装工程完成后无须进行抗冲击性能检验。 ( )

20. 构件吊装前,应清理构件与楼板接触面,保证接触面无灰渣、无油污、洒水润湿但不应有积水。 ( )

21. 当 PC 板构件质量较大,PC 板安装固定以后难以再做调整,要求在吊装过程中边吊装边校正。 ( )

22. 预制构件安装过程中,往往因各种原因使连接钢筋和套筒等主要传力部位出现尺寸偏差,但一般不会影响到结构性能、使用和耐久性。 ( )

23. 预制构件安装完成后,对外观质量的检测可以选择抽检的方式进行。 ( )

24. 外墙板起吊前,检查吊环,用卡环销紧,吊运到安装位置时,先找好竖向位置,再缓缓下降就位。外墙板就位时,以外墙边线为准,做到外墙面顺直,墙身垂直,缝隙一致,企口缝不得错位,防止挤严平腔。 ( )

25. 装配式混凝土结构安装顺序及连接方式应保证施工过程结构构件具有足够的承载力和刚度,并应保证结构整体稳固性。 ( )

26. 座浆前剔凿底板混凝土残渣,避免因混凝土松动造成上部预制构件沉降,从而避免引起构件标高偏差及垂直度偏差。 ( )

27. 构件安装完成后,加强成品保护,严禁踩踏斜支撑,以免影响垂直度。 ( )

28. 构件安装的垂直度误差主要影响建筑物的美观性,不影响建筑物的安全性能。 ( )

29. 钢筋套筒灌浆连接应用于装配式结构中竖向构件钢筋对接时,钢筋灌浆套筒预埋在竖向预制构件顶部, 连接时在灌浆套筒中插入带肋钢筋后注入灌浆料拌合物。 ( )

30. 套筒灌浆连接常用的钢筋为 400 MPa、500 MPa,灌浆套筒一般也针对这两种钢筋牌号开发, 可将 500 MPa 钢筋的同直径套筒用于 400 MPa 钢筋,反之则不允许。 ( )

31. 全灌浆接头与半灌浆接头,应分别进行形式检验, 两种类型接头的型式检验报告不可互相替代。 ( )

32. 当现场施工环境温度过高时,会造成灌浆料拌合物流动度降低并加快凝结硬化, 可

采用降低水温甚至加冰块搅拌等措施来降低温度。（ ）

33. 灌浆施工时，环境温度应符合灌浆料产品使用说明书要求，应在灌浆料流动度测试合格后灌浆，灌浆料应在加水后 30 min 内用完，超 30 min 流动度若合格仍可继续使用。（ ）

34. 灌浆施工中，灌浆料的 28 d 抗压强度应符合 JGJ 355—2015 中的规定，用于检验的抗压强度灌浆料试件应在施工现场制作，并采取标准养护条件进行养护。（ ）

35. 灌浆料拌合物应采用电动设备搅拌充分、均匀，宜静置 2 min 后使用，搅拌完成后如果发现太稠，流动性不好，可再次加水搅拌。（ ）

36. 采用套筒灌浆连接的混凝土构件接头连接钢筋的强度等级不应高于套筒灌浆连接规定的连接钢筋强度等级。（ ）

37. JGJ 355—2015 规定接头拉伸试验当天灌浆料的有效抗压强度应大于等于 85 MPa。（ ）

38. JG/T 398—2019 中规定，在材料性能检验中，若复检全部合格时，可判定该批套筒材料性能为合格；若复检中仍有 3 个试样不合格，则该批套筒材料性能判定为不合格。（ ）

39. JGJ 355—2015 规定，套筒灌浆连接接头的抗拉强度不应小于连接钢筋抗拉强度标准值，且破坏时应断于接头外钢筋。（ ）

40. 水平钢筋连接灌浆施工停止后 30 s，如发现灌浆料拌合物下降，应检查灌浆套筒两端的密封或灌浆料拌合物排气情况，并及时补灌或采取其他措施。（ ）

41. 灌浆料若正式生产后如材料及工艺有较大变动，有可能影响产品质量时，应重新进行型式检验。（ ）

42. 在灌浆施工前，应先进行流动度的检测，每工作班应检查灌浆料拌合物初始流动度不少于 1 次，在流动度值满足要求后方可施工。（ ）

43. 半灌浆接头是连接套筒与一端钢筋采用灌浆连接方式连接，而另一端采用机械螺纹方式连接。（ ）

44. 装配式结构现场安装时灌浆作业应采用压浆法从上口灌注，当浆料从下口流出后应及时封堵，必要时可设分仓进行灌浆。（ ）

45. 竖向构件套筒灌浆连接采用连通腔灌浆时，宜采用单点灌浆的方式。（ ）

46. 预制构件脱模起吊时，预制构件的混凝土立方体抗压强度应满足设计要求，且不应小于 20 MPa。（ ）

47. 预制构件的外观质量不应有严重缺陷，且不宜有一般缺陷，对已经出现的一般缺陷，直接修理就好，不用再进行重新检验。（ ）

48. 预制构件吊装前，应检查构件的类型与编号。检查并确认灌浆套筒内干净、无杂物，如有影响灌浆、出装的异物须清理干净。（ ）

49. 多层预制剪力墙底部采用座浆材料时，其厚度不宜大于 30 mm。（ ）

50. 外挂墙板的连接节点及接缝构造应符合设计要求。墙板安装完成后，应及时移除临时支承支座、墙板接缝内的传力垫块。（ ）

参考文献

[1]汪杰，李宁，江韩，等. 装配式混凝土建筑设计与应用[M]. 南京：东南大学出版社，2018.

[2]叶浩文. 智能建造与建筑工业化关键技术与实践探索[J]. 建筑，2021(12)：21-23.

[3]肖明和，王婷婷. 装配式建筑概论[M]. 2版. 北京：中国建筑工业出版社，2023.

[4]郭学明. 装配式混凝土结构建筑的设计、制作与施工[M]. 北京：机械工业出版社，2017.

[5]宫海. 装配式混凝土建筑施工技术[M]. 北京：中国建筑工业出版社，2020.

[6]张金树，王春长，刘晓晨. 装配式建筑混凝土预制构件生产与管理[M]. 2版. 北京：中国建筑工业出版社，2022.

[7]文林峰主编. 住房和城乡建设部科技与产业化发展中心(住房和城乡建设部住宅产业化促进中心)编著. 装配式混凝土结构技术体系和工程案例汇编[M]. 北京：中国建筑工业出版社，2017.

[8]郭正兴，朱张峰，管东芝. 装配整体式混凝土结构研究与应用[M]. 南京：东南大学出版社，2018.

[9]江韩，陈丽华，吕佐超，等. 装配式建筑结构体系与案例[M]. 南京：东南大学出版社，2018.

[10]王宝申. 装配式建筑建造-基础知识[M]. 北京：中国建筑工业出版社，2018.

[11]王宝申. 装配式建筑建造-构件生产[M]. 北京：中国建筑工业出版社，2018.

[12]王宝申. 装配式建筑建造-构件安装[M]. 北京：中国建筑工业出版社，2018.

[13]王刚，司振民. 装配式混凝土结构识图[M]. 北京：中国建筑工业出版社，2019.

[14]黄小亚，李姗姗，胡婷. 装配式建筑混凝土构件生产与施工[M]. 成都：西南交通大学出版社，2023.

[15]罗玲丽. 装配式混凝土建筑预制构件安装[M]. 北京：中国建筑工业出版社，2022.

[16]樊则森，廖敏清，李新伟，等. 长圳项目智能建造应用[J]. 中国勘察设计，2022(S1)：102-105.

[17]樊则森. 走向新营造：工业化建筑系统设计理论及方法[M]. 北京：中国建筑工业出版社，2021.

[18]肖子捷，廖敏清，陈赓. 工业化建筑新技术在深圳长圳公共住房项目的综合实践[J]. 住宅与房地产，2022(32)：26-32.

[19]中华人民共和国住房和城乡建设部. 混凝土结构工程施工质量验收规范：GB 50204—

2015[S]. 北京：中国建筑工业出版社，2015.
[20]中华人民共和国住房和城乡建设部. 装配式混凝土建筑技术标准：GB/T 51231—2016[S]. 北京：中国建筑工业出版社，2017.
[21]中华人民共和国住房和城乡建设部. 装配式混凝土结构技术规程：JGJ 1—2014[S]. 北京：中国建筑工业出版社，2014.
[22]中华人民共和国住房和城乡建设部. 钢筋套筒灌浆连接应用技术规程：JGJ 355—2015[S]. 北京：中国建筑工业出版社，2015.
[23]肖凯成，杨波，成汉标. 装配式混凝土建筑施工技术[M]. 2版. 北京：化学工业出版社，2025.
[24]深圳市建设科技促进中心. 装配式混凝土建筑常见问题防治指南：2019版[M]. 上海：同济大学出版社，2020.
[25]上海市建设工程安全质量监督总站,上海市建设协会组织编写. 装配式混凝土建筑常见质量问题防治手册[M]. 北京：中国建筑工业出版社，2020.
[26]孟建民. 建筑工程设计常见问题汇编-建筑分册[M]. 北京：中国建筑工业出版社，2021.
[27]中国建筑国际集团有限公司，深圳海龙建筑科技有限公司，同济大学. 建筑工业化关键技术研究与实践[M]. 北京：中国建筑工业出版社，2016.
[28]中国建筑标准设计研究院组织编制. 国家建筑标准设计图集-装配式混凝土结构表示方法及示例(剪力墙结构)：15G107-1[M]. 北京：中国计划出版社，2015.
[29]中国建筑标准设计研究院组织编制. 国家建筑标准设计图集-桁架钢筋混凝土叠合板(60mm厚底板)：15G366-1[M]. 北京：中国计划出版社，2015.
[30]中国建筑标准设计研究院组织编制. 国家建筑标准设计图集-混凝土后锚固连接：14G308(替代04SG308)[M]. 北京：中国计划出版社，2015.
[31]中国建筑标准设计研究院组织编制. 国家建筑标准设计图集-预制混凝土剪力墙内墙板：15G365-2[M]. 北京：中国计划出版社，2015.